面向新工科普通高等教育系列教材

Java Web 程序设计

杨丰玉　苏　曦　张恒锋　主编

陈斌全　梁旗军　廖　琪　参编

机械工业出版社

本书是一本系统而详细的 Java Web 入门教材，内容涵盖了 Web 开发的前后端基础技术，包括 HTML、CSS、JavaScript、JSP、JDBC、JavaBean、Servlet 以及 MVC 模式等主要知识和开发技术。本书以简洁易懂的方式，详细阐述了各项技术的基础概念、内涵、使用方法及应用案例。每章都配备了大量的代码示例，除第 1、5 章外，均设置了综合案例，通过实际需求介绍该章技术的综合运用，可帮助读者深入浅出地理解 Java Web 的技术内涵，循序渐进地掌握 Web 技术在实际场景中解决问题的方法。

本书不仅适合作为高等院校计算机及相关专业的教材，也适合 Java Web 的初学者、自学者、工程师和开发者阅读参考。

本书配有电子课件，需要的教师可登录 www.cmpedu.com 免费注册，审核通过后下载，或联系编辑索取（微信：13146070618，电话：010-88379739）。

图书在版编目（CIP）数据

Java Web 程序设计 / 杨丰玉，苏曦，张恒锋主编. 北京：机械工业出版社，2024. 12. --（面向新工科普通高等教育系列教材）. -- ISBN 978-7-111-77131-9

Ⅰ. TP312.8

中国国家版本馆 CIP 数据核字第 202409ZV66 号

机械工业出版社（北京市百万庄大街 22 号　邮政编码 100037）

策划编辑：解　芳　　责任编辑：解　芳

责任校对：龚思文　张　薇　　责任印制：常天培

固安县铭成印刷有限公司印刷

2024 年 12 月第 1 版第 1 次印刷

184mm × 260mm · 17 印张 · 496 千字

标准书号：ISBN 978-7-111-77131-9

定价：69.00 元

电话服务

客服电话：010-88361066

010-88379833

010-68326294

网络服务

机　工　官　网：www.cmpbook.com

机　工　官　博：weibo.com/cmp1952

金　　书　　网：www.golden-book.com

机工教育服务网：www.cmpedu.com

前　言

自 Internet 诞生以来，Web 开发技术已广泛应用于互联网应用系统开发，成为一种主流的开发技术。Java 是一种支持跨平台、开放式的编程语言，由于其拥有开源、跨平台、可用第三方资源多等特性，已经成为业界主流的编程语言之一。Java Web 是实现 B/S 框架的技术之一，通常分为前端技术和后端技术，前端技术聚焦于构建网页的基础框架、修饰页面元素、交互脚本等，后端技术聚焦于获取前端数据、转发请求、访问数据库、划分业务模块等，最终实现完整的 Web 系统。

本书采用前后端技术同步介绍的方式，第 2～4 章介绍前端的三种主要技术，第 5～11 章介绍后端的主要技术，致力于形成一个完整的 Java Web 技术框架，帮助读者深入理解前端与后端技术的联系和区别。同时，由于 Java Web 技术的知识点较多，也较为零散，本书以图书信息管理系统作为综合案例，贯穿全书，除第 1、5 章外，每章均以该系统的一个功能作为案例，解析如何综合运用该章的核心技术，帮助读者理解技术的具体运用及实际系统的开发过程。

本书共 11 章，涵盖了 Web 基础概念与相关协议、HTML 标签元素与 HTML5 新特性、CSS、JavaScript 脚本、JSP 基础、JSP 内置对象、JDBC、JavaBean 技术、Servlet 技术、MVC 模式与实现以及其他 Web 常用技术。配有详细技术解析与综合案例，案例配备了视频演示与参考代码资源，可帮助读者深入掌握技术的综合运用与解决实际问题的方法。

第 1 章介绍了 Web 的相关概念，主要包括 Web 的发展历史、Web 体系结构与请求响应过程、Web 相关协议、主流浏览器与内核、常用的 Web 应用服务器等内容。

第 2 章介绍了 HTML 技术，主要包括 HTML 的发展历史、HTML 页面基本语法、HTML 常用标签、HTML5 新特性等内容，以及 HTML 综合案例——后台管理首页设计。

第 3 章介绍了 CSS 技术，主要包括 CSS 简介、CSS 的语法与作用方式、CSS 的常用样式、主流的 DIV+CSS 布局设计方法等内容，以及 CSS 综合案例——后台管理首页设计。

第 4 章介绍了 JavaScript 技术，主要包括 JavaScript 简介、JavaScript 的基本语法与流程控制、JavaScript 函数定义与使用、JavaScript 对象、文档对象模型、JavaScript 事件定义与监听等内容，以及 JavaScript 综合案例——表单内容校验。

第 5 章介绍了 JSP 基础，主要包括 JSP 语法与注释、JSP 变量和方法的声明、JSP 常用指令标签，以及 JSP 中的相对路径与绝对路径等内容。

第 6 章介绍了 JSP 内置对象，主要包括 JSP 内置对象的定义与作用原理、常用 JSP 内置对象的简介与典型应用场景等内容，以及 JSP 综合案例——用户登录。

第 7 章介绍了数据库操作 JDBC，主要包括 JDBC 简介、JDBC API 主要组件、JDBC 访问数据库的主要过程与核心对象、JDBC 应用技术等内容，以及 JDBC 综合案例——图书查询管理。

第 8 章介绍了 JavaBean 技术，主要包括 JavaBean 简介、JavaBean 的定义方法、JSP 中访问 JavaBean、JavaBean 的应用等内容，以及 JavaBean 综合案例——查询图书。

第 9 章介绍了 Servlet 技术，主要包括 Servlet 基础、Servlet 的创建与运行、Servlet 映射配置、Servlet 对象的生命周期与工作过程、JSP 页面与 Servlet 的交互过程和数据传输方式等内容，以及 Servlet 综合案例——登录跳转。

第 10 章介绍了 MVC 模式及实现，主要包括 JSP 开发模式、MVC 模式简介与工作过程、MVC 模式在 Java Web 中的实现方式等内容，以及 MVC 模式综合案例——编辑图书。

第 11 章介绍了其他 Web 常用技术，主要包括 Ajax 对象的创建、使用与应用场景，Web 中文件上传与下载的实现、EL 的基本概念与使用方法、JSTL 标签库的核心标签与使用等内容，以及 JSTL/EL 综合案例——图书查询展示。

本书的第 1、2 章由苏曦编写，第 3、4 章由张恒锋编写，第 5 章由廖琪编写，第 6 章由陈斌全编写，第 8、11 章由梁旗军编写，其余章节由杨丰玉编写，廖琪与苏曦对全文进行了统一的内容校对与格式编辑。

希望本书能够帮助读者快速了解 Java Web 开发的总体框架、开发流程与前后端主要编程技术，为系统掌握 Web 系统开发技术、理解 Web 前后端通信技术和学习高级 Web 开发技术打下坚实的基础。

感谢各位读者的阅读和实践，由于时间仓促与技术迭代，书中可能存在一定的不足，欢迎读者们及时反馈，我们也将不断改进和完善本书内容和案例。

编　者

目　录

第1章 绪　　论

随着互联网与行业信息化的快速发展，Web 应用系统的需求量越来越大。Web 开发通常采用 B/S 体系结构，这种结构与传统方式相差较大，通过客户端发出请求，服务器端响应后将结果返回，这样就无须保留客户端连接信息，使得服务器可以处理更多的客户端请求，提高系统的响应速度和性能。本章主要介绍 Web 发展历史、Web 体系结构、Web 相关协议、浏览器与内核、常见的 Web 应用服务器等内容。

知识点视频 1-1
Web 简介

1.1 Web 简介

全球广域网（World Wide Web，WWW），也称为万维网，是一种基于超文本传输协议（HTTP）的、全球性的、动态交互的、跨平台的分布式图形信息系统，是 Web 系统的直接载体。它是建立在 Internet 上的一种网络服务，为浏览者在 Internet 上查找和浏览信息提供了图形化的、易于访问的直观界面，其中的文档及超级链接将 Internet 上的信息节点组织成一个互相关联的网状结构。

早期的 Web 应用主要是静态页面的浏览，这些静态页面使用 HTML 编写，部署在服务器上，用户使用浏览器通过 HTTP 请求服务器上的 Web 页面，Web 服务器软件接收到用户发送的请求后，读取请求 URI（统一资源标识符）所标识的资源，加上消息包头发送给客户端的浏览器，浏览器解析响应中的 HTML 数据，向用户呈现 HTML 页面。

随着网络的发展，很多线下业务开始向线上发展，基于 Internet 的 Web 应用也变得越来越复杂，用户所访问的资源已不再局限于服务器硬盘上存放的静态网页，更多的应用需要根据用户的请求动态生成网页信息，复杂的应用还需要从数据库中提取信息，经过一定的运算，生成页面返回给客户端。

1.1.1 Web 的发展历史

1．Web 1.0

最早的 Web 应用来源于 1980 年 Tim Berners-Lee 构建的 ENQUIRE 项目，它是一个超文本在线编辑项目，虽然与现在的互联网相差较大，但是核心思想却是相同的。Web 1.0 时代开始于 1994 年，其主要特征是大量使用静态的 HTML 网页来发布信息，并开始使用浏览器来获取信息，这个时期主要是单向的信息传递。通过 Web，互联网上的资源可以在一个网页里比较直观地表示出来，而且在网页资源之间可以任意链接。

Web 1.0 的本质是聚合、联合、搜索，其聚合的对象是巨量、无序的网络信息。但是 Web 1.0 只解决了人对信息搜索、聚合的需求，而没有解决人与人之间沟通、互动和参与的需求，所以 Web 2.0 应运而生。

2．Web 2.0

Web 2.0 始于 2004 年 3 月 O'Reilly Media 公司和 MediaLive 国际公司的一次头脑风暴会议。Tim O'Reilly 在发表的“What Is Web 2.0”一文中概括了 Web 2.0 的概念，并给出了描述 Web 2.0 的框图——Web 2.0 Meme Map，该文成为 Web 2.0 研究的经典文章。此后关于 Web 2.0 的相关研究与应用迅速发展，Web 2.0 的理念与相关技术的日益成熟和发展，推动了 Internet 的变革与应用的创新。

在 Web 2.0 中，软件被作为一种服务，Internet 从一系列网站演化成一个成熟的、为最终用户提供网络应用的服务平台。用户的参与、在线的网络协作、数据存储的网络化、社会关系网络、RSS 应用以及文件的共享等成为 Web 2.0 发展的主要支撑和表现。Web 2.0 模式极大地激发了创造和创新的积极性，使 Internet 重新变得生机勃勃。Web 2.0 的典型应用包括 Blog、Wiki、RSS、Tag、SNS、P2P、IM 等。

Web 2.0 的主要特点如下。

1）Web 2.0 更加注重交互性。不仅在用户发布内容的过程中实现了与网络服务器之间的交互，而且也实现了同一网站不同用户之间的交互，以及不同网站之间信息的交互。

2）符合 Web 标准的网站设计。Web 标准是国际上正在推广的网站标准，通常所说的 Web 标准一般是指网站建设采用基于 XHTML 的网站设计语言。实际上，Web 标准并不是某一标准，而是一系列标准的集合。Web 标准中典型的应用模式是“CSS+XHTML”，摒弃了 HTML 4.0 中的表格定位方式，其优点是网站设计代码规范且减少了大量代码，减少了网络带宽资源浪费，加快了网站访问速度。

3）Web 2.0 网站与 Web 1.0 网站没有绝对的界限。Web 2.0 技术可以成为 Web 1.0 网站的工具，一些在 Web 2.0 概念之前诞生的网站本身也具有 Web 2.0 特性。

4）Web 2.0 的核心不是技术而在于指导思想。Web 2.0 有一些典型的技术，但技术是为了达到某种目的所采取的手段。Web 2.0 技术本身不是 Web 2.0 网站的核心，重点在于典型的 Web 2.0 技术体现了具有 Web 2.0 特征的应用模式。

5）Web 2.0 是互联网的理念和思想体系的一次升级换代，从原来的自上而下的由少数资源控制者集中控制主导的互联网体系，转变为自下而上的由广大用户集体智慧和力量主导的互联网体系。

6）Web 2.0 体现交互，可读可写，体现在微博、相册等方面，用户参与性更强。

3. Web 3.0

Web 3.0 是 Internet 发展的必然趋势，是 Web 2.0 的进一步发展和延伸。Web 3.0 在 Web 2.0 的基础上，将杂乱的微内容进行最小单位的继续拆分，同时进行词义标准化、结构化，实现微信息间的互动和微内容间基于语义的链接。Web 3.0 能够进一步深度挖掘信息使其直接与底层数据库互通，并把散布在 Internet 上的各种信息点以及用户的需求点聚合和对接起来，通过在网页上添加元数据，使机器能够理解网页内容，从而提供基于语义的检索与匹配，使用户的检索更加个性化、精准化和智能化。

Web 3.0 的定义是：网站内的信息可以直接和其他网站的相关信息进行交互，能通过第三方信息平台同时对多家网站的信息进行整合使用；用户在 Internet 上拥有直接的数据，并能在不同网站上使用；完全基于 Web，用浏览器即可实现复杂的系统程序才具有的功能。Web 3.0 浏览器会把网络当成一个可以满足任何查询需求的大型信息库。

1.1.2 静态网页与动态网页

Web 应用中呈现数据的页面可分为静态页面与动态页面两种，主要是根据页面中数据的获取方式来区分。

1. 静态网页

静态网页是指存放在服务器文件系统中实际存在的 HTML 文件。当用户在浏览器中输入页面的 URL 进行访问时，浏览器就会将对应的 HTML 文件下载、渲染并呈现在窗口中。早期的网站通常都是由静态网页制作的，这些文件一旦制作完成并发布到服务器上，内容就会保持不变，除非由后台修改后再次发布。

静态网页一般有以下特点。

1）静态网页每个网页中都有一个固定的 URL，网页 URL 以 htm、html、shtml 等常见形式为扩展名，而且不接受参数，不能根据参数内容动态改变页面内容。

2）静态网页是保存在服务器上的文件，每个网页都是一个独立的文件。

3）静态网页的内容相对稳定，因此容易被搜索引擎检索。

4）静态网页没有数据库的支持，在制作和维护方面工作量较大，因此当网站信息量很大时制作和维护比较困难。

5）静态网页的交互性较差，在功能方面有较大的限制。

6）页面浏览速度快，过程无需连接数据库，开启页面的速度快于动态页面。

7）减轻了服务器的负担，工作量减少，降低了数据库的成本。

2. 动态网页

静态网页在应用过程中存在交互性差、动态性差、维护工作量大等缺点，动态网页的出现弥补了这个不足。相对于静态网页，动态网页的内容是动态变化的，当浏览器请求服务器的某个页面时，服务器根据当前时间、环境参数、数据库操作等动态地生成 HTML 页面，然后发送给浏览器（到浏览器端后页面的解析处理同静态网页一样）。本质上，动态网页中的“动态”是指服务器端页面的动态生成，静态网页中的“静态”则指页面已发布后保持“静态”不变。

动态网页后台需要有网页服务器支持，大多数时候还需要数据库提供数据。常用的动态网页技术有 ASP、ASP.NET、JSP、PHP 等。

动态网页的特点如下。

1）动态网页一般以数据库技术为基础，即内容动态地从数据库中获取，这样可以大幅降低网站维护的工作量。

2）采用动态网页技术的网站可以实现更多的交互功能，如用户登录、数据查询、业务管理、统计报表等。

3）动态网页实际上并不是独立存在于服务器上的网页文件，而是一段动态代码，根据用户请求，服务器经过计算返回一个完整的网页。

4）动态网页对搜索引擎检索的支持度不好，这是由于其内容是根据提交的参数动态生成的，而搜索引擎一般不可能遍历各种参数，因此采用动态网页的网站在进行搜索引擎检索时需要经过一定的处理。

5）编程成本相对较高，因为需要编写大量的服务器端代码，前后台间还需要进行关联调试。

静态网页与动态网页的请求过程如图 1-1 所示。

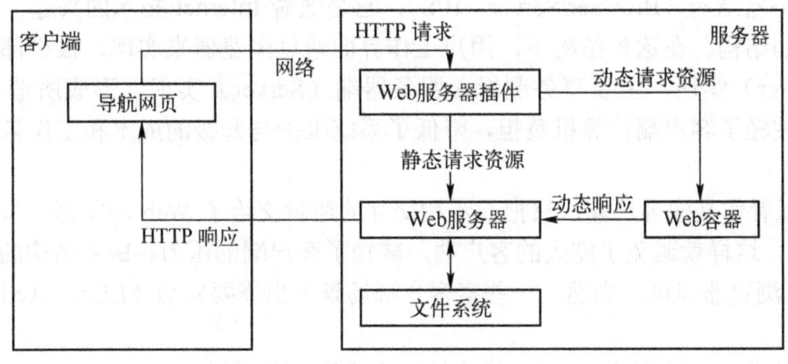

图 1-1　静态网页与动态网页的请求过程

1.2　Web 体系结构

知识点视频 1-2
Web 体系结构

1.2.1　B/S 和 C/S

1. C/S 结构

客户端和服务器（Client/Server，C/S）结构是一种软件系统体系结构，可以充分利用两端硬件环境的优势，将任务合理分配到 Client 端和 Server 端，降低了系统的通信开销。

客户端实现绝大多数的业务逻辑处理和界面展示，通常会承受很大的压力，需要充分利用客户端的资源，对客户端的要求较高。而服务器端有两种，一种是数据库服务器端，客户端通过数据库连接访问服务器端的数据；另一种是 socket 服务器端，服务器端的程序通过 socket 与客户端的程序通信。

目前，大多数应用软件系统都是 C/S 形式的两层结构，由于现在的软件应用系统正在向分布式的 Web 应用发展，Web 和 C/S 应用都可以进行同样的业务处理，应用不同的模块共享逻辑组件。因此，内部的和外部的用户都可以访问新的和现有的应用系统，通过现有应用系统中的逻辑可以扩展出新的应用系统，这也是目前应用系统主流的发展方向。

传统的 C/S 体系结构虽然采用的是开放模式，但只是系统开发层级的开放性，在特定的应用中，无论是客户端还是服务器端，都还需要特定的软件支持。由于没有提供用户真正期望的开放环境，C/S 结构的软件需要针对不同的操作系统开发不同版本的软件，加之产品的更新换代速度快，已经很难适应众多局域网用户同时使用的需求，而且 C/S 结构代价高、效率低。C/S 结构图如图 1-2 所示。

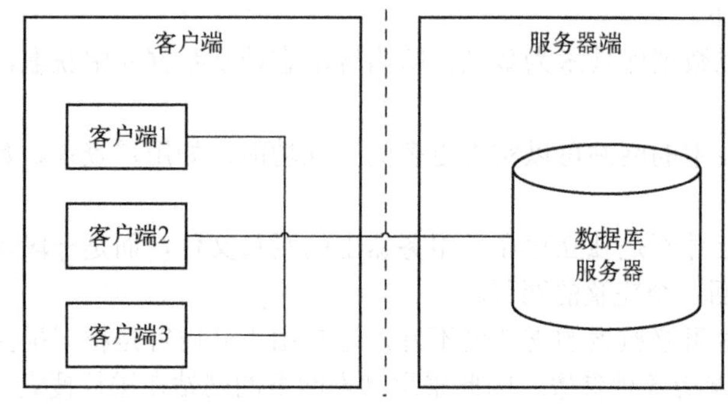

图 1-2　C/S 结构图

2．B/S 结构

浏览器和服务器结构（Browser/Server，B/S），它是随着 Internet 技术的兴起，对 C/S 结构的一种变化或者改进的结构。在这种结构下，用户工作界面通过浏览器来实现，极少部分的事务逻辑在浏览器端（Browser）实现，主要事务逻辑在服务器端（Server）实现，形成所谓三层（3-tier）结构。这样就极大减轻了客户端计算机负担，降低了系统维护与升级的成本和工作量，降低了用户的总体成本。

B/S 结构可以看作是瘦客户端，只把显示和交互的逻辑交给了 Web 浏览器，事务逻辑数据处理放在了 Server 端，这样就避免了庞大的客户端，减轻了客户端的压力。B/S 结构的系统无须特别安装，只要有 Web 浏览器即可。当然，一些富客户端场景下也需要安装 FLEX、ActiveX 等组件以增强交互性。

以目前的技术看，局域网建立 B/S 结构的网络应用，并通过 Internet/Intranet 模式下数据库应用，相对易于把握，成本也是较低的。它是一次性到位的开发，能实现不同的人员从不同的地点以不同的接入方式（如 LAN、WAN、Internet/Intranet 等）访问和操作共同的数据库；它能有效地保护数据平台和管理访问权限，服务器数据库也很安全。特别是在 Java 这种跨平台语言出现之后，B/S 架构管理软件更加方便、快捷、高效，其结构图如图 1-3 所示。

3．B/S 和 C/S 结构的优缺点

（1）B/S 结构的优点

1）无须安装，客户端不需要安装软件，有浏览器即可。

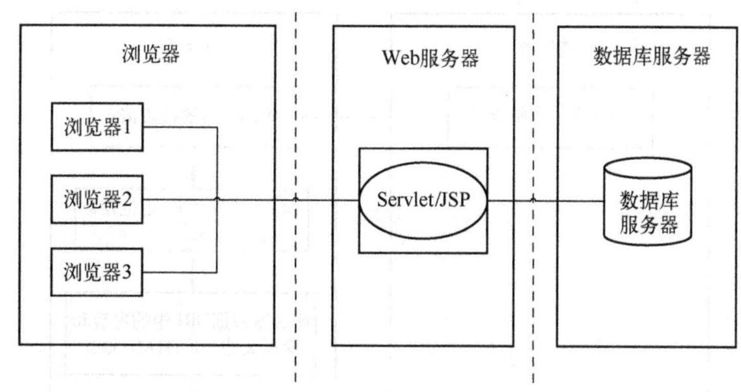

图 1-3　B/S 结构图

2）分布性特点，可以随时随地进行查询、浏览等业务处理。

3）业务扩展便捷，通过增加页面即可增加服务器功能。

4）升级维护便捷，无需升级多个客户端，升级服务器就可以实现所有用户的同步更新。

5）共享性强，可以直接放在广域网上，通过一定的权限控制实现多客户访问的目的，且交互性较强。

（2）B/S 结构的缺点

1）在速度和安全性上需要花费很多设计成本，响应速度不及 C/S 结构。随着 Ajax 技术的发展，相比于传统 B/S 结构软件速度有很大提升。

2）用户体验不是很理想，B/S 结构需要单独设计界面，各个浏览器厂商对浏览器的解析标准不同。B/S 结构的交互是请求—响应模式，通常需要刷新页面，这并不是用户乐意看到的。

（3）C/S 结构的优点

1）C/S 结构的界面和操作简单且丰富。

2）C/S 结构的管理信息系统具有较强的事务处理能力。

3）C/S 结构的安全性能可以很容易保证，实现多层认证也不难。

4）C/S 结构的响应速度快。由于客户端实现了与服务器的直接相连，没有中间环节，只有一层交互，因此响应速度较快。

（4）C/S 结构的缺点

1）适用面窄，通常用于局域网中。随着互联网的迅速发展，移动办公和分布式办公越来越普及，这需要系统具有扩展性。这种方式的远程访问需要专门的技术，同时要对系统进行专门的设计来处理分布式的数据。

2）客户端需要安装专用的客户端软件。由于程序需要安装才可使用，因此不适合面向一些不可知的用户。首先涉及安装的工作量，其次任何一台计算机出问题，如病毒、硬件损坏等，都需要进行安装或维护。

3）维护升级成本高，进行一次维护升级，需要所有客户端的程序进行重新安装。

4）对客户端的操作系统一般也会有限制。

1.2.2　Web 请求响应过程

在 Web 应用中，信息资源以页面的形式分别存放在各个 Web 服务器上，用户可以通过浏览器访问所需的信息。Web 请求响应过程如图 1-4 所示。

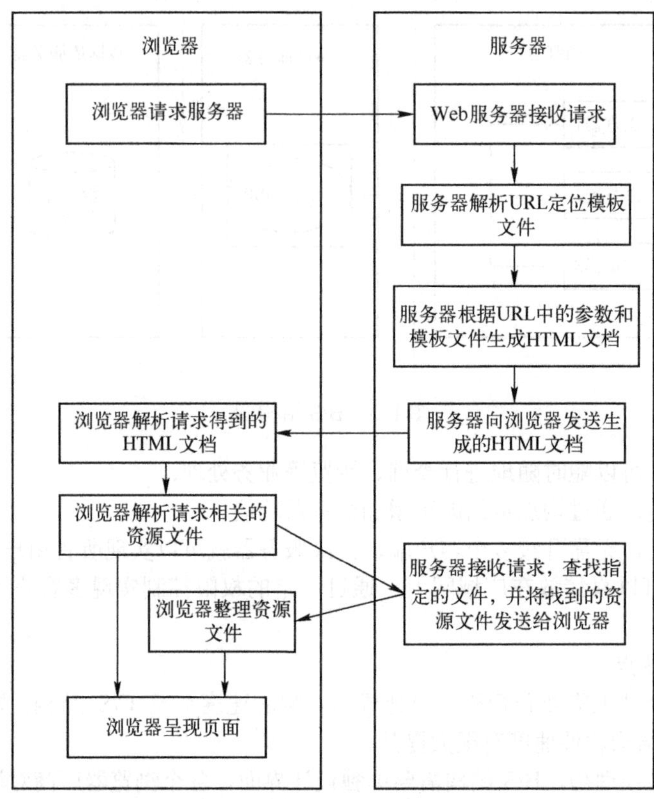

图 1-4 Web 请求响应过程

Web 请求响应主要过程如下。

1）客户端发送请求：客户端浏览器向服务器发送请求 URL。

2）服务器接收请求：服务器接收到该浏览器发送的请求。

3）服务器生成 HTML 文档：服务器解析请求的 URL，根据 URL 确定请求的目标资源文件，这个资源文件通常是一个动态页面（如 ASP、PHP、JSP、ASPX 等文件）的网络地址（MVC 结构的程序例外）。Web 服务器根据动态页面文件的内容和 URL 中的参数，调用相应的资源（数据库数据或图片文件等）组织数据，生成 HTML 文档。

4）服务端响应请求：生成 HTML 文档以后，服务器响应浏览器的请求，将生成的 HTML 文档发送给客户端浏览器。

5）客户端接收响应：浏览器接收服务器端发送的 HTML 文档。

6）客户端解析 HTML 文档：浏览器对 HTML 文档进行解析，并加载相关的资源文件（如 JS、CSS、多媒体资源、内嵌网页等）。浏览器解析完 HTML 文档后，就会进行呈现，但同时也会向服务器发送其他请求以获得相关的资源文件。

7）服务器发送资源文件：服务器接收到浏览器对资源文件的请求，将相应的资源文件发送给客户端浏览器。

8）客户端加载资源文件：客户端浏览器将接收到的服务器发送的资源文件，整理并呈现到页面中。

9）客户端从上到下加载：在进行页面呈现时，浏览器会从上到下执行 HTML 文档，当遇到相应的页面脚本时，会对脚本进行分析，并解释执行相应的脚本代码。

1.2.3 Web 相关技术

Web 相关技术主要是指 Web 应用开发涉及的相关知识，通常包括客户端技术与服务器端技术。

1．客户端技术

客户端技术也称为前端技术，主要用于开发 Web 页面的前端展示效果，通常包括 HTML、CSS、JavaScript、JSON、Ajax 等。

（1）HTML

超文本标记语言（Hyper Text Markup Language，HTML）是建立 Web 界面所需的核心技术，是一种用于描述 Web 页面文档结构的语言。与一般语言不同，它是一种标签语言，由很多标签及属性定义组成，定义了网页的主体内容和内容结构。

（2）CSS

层叠样式表（Cascading Style Sheet，CSS）是一种网页装饰技术，用于对已编写好的网页内容进行美化装饰，可通过样式定义对 HTML 中某个或某类元素进行装饰，提升网页的显示效果。

（3）JavaScript

JavaScript（简称 JS）是基于场景的命令式语言，主要用于为静态 HTML 页面添加动态化显示效果。JS 的语法类似于 Java 语言但又有所不同，它不需要编译，由浏览器解释执行。JS 的代码能使用 HTML 标准提供的文档对象模型（DOM），处理 HTML 页面上的用户交互事件。

（4）JSON

JavaScript 对象标记（JavaScript Object Notation，JSON）主要用于存储和交换文本信息，是轻量级的文本数据交换格式，经常在客户端与服务器通信时使用，向服务器端发送数据或接收从服务器端传回的数据。

（5）Ajax

异步 JavaScript 与 XML 技术（Asynchronous JavaScript and XML，Ajax）主要用于局部刷新页面，在后台与服务器端交互，修改网页中的部分数据，为用户提供更好的使用体验。

2．服务器端技术

服务器端技术也称为后端技术，主要是指在后端服务器上使用的编程技术，主要包括 ASP、ASP.NET、JSP、Node.js 等。

（1）ASP

动态服务器页面（Active Server Page，ASP）是微软公司开发的服务器端脚本环境，可用来创建动态交互式网页并建立强大的 Web 应用程序。当服务器接收到对 ASP 文件的请求时，它会处理包含在用于构建发送给浏览器的 HTML 网页文件中的服务器端脚本代码。除服务器端脚本代码外，ASP 文件也可以包含文本、HTML（包括相关的客户端脚本）和 COM 组件调用。

ASP 的优点在于：入门简单，发展比较成熟，编写的程序无需翻译，可以直接运行，源代码不会泄露。缺点在于：程序只能写在一个页面里，较为臃肿，不利于维护；没有充足的第三方组件可用，只依赖于微软发布的组件；程序可移植性差，只能运行在 Windows 平台中。

（2）ASP.NET

ASP.NET 又称为 ASP+，是微软公司推出的新一代脚本语言，它基于.NET Framework 的 Web 开发平台，不仅吸收了 ASP 以前版本的最大优点并参照 Java、VB 语言的开发优势加入了许多新的特色，同时也修正了以前 ASP 版本的运行错误。

ASP.NET 具备开发网站应用程序的完整解决方案，包括验证、缓存、状态管理、调试和部署等全部功能。它在代码编写方面的特色是将页面展示和业务逻辑分开，分离程序代码与显示的内容，让丰富多彩的网页更容易编写，同时使程序代码看起来更整洁、更简单。

ASP.NET 的优点在于：设计简洁、易于实施；语言灵活，并支持复杂的面向对象特性；良好的开发环境和强大的支持工具。缺点在于：在内存使用和执行时间方面耗费非常大；对其他平台（如 Linux）支持不够。

（3）JSP

Java 服务器页面（Java Server Page，JSP）是由 Sun Microsystems 公司（已被 Oracle 收购）主导创建的一种动态网页技术。JSP 部署于网络服务器上，可以响应客户端发送的请求，并根据请求内容动态地生成 HTML、XML 或其他格式文档的 Web 网页，然后返回给请求者。JSP 技术以 Java 语言为脚本语言，为用户的 HTTP 请求提供服务，并能与服务器上的其他 Java 程序共同处理复杂的业务需求。

JSP 将 Java 代码和特定变动内容嵌入静态页面中，实现以静态页面为模板，动态生成其中的部分内容。JSP 引入了被称为“JSP 动作”的 XML 标签，用来调用内建功能。此外，可以创建 JSP 标签库，像使用标准 HTML 或 XML 标签一样使用它们。标签库能增强功能和服务器性能，而且不受跨平台问题的限制。JSP 文件在运行时会被其编译器转换成更原始的 Servlet 代码。JSP 编译器可以把 JSP 文件编译成用 Java 代码编写的 Servlet，然后由 Java 编译器编译成能快速执行的二进制机器码，也可以直接编译成二进制机器码。

JSP 的主要优点如下。

1）JSP 能以模板化的方式简单、高效地添加动态网页内容。

2）JSP 可利用 JavaBean 和标签库技术复用常用的功能代码，设计好的组件容易实现重复利用。

3）JSP 有良好的工具和平台支持，有丰富的第三方 Java 库可用。

4）JSP 继承了 Java 的跨平台优势，实现“一次编写，处处运行”。因为支持 Java 及其相关技术的开发平台多，网站开发人员可以选择在最适合自己的系统平台上进行 JSP 开发；不同环境下开发的 JSP 项目，在所有客户端上都能顺利访问。

5）JSP 页面中的动（控制变动内容的部分）/静（内容不需变动的部分）区域以分散但又有序的形式组合在一起，能使人更直观地看出页面代码的整体结构，从而方便分配人员并充分发挥各自的长处，实现高效的分工合作。

6）JSP 可与其他企业级 Java 技术相互配合。JSP 可以只专门负责页面中的数据呈现，实现分层开发。

JSP 的缺点如下。

1）JSP 所依赖的 Java 运行时环境对内存耗费较大，要保证有足够的内存资源可用。

2）JSP 通常需要结合其他 Java 技术协同使用，学习成本较高。

3）系统部署运行过程中需要各种组件协同，可能存在冲突。

（4）Node.js

Node.js 就是运行在服务器端的 JavaScript，是一个基于 Chrome JavaScript 运行时建立的平台。Node.js 是一个事件驱动 I/O 服务端 JavaScript 环境，基于 Google 的 V8 引擎，V8 引擎执行 JavaScript 的速度非常快，性能非常好。

Node.js 采用了一个称为“事件循环（event loop）”的架构，使得编写可扩展性高的服务器变得既容易又安全。Node.js 采用一系列“非阻塞”库来支持事件循环的方式，本质上就是为文件系统、数据库之类的资源提供接口。当向文件系统发送一个请求时，无需等待硬盘（寻址并检索文件），硬盘准备好的时候非阻塞接口会通知 Node。该模型以可扩展的方式简化了对慢资源的访问。

Node.js 的主要优点在于支持高并发，可同时支持大量的客户端访问，适合 I/O 密集型应用。主要缺点在于不适合 CPU 密集型应用，这是由于 JavaScript 单线程的原因，如果有长时间运行的计算（如大循环），将会导致 CPU 时间片不能释放，使得后续 I/O 访问无法发起。

1.3 Web 相关协议

1.3.1 TCP

传输控制协议（Transmission Control Protocol，TCP）是一种面向连接的、可靠的、基于字节流的传输层通信协议。

TCP 旨在适应支持多网络应用的分层协议层次结构，连接到不同但互连的计算机通信网络的主计算机中的成对进程之间，依靠 TCP 提供可靠的通信服务。

TCP 为了保证报文传输的可靠，会给每个包分配一个序号，同时序号也保证了传送到接收端实体的包的按序接收。然后接收端实体对已成功接收到的字节发回一个相应的确认（ACK）；如果发送端实体在合理的往返时延（RTT）内未收到确认，那么对应的数据（假设丢失了）将会被重传。

TCP 的主要特性如下。

1）在数据正确性与合法性上，TCP 用一个校验和函数来检验数据是否有错误，在发送和接收时都要计算校验和；同时可以使用 MD5 认证对数据进行加密。

2）在保证可靠性上，采用超时重传和捎带确认机制。

3）在流量控制上，采用滑动窗口协议。协议中规定，对于窗口内未经确认的分组需要重传。

1.3.2 IP

网际互连协议（Internet Protocol，IP）是 TCP/IP 体系中的网络层协议。设计 IP 的目的是提高网络的可扩展性：一是解决互联网问题，实现大规模、异构网络的互联互通；二是分割顶层网络应用和底层网络技术之间的耦合关系，利于两者的独立发展。根据端到端的设计原则，IP 只为主机提供一种无连接、不可靠、尽力而为的数据包传输服务。

IP 主要包含三方面内容：IP 编址方案、分组封装格式以及分组转发规则。

1. IP 分组的转发规则

路由器仅根据网络地址进行转发。当 IP 数据包经由路由器转发时，如果目标网络与本地路由器直接相连，则直接将数据包交付给目标主机，这称为直接交付；否则，路由器通过路由表查找路由信息，并将数据包转交给指明的下一跳路由器，这称为间接交付。在间接交付中，若路由表中有到达目标网络的路由，则把数据包传送给路由表指明的下一跳路由器；如果没有路由，但路由表中有一个默认路由，则把数据包传送给指明的默认路由器；如果两者都没有，则丢弃数据包并报告错误。

2. IP 分片

一个 IP 包从源主机传输到目标主机可能需要经过多个不同的物理网络。由于各种网络的数据帧都有一个最大传输单元（MTU）的限制（如以太网帧的 MTU 是 1500），在路由器转发 IP 包时，如果数据包的大小超过了出口链路的最大传输单元，则会将该 IP 分组分解成很多足够小的片段，以便能够在目标链路上进行传输。这些 IP 分片重新封装一个 IP 包独立传输，并在到达目标主机时才会被重组起来。

3. IP 分组结构

一个 IP 分组由首部和数据两部分组成。首部的前 20 字节是所有 IP 分组必须具有的，也称固定首部。在首部固定部分的后面是一些可选字段，其长度是可变的。

1.3.3 HTTP

超文本传输协议（Hyper Text Transfer Protocol，HTTP）是用于服务器与本地浏览器之间传输超文本信息的传送协议。HTTP 是应用层的面向对象的协议，由于其方式简捷、快速，适用于分布式超媒体信息系统。它于 1990 年被提出，经过多年的使用与发展，得到不断的完善和扩展。HTTP 工作于客户端—服务器端架构之上。浏览器作为 HTTP 客户端，通过 URL 向 HTTP 服务端（即 Web 服务器）发送所有请求。Web 服务器接收到请求后，向客户端发送响应信息。

HTTP 具有以下特点。

1）基于请求-响应模式。HTTP 规定，请求从客户端浏览器中发出，最后服务器端响应该请求并返回至客户端，响应结束。

2）不保存状态。HTTP 是一种无状态（Stateless）协议，即不保存请求-响应过程状态。HTTP 自身不对请求和响应之间的通信状态进行保存，也就是说，在 HTTP 这个级别，协议对于发送过的请求或响应都不做持久化处理。

3）无连接特性。HTTP 使用的连接都是一次性的，即无连接的，本质上是限制每次连接只处理一个请求。服务器处理完客户端的请求，并收到客户端的应答后，即断开连接。采用这种方式可以大幅提高网络通信的效率。

1.3.4 HTTPS

超文本传输安全协议（Hyper Text Transfer Protocol over Secure Socket Layer，HTTPS）是以安全为目标的 HTTP 通道，在 HTTP 的基础上通过传输加密和身份认证保证了传输过程的安全性。HTTPS 在 HTTP 的基础上加入安全套接层（Secure Socket Layer，SSL），HTTPS 的安全基础是 SSL，因此加密的详细内容需要经过 SSL。HTTPS 存在不同于 HTTP 的默认端口以及一个加密/身份验证层（在 HTTP 与 TCP 之间）。这个系统提供了身份验证与加密通信方法，被广泛用于万维网上安全敏感的通信，如交易支付等方面。

传统的 HTTP 存在较大的安全缺陷，主要是缺乏数据的明文传送和消息完整性检测。此外，HTTP 在传输客户端请求和服务器端响应时，唯一的数据完整性检验就是报文头部包含本次传输数据的长度，而对内容是否被篡改不做确认。因此，攻击者可以轻易地发动中间人攻击，修改客户端和服务器端传输的数据，甚至在传输数据中插入恶意代码。

HTTPS 是由 HTTP 加上 TLS/SSL 协议构建的可进行加密传输、身份认证的网络协议，主要通过数字证书、加密算法、非对称密钥等技术完成互联网数据传输加密，实现互联网传输安全保护。设计目标主要有以下三个。

1）数据保密性：保证数据内容在传输的过程中不会被第三方查看。就像快递员传递包裹一样，都进行了封装，别人无法获知包中的内容。

2）数据完整性：及时发现被第三方篡改的传输内容。就像快递员虽然不知道包裹里装了什么东西，但如果中途被替换，能轻松发现并拒收。

3）身份校验安全性：保证数据到达用户期望的目的地。就像邮寄包裹时，虽然是一个封装好的未被替换的包裹，但必须确定包裹不会被送错地方，通过身份校验来确保送对地方。

知识点视频 1-3
URL

1.3.5 URL

统一资源定位符（Uniform Resource Locator，URL）也称为网页地址，是用于完整地描述 Internet 上网页和其他资源地址的一种标识方法。

对于 Internet 上的每一个资源（包括网页、图像、视频、多媒体等），都具有一个唯一的 URL 地址，这种地址可以是本地磁盘上某个目录中的文件，也可以是局域网上某一台计算机中的文件，更多的是 Internet 上站点的某个资源。

URL 采用了统一的语法规范，通常由三部分组成：协议类型、主机名以及路径和文件名。具体格式如下。

```
protocol:// hostname[:port] / path [?query][#fragment]
```

1．protocol

protocol 定义了 URL 使用的协议名称，通常可使用的协议见表 1-1。

表 1-1　URL 中的主要协议

协议名称	描述	使用示例
file	指向的资源是本地计算机上的文件	file://
ftp	通过 FTP 访问资源	ftp://
gopher	通过 Gopher 协议访问资源	gopher://
http	通过 HTTP 访问资源	http://
https	通过 HTTPS 访问资源	https://
mailto	指向的资源为电子邮件地址，通过 SMTP 访问	mailto://

2．hostname

hostname 即主机名，是指存放资源的服务器所在域名系统（Domain Name Server，DNS）的主机名或 IP 地址。

如果使用 DNS，通常主机名称的规则定义如下。

```
主机名[.三级域名].二级域名.顶级域名
```

在这个规则中，域名的范围是由小到大的，理解时可从后到前，先看顶级域名，其次是二级域名，再次是三级域名（如果有），最后是主机名。

例如，某个域名为 www.huawei.com，其顶级域名为.com，二级域名为 huawei，主机名为 www。

几种常用的顶级域名见表 1-2。

表 1-2　常用的顶级域名

顶级域名	含义
.com	商业机构
.edu	教育及研究机构
.gov	政府机构
.info	信息服务
.mil	军事设施及机构
.net	网络服务机构
.org	非营利性组织
国家或地区缩写	某个国家或地区下属机构

3．port

port 表示端口号，即提供的网站服务所在的端口号，取值为整数。该参数可以省略，省略时使用方案的默认端口。各种传输协议都有默认的端口号，如 HTTP 的默认端口为 80、FTP 的默认端口为 21 等。

4．path

path 表示资源所在的路径，由零或多个“/”符号隔开的字符串组成，一般用来表示主机上的一个目录的完整路径或文件地址。这个路径是从主机上提供服务的根目录开始计算的。

例如，IIS 提供服务的根目录是 c:\inetpub\wwwroot\，如果 path 为/img/demo.gif，则其实际地址为二者的组合，即资源的物理位置为 c:\inetpub\wwwroot\img\demo.gif。

5．query

query 表示查询的字符串，该项为可选项，用于给动态网页（如使用 JSP 或 ASP.NET 等技术制作的网页）传递参数，可有多个参数，参数之间用“&”符号隔开，每个参数的名和值用“=”符号隔开。例如，有个 URL 为“/search?type=order&startpage=3”，表示要访问资源/search，附带了两个参数，一个是 type 参数，其值为 order，另一个是 startpage 参数，其值为 3。

6．fragment

fragment 即信息片段，使用“#”符号连接一个关键字，该关键字用于指定网络资源中的片断（内部锚点）。如果一个网页中有多个名词解释，可使用 fragment 直接定位到某一名词解释。例如，有个 URL 为“detail_page.html#title1”，访问的是 detail_page.html 页面中的 title1 片段，该片段一般通过<a>标签的 id 属性设置，详细使用方法参见第 2 章 HTML 中超链接的内部锚点部分。

1.4 浏览器与内核

1.4.1 浏览器简介

浏览器即 B/S 模式中的 Browser，是网页展示的主要工具，能够解析网页的 HTML 代码，转换为对应显示效果。主要的浏览器如图 1-5 所示。

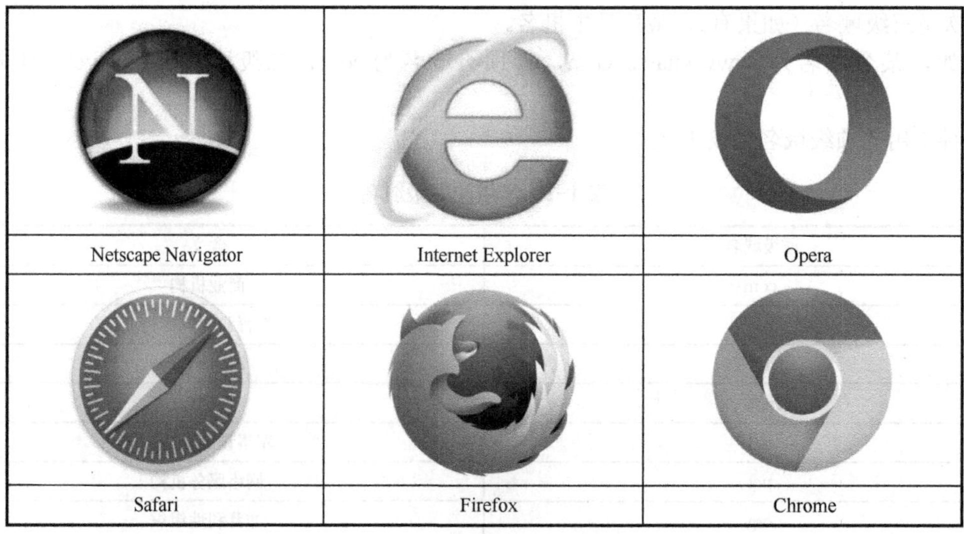

图 1-5 主要的浏览器

1．Netscape Navigator

Navigator 是由 Netscape（网景公司）开发的首个商业化 Web 浏览器，发布于 1994 年。Navigator 虽是一个商业软件，但它提供了可在 UNIX、VMS、Macs 和 Microsoft Windows 等操作系统上运行的免费版本。由于其在与微软的 IE 浏览器的竞争中失利，在 2008 年停止开发。

2．Internet Explorer

IE 是微软公司旗下的浏览器，曾经是国内用户量最多的浏览器之一。IE 诞生于 1994 年，当时微软为了对抗占据将近百分之九十市场份额的 Netscape Navigator，于是在 Windows 中开发了自己的浏览器 Internet Explorer，自此也引发了第一次浏览器大战。

1996 年，微软从 Spyglass 拿到 Spyglass Mosaic 的源代码和授权，开始开发自己的浏览器 IE。后来，微软以 IE 和 Windows 捆绑的模式不断向市场扩展份额，使 IE 成为市场的绝对主流。但是由于其与 W3C 标准的兼容性不好、版本升级的延续性差等问题，已逐渐被用户市场放弃。

3．Opera 浏览器

Opera 是挪威 Opera Software ASA 公司旗下的浏览器。1995 年，Opera 公司发布了第一版 Opera 浏览器，使用自己研发的 Presto 内核。当时 Opera 公司的开发团队不断完善 Presto 内核，使 Opera 浏览器一度成为顶级浏览器。直到 2016 年奇虎 360 和昆仑万维收购了 Opera 浏览器，从此它丢弃了强大的 Presto 内核，改用当时 Google 开源的 Webkit 内核。后来 Opera 浏览器跟随 Google 将浏览器内核改为 Blink 内核，自此 Presto 内核也淡出了互联网市场。

4．Safari 浏览器

第二次浏览器大战是从苹果公司发布 Safari 浏览器开始的。2003 年，苹果公司在苹果手机上开发 Safari 浏览器，利用自己得天独厚的手机市场份额使 Safari 浏览器迅速成为世界主流浏览器。Safari 是最早使用 Webkit 内核的浏览器，也是现在苹果设备默认的浏览器。

5．Firefox 浏览器

Firefox 浏览器是 Mozilla 公司旗下的浏览器，也是网景公司后续版本的浏览器。网景公司被收购后，网景员工创办了 Mozilla 基金会，这是一个非营利组织，在 2004 年推出自己的浏览器 Firefox。Firefox 采用 Gecko 作为内核。Gecko 是一个开源的项目，代码完全公开，因此受到很多人的青睐。Firefox 的问世加速了第二次浏览器大战的开始。第二次浏览器大战与第一次浏览器大战的局面不同，这一次的特点是百家争鸣，也自此打破了 IE 浏览器从 1998 年网景公司被收购后独占浏览器市场的局面。

6．Chrome 浏览器

Chrome 浏览器是 Google 公司旗下的浏览器。Chrome 浏览器自发布以来一直追求简洁、快速、安全，所以 Chrome 浏览器到现在一直受人追捧。最开始 Chrome 采用 Webkit 作为浏览器内核，直到 2013 年，Google 宣布不再使用苹果的 Webkit 内核，开始使用 Webkit 的分支内核 Blink。

1.4.2 内核

浏览器最重要的部分是浏览器内核。浏览器内核是浏览器的核心，也称为“渲染引擎”，用来解释网页语法并渲染到浏览器上。浏览器内核决定了浏览器该如何显示网页内容以及页面的格式信息。不同的浏览器内核对网页的语法解释也不同，因此网页开发者需要在不同内核的浏览器中测试网页的渲染效果。

浏览器内核可以分为两部分：渲染引擎（Layout Engineer 或者 Rendering Engine）和 JS 引擎。渲染引擎负责取得网页的内容（如 HTML、XML、图像等）、整合所需信息（如加入 CSS 等），以及计算网页元素的显示细节，然后输出至显示器或打印机。浏览器内核的不同对于网页的语法解释会有不同，所以渲染的效果也不相同。所有网页浏览器、电子邮件客户端以及其他需要编辑、显示网络内容的应用程序都需要内核。JS 引擎则是解析 JavaScript 语言，执行 JavaScript 语言来实现网页的动态效果。

目前主流的内核主要有四种：Trident、Webkit、Blink、Gecko。

1．Trident

Trident 内核程序在 1997 年发布的 IE4 中首次被采用，是微软在 Mosaic（“马赛克”，这是人类历史上第一个浏览器，从此网页可以在图形界面的窗口浏览）代码的基础之上修改而来的，并沿用到 IE11，也被普遍称作“IE 内核”。

Trident 实际上是一款开放的内核，其接口内核设计得相当成熟，因此才有许多采用 IE 内核而非 IE 的浏览器（壳浏览器）涌现。由于 IE 自身的“垄断性”（与 Windows 操作系统绑定）使得 Trident 内核长期一家独大，微软很长时间都没有更新 Trident 内核，这导致了两个后果，一是 Trident 内核曾经在 2005 年几乎与 W3C 标准脱节，二是 Trident 内核的大量漏洞等安全性问题没有得到及时解决。再加上一些致力于开源的开发者和学者们公开发表自己认为 IE 浏览器不安全的观点，使得很多用户转向了其他浏览器，Firefox 和 Opera 在这个时候兴起。非 Trident 内核浏览器市场占有率的大幅提高也使许多网页开发人员开始注意网页标准和非 IE 浏览器的浏览效果问题。

国内很多双核浏览器的其中一核便是 Trident，也称为“兼容模式”。

2. Webkit

Webkit 是一个开源的浏览器引擎，最初的代码来自 KDE 的 KHTML 和 KJS（均开源）。苹果公司在 Webkit 的基础上做了大量优化改进工作，开发了 Safari 浏览器，催生了面向移动设备的现代 Web 应用程序。Webkit 的优势在于高效稳定、兼容性好，且源码结构清晰、易于维护。

3. Blink

2008 年，Google 公司发布了 Chrome 浏览器，浏览器使用的内核被命名为 Chromium。Chromium 来自开源引擎 Webkit，却把 Webkit 的代码梳理得可读性提高很多。但由于苹果公司推出的 Webkit2 与 Chromium 的沙箱设计存在冲突，所以 Chromium 一直停留在 Webkit，并使用移植的方式来实现和主线 Webkit2 的对接。这增加了 Chromium 的复杂性，且在一定程度上影响了 Chromium 的架构移植工作。于是，Google 决定从 Webkit 衍生出自己的 Blink 引擎（后由 Google 和 Opera Software 共同研发），在 Webkit 代码的基础上研发更加快速和简约的渲染引擎，并逐步脱离 Webkit 的影响，即一个完全独立的 Blink 引擎。

4. Gecko

Gecko 的特点是代码完全公开，因此，其可开发程度很高，全世界的程序员都可以为其编写代码，增加功能。由于这是个开源内核，因此受到许多人的青睐。Gecko 内核的浏览器有很多，这也是 Gecko 内核虽然年轻但市场占有率能够迅速提高的重要原因。

事实上，Gecko 引擎也与 IE 关系紧密，由于在当时 IE 没有使用 W3C 的标准，这引发了微软内部一些开发人员的不满，他们与当时已经停止更新的 Netscape 的一些员工一起创办了 Mozilla，以当时的 Mosaic 内核为基础重新编写内核，于是开发了 Gecko。不过，Gecko 内核的浏览器中，Firefox（火狐）的用户最多，所以有时也会被称为 Firefox 内核。此外，Gecko 是一个跨平台内核，可以在 Windows、BSD、Linux 和 macOS X 中使用。

1.4.3 兼容性问题

浏览器兼容性问题是指对同一段代码进行解析时，不同的浏览器页面显示效果可能不一致或功能实现不一致。通常情况下，用户使用浏览器的需求是无论使用什么浏览器来查看网站或者登录系统，都应该是一样的显示效果。这种浏览器显示效果不一致的情况即浏览器兼容性问题，是网页前端开发人员经常碰到和必须要解决的问题。

浏览器兼容性问题的表现形式主要有以下几种。

1）页面对齐问题。表现为页面中元素显示的效果不一致，元素在各个浏览器中显示的位置不同或者边距、间隔不相同，导致页面的元素可能出现换行、空白、高低不平等问题。

2）浏览器中的漏洞。各个浏览器的版本在实现中存在漏洞，对某些功能特性的实现不完整，导致显示效果与预期不一致。这种情况一般发生在某些版本的浏览器中。

3）浏览器的不同实现。尽管 W3C 提出了一系列 Web 相关的标准和规范，但各个浏览器开发厂商实现时仍然存在不一致情况，即实现方式的不同，还包括一些标准和规范中未明确的内容，导致最终的显示效果存在不一致。

4）对最新标准的支持。这里的最新标准是指 W3C 出台的新标准和规范，浏览器在更新时未及时覆盖这些最新的要求，或者使用的浏览器版本较老，未实现对新标准的支持。

实际项目开发过程中，页面的显示效果会对客户产生最直接的影响，甚至可能会影响项目的成败。因此，应提高对浏览器兼容性问题的认识，从保证软件质量的高度进行规范，建议从以下几个方面开展工作，解决浏览器兼容性问题。

（1）使用标准写法

在进行 Web 应用开发时，采用 W3C 标准推荐的规范用法，不使用浏览器独有的特性，从源头上避免浏览器兼容性问题。

（2）采用前端框架

目前，已有一些较为成熟的前端框架，例如 Jquery、Bootstrap 等，这些框架自身已进行了主流浏览器的匹配，并具有一定的容错性。借助这些前端框架，可以较好地实现主流浏览器的兼容性。

（3）代码兼容性处理

对于项目中涉及的自定义代码，应充分考虑代码的兼容性问题，即如果要使用某项特性，应根据相应浏览器的支持情况编写相应的处理代码，并封装为函数，应用到项目中，提高代码对浏览器的兼容性。

（4）充分的兼容性测试

测试是保证软件质量的一种重要手段，对代码的兼容性测试无疑是保证前端代码对浏览器兼容性的重要方法，应利用各种工具和测试框架，适当引入自动化测试技术，开展充分的浏览器兼容性测试工作。

1.5 Web 应用服务器

Java Web 编程需要服务器端支持，这是由于动态页面中的 Java 代码需要先由 Web 服务器中的容器进行编译，生成相应的 class 文件后执行，才能得到计算结果并返回给浏览器。这个过程需要 Java Web 服务器提供相应的功能特性。

1.5.1 Tomcat

Tomcat 是 Apache 软件基金会（Apache Software Foundation）的 Jakarta 项目中的一个核心项目，由 Apache、Sun 和其他一些公司及个人共同开发而成。Tomcat 服务器是一个免费的开放源代码的 Web 应用服务器，属于轻量级应用服务器，在中小型系统和并发访问用户不多的场合下被普遍使用，是开发和调试 JSP 程序的首选。Tomcat 是采用 Java 语言编写的，由于 Java 的跨平台特性，使得 Tomcat 也具有跨平台性。

Tomcat 主要组件包括服务器（Server）、服务（Service）、连接器（Connector）和容器（Container）。其中，连接器（Connector）和容器（Container）是 Tomcat 的核心。

一个 Container 容器和一个或多个 Connector 组合在一起，加上其他一些支持的组件共同组成一个 Service。有了 Service 便可以实现对外提供网页资源，但是 Service 的生存需要一个环境，这个环境便是 Server，Server 组件为 Service 的正常使用提供了生存环境，Server 组件可以同时管理一个或多个 Service。Tomcat 的结构图如图 1-6 所示。

Tomcat 作为 Web 服务器的主要特点如下。

1）部署简单，Tomcat 中应用的部署可以简单地通过将 Web 文件夹放入 webapps 目录中或者打包为 war 文件放在 webapps 下实现，方便易用。

2）安全管理，Tomcat 中提供了基于 Realm 的访问控制，类似于 UNIX 的 group，不能访问不属于该 group 的资源，使得 Web 应用中的资源权限得到了严格的控制。

3）便携性好，Tomcat 服务器自身的文件体积小，加起来不过几十兆字节，直接部署版甚至只有 10MB 左右，即可提供 Web 发布服务，占用的系统空间小。

4）集成方便，可以方便地被一些集成开发环境（IDE）所集成，如 Eclipse、IDEA、NetBeans 等开发环境，可以直接在其中访问。

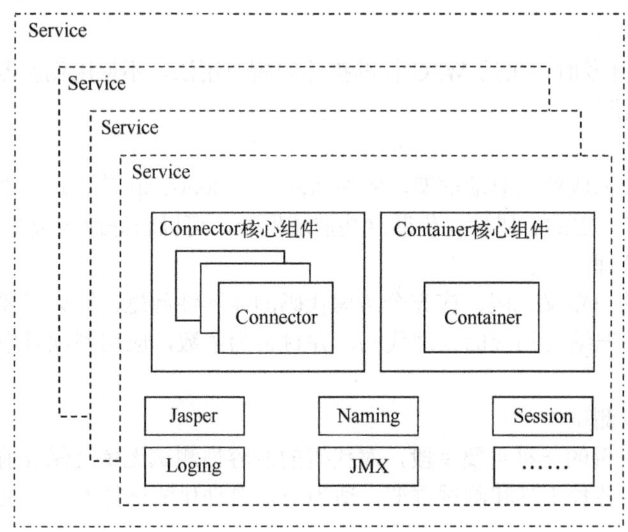

图 1-6　Tomcat 结构图

1.5.2 WebLogic

WebLogic 是 Oracle 公司出品的应用服务器，通常也称为基于 Java EE 架构的中间件。WebLogic 是用于开发、集成、部署和管理大型分布式 Web 应用、网络应用和数据库应用的 Java 应用服务器，将 Java 的动态功能和 Java Enterprise 标准的安全性引入大型网络应用的开发、集成、部署和管理之中，是到目前为止商业化较成功的 Java Web 应用服务器。

WebLogic 服务器是专门为企业级应用系统开发的。企业级应用系统通常需要快速开发，并要求服务器端组件具有良好的灵活性和安全性，同时还要支持关键任务所必需的可扩展性和高可用性。WebLogic Server 简化了可移植及可扩展的应用系统的开发，并为其他应用系统提供了丰富的互操作性。

凭借其出色的群集技术，WebLogic Server 拥有良好的可扩展性和可用性。WebLogic Server 既实现了网页群集，也实现了 EJB 组件群集，而且不需要任何专门的硬件或操作系统支持。网页群集可以实现透明的复制、负载平衡以及表示内容容错，如 Web 购物车；组件群集则处理复杂的复制、负载平衡和 EJB 组件容错，以及状态对象（如 EJB 实体）的恢复。

WebLogic Server 具有开发和部署关键任务 Web 应用系统所需的多种特色，具体如下。

1）全面标准，对业内多种标准的全面支持，包括 EJB、JSP、JMS、JDBC、XML（标准通用标记语言的子集）和 WML，使 Web 应用系统的实施更为简单，同时也使基于标准的解决方案的开发更加简便。

2）可扩展性，WebLogic Server 以其高可扩展的架构体系闻名于业内，包括客户端连接的共享、资源 pooling 以及动态网页和 EJB 组件群集。

3）快速开发，凭借对 EJB 和 JSP 的支持，以及 WebLogic Server 的 Servlet 组件架构体系，可加速投放市场速度。这些开放性标准与 WebGain Studio 配合时，可简化开发，并可发挥已有的技能，迅速部署应用系统。

4）更灵活，WebLogic Server 的特点是与领先数据库、操作系统和 Web 服务器紧密集成。

1.5.3 TongWeb

TongWeb 应用服务器是一款标准、安全、高可用并具有丰富功能的企业级应用服务器，是一款由东方通自主开发的国产 Web 应用服务器，为企业级应用提供了便捷的开发、随需应变的灵活部署、丰富的运行时监视以及高效的平台管理等关键支撑。

TongWeb 应用服务器提供了各种容器和功能组件，包括 Web 容器、EJB 容器、RMI 服务容器、Web 服务平台、JCA 服务、数据库连接池和事务控制组件等，并支持各种成熟开发框架，以帮助企业快速构建各种业务应用处理系统，为企业级信息化建设构建基础应用平台。其结构如图 1-7 所示。

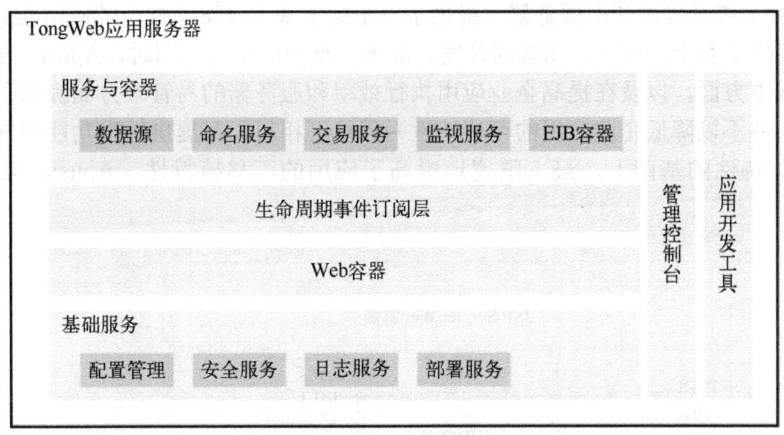

图 1-7 TongWeb 应用服务器结构图

TongWeb 应用服务器基于 J2EE 体系结构，并通过了 Sun 公司的 J2EE 兼容性认证。

除了上述标准支持外，TongWeb 还提供以下新特性。

1）基于 JMX 的管理机制：TongWeb 服务器从内核级支持 JMX，所有的部件都可以通过 JMX 进行管理，提供一个功能强大的管理控制台。

2）开发工具支持：提供功能完备的 Jbuilder 和 Eclipse 插件，支持 EJB、Servlet/JSP、Web Service 的开发和调试。通过全过程的可视化操作，生成标准的部署描述文件和 TongWeb 服务器相关的部署描述符。

3）迁移工具支持：提供方便的迁移工具，能方便地将基于 Weblogic、JBoss 等其他应用服务器的应用迁移到 TongWeb 平台。

4）服务的可配置和可插拔性：基于服务的 TongWeb 架构提供了高度的模块化和可配置性，除 JMX 和 JNDI 外，所有服务模块的启停都是可定制的。还可以根据需要将第三方的服务模块（如基于 TongLINK/Q 的消息服务）置换现有的服务模块。

5）集群能力：TongWeb 集群解决方案在 Web 和 EJB 层级提供负载均衡、高可用性以及失败恢复。TongWeb 的集群是基于应用和组件级的细粒度集群，由于采用基于内存的 session 复制技术，具有较高的集群效率。此外，TongWeb 还提供基于 TongLINK/Q 的 JMS 集群。

6）交易恢复支持：TongWeb 交易管理器提供了交易恢复功能，开启交易恢复功能后，TongWeb 交易管理器动态监控当前正在执行的交易，并以日志的方式记录在系统中。在全局交易没有完成提交之前，如果系统出现故障（如机器断电、网络中断、服务器意外中断等），重启 TongWeb，交易管理器将根据日志记录故障发生时交易的状态，对交易进行恢复（回滚或者提交）。

7）分布式支持：TongWeb 的 EJB 组件可以分布式处理多种通信协议，包括 JRMP、RMI/IIOP、SSL。由于支持基于 SSL 的 EJB 组件访问，TongWeb 支持透过防火墙的 EJB 访问。

8）Web Service 支持：可以基于 Web 容器、EJB 容器发布 Web Service，允许 J2EE 组件存取 Web Service，以及允许 J2EE 组件被部署成 Web Service 端点。

9）应用组件自动部署支持：可以部署和执行 EAR 应用程序、单独的 ejb-jar 以及单独的 Web 应用。支持这些组件的自动部署。

10）基于池化技术的高性能支持：包括数据库实例池、对象实例池、线程池和面向资源连接的连接池技术已经在 TongWeb 中得到了广泛的应用，从而提高了系统的性能和在企业应用环境下的处理能力。

1.5.4 Apusic

Apusic 是由金蝶开发的应用服务器，提供了一个完全基于 J2EE 规范的应用服务器产品，为分布式企业应用提供了安全、可靠、高效的开发、部署、维护的平台。同时，Apusic 在降低企业应用的开发和维护成本方面，以及在提高企业应用执行效率和服务器的易管理方面提供了相当多的增值特性。这些特性并不以降低企业应用的可移植性为代价，相反，在提供标准功能和提供其他主流应用服务器的同等特性的基础上，最大限度地提高了应用的可移植特性。Apusic 应用服务器结构如图 1-8 所示。

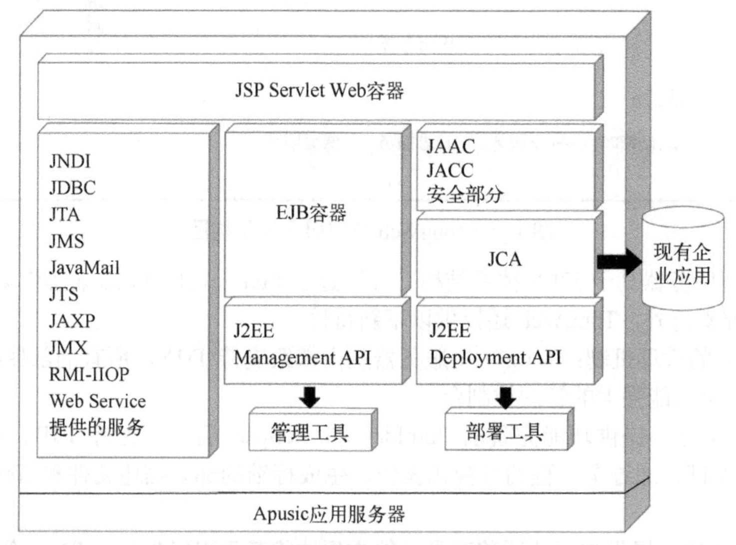

图 1-8 Apusic 应用服务器结构图

除了对 EJB2.0 规范的实现，Apusic 应用服务器中的 EJB 容器和相关系统服务还提供了一些高端增值特性，通过这些增值特性，使得面向 Apusic 应用服务器的业务逻辑层的开发、部署、运行和维护变得更加方便、高效和可靠。

1）实例池：通过图形化的配置工具或简单修改组件配置文件，Apusic 应用服务器可以预先装载指定数量的对象实例到实例池中，使对客户请求进行响应的过程更加高效。

2）热部署：为提高企业应用开发、调试和维护的效率，Apusic 应用服务器提供了热部署的功能。在运行时，可以动态地部署和修改应用程序，无需停止和重新启动服务器即可应用新的改动。

3）自动迁移及部署：Apusic 应用服务器提供了自动迁移和部署的能力，对于面向其他非 Apusic 应用服务器开发的企业应用，可以不改动应用程序，而由应用服务器自动完成移植的工作并部署到应用服务器，大大降低了应用移植的成本。

4）自动生成查询：为提高面向 CMP Entity Bean 的开发效率和降低开发的难度，Apusic 应用服务器可为 CMP Entity Bean 自动生成默认的 finder query。

5）JDBC 结果集缓存：提供了 JDBC 结果集缓存技术，通过将数据库返回的结果集保存在内存中，可以大幅提高应用系统的性能。同时，使用结果集缓存对应用开发者是完全透明的，保证了应用的可移植特性。

6）JDBC 语句缓存：提供了 JDBC 语句缓存技术，同时使用预编译的查询语句，提高应用程序访问数据库的效率。

7）连接池：提供了对连接资源的优化，使有限的数据库连接资源得到最大限度的利用。同时，对于应用错误使用连接造成的死锁或阻塞，提供了死锁检测技术，而以上的特性对于用户而言是完全透明的。

思考题

（1）静态网页与动态网页分别有什么作用？

（2）B/S 与 C/S 结构有什么异同？适用于哪些场景？

（3）HTTPS 是什么？与 HTTP 的主要不同点是什么？

（4）浏览器的兼容性问题是指什么？主要根源是什么？

（5）Web 请求响应过程的主要步骤有哪些？

第 2 章　HTML

Web 页面是 B/S 结构下内容呈现的一种主要载体，页面设计开发技术需要具备兼容性强、易用性好、适应广泛等特点。HTML 正是这样一种描述性的标记语言，具有结构清晰、编写方便、语法兼容性强等特性，广泛应用于 Web 页面的开发。本章主要介绍 HTML 的概念、基本语法、常用标签及用法、HTML5 新特性，以及综合案例——后台管理首页设计。

2.1　HTML 简介

知识点视频 2-1
HTML 简介

2.1.1　HTML

超文本标记语言（Hyper Text Markup Language，HTML）不同于通常的编程语言，是一种描述性的标记语言，定义了一组用于描述页面结构和风格的标签，通过浏览器显示出效果。HTML 文件是标准的 ASCII 文件，是一种纯文本格式的文件，能独立于各种操作系统平台。

超文本是指用超链接的方法，将各种不同空间的信息组织在一起的网状文本。信息包含文本、图片、音频、视频、链接等形式，组织方式主要是通过链接，使用户轻轻一点即可跳转至要查看的文档。

HTML 文档即网页，浏览器使用标签来解释页面的内容，浏览器的作用是读取 HTML 文档，并以网页的形式显示出它们。浏览器不会显示 HTML 标签，而是显示各种标签经过解释后的页面内容。

一个简单的 HTML 页面示例在浏览器中的显示效果如图 2-1 所示。其源文件由一些 HTML 标签与文本组成，如图 2-2 所示。

图 2-1　网页显示示例

通常 HTML 页面由<html>标签定义，包含<head>和<body>两个部分，<head>主要定义网页的一些设置，<body>定义要显示的内容，也是由一些标签组成。

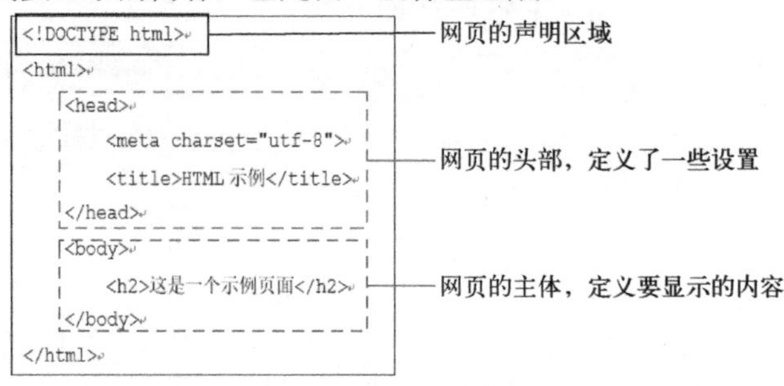

图 2-2　HTML 源代码结构示例图

HTML 与一般的编程语言不同，它是一种解释型语言，运行时由浏览器引擎逐行解释代码，解释成功即显示在页面上，有问题时试图忽略或跳过，无论遇到何种问题，都不会造成页面异常。如果遇到标签错误或语法问题，则会以文本方式显示 HTML 代码。

2.1.2　HTML 发展历史

HTML 最初于 1989 年由 CERN 的 Tim Berners-Lee 发明。HTML 是基于更早的 SGML（标准通用标记语言）定义的，并简化了其中的部分语言元素。由于 HTML 的出发点是免除用户安装客户端软件，因此，这种语言很早就得到了多个 Web 浏览器厂商的支持。

HTML 经历了以下几个重要阶段。

1）HTML 1.0：1993 年 6 月作为互联网工程工作小组（IETF）工作草案发布。

2）HTML 2.0：1995 年 11 月作为 RFC 1866 发布，在 2000 年 6 月 RFC 2854 发布之后被宣布已经过时。

3）HTML 3.2：1997 年 1 月 14 日，W3C 推荐标准。

4）HTML 4.0：1997 年 12 月 18 日，W3C 推荐标准。

5）HTML 4.01（微小改进）：1999 年 12 月 24 日，W3C 推荐标准。

6）HTML 5：HTML5 是公认的下一代 Web 语言，极大地提升了 Web 在富媒体、富内容和富应用等方面的能力。Internet Explorer 8 及以前的版本不支持 HTML 5。

2.2　基本语法

HTML 是一种超文本标记语言，不同于其他的编程语言，这种语言专门用于结构化地描述网页的内容。它提供一种语义信息，目的是使浏览器快速理解整个页面的框架结构。

2.2.1　HTML 页面组成

HTML 页面主要由两部分组成：页面头部<head>及页面主体内容<body>，它们各自承担不同的作用。

1．页面头部<head>

<head>通常用于页面的一些基本语言的描述，例如网页的标题和关键字，但是通常<head>中的文字不会直接在网页中显示出来。<head>中可以使用的标签不多，但是<title>是必须要有的标签元素。其他常见的标签元素有<base>、<link>、<meta>等。

（1）<title>标签元素

每个 HTML 都应当有<title>元素。<title>是<head>元素的子元素，主要作用是定义网页的标题，它会显示在浏览器的标题栏，也可以作为浏览器中书签的默认名称。<title>元素在浏览器保存该页面后成为网页的文件名，并且会将网页的标题作为搜索的关键字。

定义网页标题的示例代码片段如下。

```
<head>
    <title>我的第一个网页</title>
</head>
```

上述代码将网页的标题定义为“我的第一个网页”。

（2）<base>标签元素

<base>标签元素的作用是定义网页的基准路径，可以使当前页面中的相对 URL 变为完整绝对的 URL，通常用于网页项目的灵活部署和迁移。需要注意的是，<base>元素在一个 HTML 页面中

只能出现一次。

<base>标签元素的使用示例代码如下。

```
<head>
    <base href="/myapp" />
</head>
```

上述代码定义了该网页的基准路径/myapp，当页面中进行资源访问时，如果使用的是相对路径，会默认修改为基于该基准路径。

（3）<link>标签元素

<link>标签元素主要用于连接到 CSS，描述当前 HTML 页面要引用的外部样式文件，浏览器会分析该文件中的内容，在需要时自动加载读取。

<link>标签元素的使用示例代码如下。

```
<link rel="stylesheet" type="text/css" href="style.css" />
```

上述代码引入了一个外部的样式文件 style.css。

（4）<meta>标签元素

<meta>标签元素是 HTML 页面<head>区域的一个辅助性标签，位于文档的头部，不包含任何内容。标签的属性定义了与文档相关联的名称/值对。

<meta>标签元素可提供相关页面的元信息（meta-information），例如针对搜索引擎和更新频度的描述和关键词。<meta>标签元素的属性见表 2-1。

表 2-1 <meta>标签元素属性

属性	值	描述
content	内容	定义与 http-equiv 或 name 属性相关的元信息内容
http-equiv	content-type	网页格式及编码
	pragma	缓存设置
	expires	缓存期限设置
	refresh	自动刷新设置
	set-cookie	cookie 设置
name	author	页面的作者
	description	页面内容的描述
	keywords	页面的关键词
	generator	页面的来源
	revised	最后修改时间

<meta>标签元素的使用示例代码如下。

```
<head>
    <meta name="keywords" content="HTML 介绍,CSS 介绍,Javascript 说明">
    <meta http-equiv="content-type" content="text/html;charset=utf-8">
</head>
```

上述代码定义了两个属性，一个是网页的关键词，另一个是页面的格式及编码。

2．页面主体内容<body>

<body>标签元素定义了网页的主体内容，这个区域内的元素都将会被显示在浏览器页面中。通常，<body>中会使用层次结构，首先定义几个区域，在每个区域中再定义一些组件，并在组件中定义具体显示的内容。

2.2.2 标签

HTML 中使用的元素通常被称为 HTML 标签（HTML tag）。HTML 标签是由尖括号包围的关键词，例如<html>、<body>等。这些 HTML 标签通常是成对出现的，例如<b>和</b>。

标签对中的第一个标签是开始标签，第二个标签是结束标签，开始和结束标签也被称为开放标签和闭合标签。开始标签和结束标签之间可以是文本内容，也可以包含另外一些标签和文本。

例如，有以下代码。

```
<p>这是一段文本</p>
<div>这是一行字符串内容</div>
```

上述代码定义了<p>和<div>两组标签。

此外，HTML 中也有一些标签不允许在开始标签和结束标签之间放置内容，因此可以简写成一个自结束标签，即<tagname/>的形式，tagname 表示某个标签。

例如，
表示换行，一般不会使用</br>，而是写成
。

大多数 HTML 元素可以嵌套（即可以包含其他 HTML 元素）。HTML 文档由嵌套的 HTML 元素构成，元素的嵌套构成了 HTML 页面的层次结构。示例代码如下。

```
<html>
    <body>
        <p>这是一段<b>测试</b>用的文本.</p>
    </body>
</html>
```

HTML 标签在使用时的注意事项如下。

1）HTML 标签对大小写不敏感，<P>等同于<p>，但 W3C 建议使用小写标签。

2）HTML 标签成对出现时，如果标签中有大段内容，建议将起始内容和标签对齐。

3）标签嵌套时，嵌套的标签内容应缩进 4 个字符。

4）HTML 结束标签建议与开始标签成对出现，虽然省略时浏览器可能会自动解析，但有些场景下会显示错误，内容为空的标签建议使用自结束标签。

2.2.3 属性

每个 HTML 标签可以具有一个或多个属性，这些属性可以对标签进行进一步的设置或定义，为标签元素提供更丰富的功能和显示效果。

属性总是以名称/值对的形式出现，例如：name=“value”。属性名称定义了该标签可拥有的属性，属性值是该属性的具体取值。

按照 W3C 规范，属性是在 HTML 元素的开始标签中规定的。

例如，有以下代码。

```
<div>
    <a href="http://www.nchu.edu.cn" title="南昌航空大学">主页</a>
</div>
```

上述代码中，“主页”链接标签有两个属性 href 和 title，分别是详细的链接及链接的标题提示信息。

在使用 HTML 标签属性时，有以下注意事项。

1）属性与值大小写不敏感：HTML 标签的属性和属性值对大小写不敏感，但是 W3C 推荐小写的属性/属性值。

2）属性值应使用双引号：HTML 标签的属性值应该始终被包括在引号内，可以使用双引号或单引号，建议使用双引号，如果属性值中已使用双引号，则可以使用单引号。

3）HTML 元素的公共属性：HTML 标签的属性一般与标签相关，大多数属性是标签元素特有的，也有一些公共属性，见表 2-2。

表 2-2 HTML 元素主要的公共属性

属性	描述
id	用于定义标签元素的 ID
class	用于定义元素的样式类名称
style	用于定义元素的行内样式属性
title	用于定义元素的标题提示信息

2.3 常用标签

知识点视频 2-2
常用标签

2.3.1 文本格式化

文本格式化类的标签元素主要用于 HTML 文本的格式化，包括文本格式、字体、颜色等样式的设置。

HTML 中文本格式化相关标签元素见表 2-3。

表 2-3 文本格式化相关标签元素

标签	描述
<p>	定义一个文本段落，每个段落从新的一行开始
<b>	定义粗体文本
<em>	定义着重文字
<i>	定义斜体字
<small>	定义小号字
<strong>	定义加重语气
<sub>	定义下标字
<sup>	定义上标字
<pre>	定义预格式化的文本

文本格式化相关的示例代码如下。

```
<body>
    <div>
        <p>这是一段普通的文本<b>这是一段加粗文本</b>。</p>
        <p>这是一段<em>强调</em>文本。</p>
        <p>这段文本包含<i>斜体</i>字体。</p>
        <p><small>这是一段小号字文本</small>。</p>
```

```
        <p>这是一段<strong>加粗文本</strong>。</p>
        <p>这个文本包含<sup>上标</sup>、<sub>下标</sub>文本。</p>
        <p>这段文本包含<ins>插入</ins>、<del>删除</del>标记。</p>
    </div>
</body>
```

2.3.2 超链接

超链接（Link）也称为超文本链接（Hypertext Link），是 HTML 页面的重要特征之一，用户只要单击网页中的超链接就可以自动跳转到超链接的目标对象，可以实现网页资源间的便捷快速访问。超链接的载体可以是文本，也可以是图片等。

1. 链接标签

一个完整的超链接包括两个部分，即链接的载体和链接的目标地址。链接的载体是指链接的文本显示部分，即包含超链接的文字或图像。链接的目标是指单击超链接后所访问的资源，可以是打开另一个网页、进入另一个网站或打开电子邮箱等。

HTML 使用标签<a>来设置超文本链接，设置的语法格式如下。

```
<a href="url">链接文本</a>
```

参数说明：

1）url，链接的目标地址，即打开链接后要跳转的网页或访问的内容，可以是当前网页、另外一个网页或发送电子邮件。

2）链接文本，链接显示的文本信息，即链接的载体。

链接的示例代码如下。

```
<a href="/login.jsp">登录页面</a>
```

上述代码定义了一个链接，指向/login.jsp，当打开时，将跳转至网站根目录下的 login.jsp。

2. target 属性

target 属性可以用来定义超链接打开时所在的窗口。

target 属性的取值及说明如下。

1）_blank：新开启一个网页窗口并打开链接。

2）_self：在当前页面窗口打开链接。

3）_top：在网页框架的顶层窗口中打开链接。

4）_parent：在当前框架的父窗口中打开链接。

5）自定义名称：如果该名称的窗口不存在，则新建一个窗口并打开链接，否则在已存在的窗口中打开链接。

3. id 属性

id 属性用于创建网页的内部锚点，类似于网页的书签，通过该锚点，可在网页内部进行跳转。id 属性通常用于网页自身的小标题导航。

创建内部锚点的过程包含以下两步。

（1）定义用于锚点的链接标签

语法格式如下。

```
<a id="锚点 ID">锚点名称</a>
```

参数说明：

1）锚点 ID，要定义的锚点 ID，在当前网页中应保持唯一。

2）锚点名称，锚点显示的文本内容。

需要注意的是，这种方式定义的锚点，不能出现 href 属性，否则无效。

（2）创建访问内部锚点的 URL

访问内部锚点的方式与超链接类似，不过需要通过“#”指定要访问的内部锚点 ID，访问内部锚点的完整路径示例代码如下。

```
<a href="index.html#top1">主页的锚点 1</a>
```

上述代码创建了一个 URL，用于访问 index.html 中的 top1 锚点。

为了更好地阐述内部锚点的作用，以下给出一个综合示例。

```
<!DOCTYPE html>
<html>
    <head>
        <meta charset="utf-8">
        <title>内部锚点示例</title>
    </head>
    <body>
        <h2>超链接 HTML 内部锚点示例</h2>
        <a href="new_file.html#para1">第一段</a>
        <a href="new_file.html#para2">第二段</a>
        <a href="new_file.html#para3">第三段</a>
        <br />
        <p>
            <a id="para1">第一段文本：</a>
                这是第一段示例文本。这是第一段示例文本。这是第一段示例文本。这是第一段
                示例文本。这是第一段示例文本。这是第一段示例文本。
        </p>
        <p>
            <a id="para2">第二段文本：</a>
                这是第二段示例文本。这是第二段示例文本。这是第二段示例文本。这是第二段
                示例文本。这是第二段示例文本。这是第二段示例文本。
        </p>
        <p>
            <a id="para3">第三段文本：</a>
                这是第三段示例文本。这是第三段示例文本。这是第三段示例文本。这是第三段
                示例文本。这是第三段示例文本。这是第三段示例文本。
        </p>
    </body>
</html>
```

上述代码中定义了三个内部锚点：para1、para2、para3，分别对应三个段落，三个段落表示了三段文本信息。定义后，打开第一段、第二段、第三段的链接，可跳转至相应段落的文本的内部锚点上。需要注意的是，以上代码可能效果不明显，这是由于网页中的文本内容不多，未出现滚动条，单击跳转可能无明显反应。其更适用于包含小标题且该页内容较多有较长滚动条的网页。

知识点视频 2-3
列表

2.3.3 列表

列表（List）通常用于在网页中展现同级别或有子类别的多个内容项。HTML 中列表可分为无

序列表、有序列表和自定义列表三种。

1．无序列表

无序列表是一个内容项列表，每个内容项前使用粗体圆点（默认为小黑圆圈）进行标记。无序列表使用<ul>标签进行定义，其中的内容项使用<li>定义，语法格式如下。

```
<ul>
    <li>内容项 1</li>
    <li>内容项 2</li>
</ul>
```

内容项是要展示的内容信息，也可以包含其他 HTML 标签。无序列表的示例代码如下。

```
<p>
    <h4>课程清单：</h4>
    <ul>
        <li>程序设计基础</li>
        <li>面向对象程序设计</li>
        <li>数据结构</li>
    </ul>
</p>
```

上述代码定义了一个课程清单无序列表，其页面显示效果如图 2-3 所示。

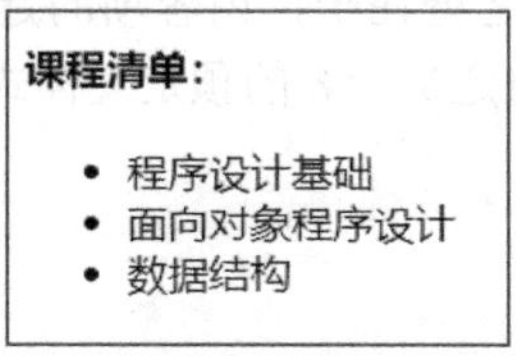

课程清单：

- 程序设计基础
- 面向对象程序设计
- 数据结构

图 2-3　无序列表显示效果图

2．有序列表

有序列表与无序列表类似，不同之处在于有序列表的内容项是有序号的，一般采用数字序号标记。有序列表使用<ol>标签定义，内容项使用<li>定义。使用的语法格式如下。

```
<ol>
    <li>内容项 1</li>
    <li>内容项 2</li>
    ......
</ol>
```

其中内容项参数就是要显示的有序列表内容项，可以是包含其他标签的 HTML 代码。

有序列表的示例代码如下。

```
<p>
    <h4>课程清单：</h4>
    <ol>
        <li>程序设计基础</li>
        <li>面向对象程序设计</li>
        <li>数据结构</li>
    </ol>
</p>
```

上述代码定义了一个课程清单无序列表，其页面显示效果如图 2-4 所示。

课程清单:

1. 程序设计基础
2. 面向对象程序设计
3. 数据结构

图 2-4　有序列表显示效果图

3. 自定义列表

自定义列表不仅可以包含多个列表项，也可以定义每个列表项的标题及其描述。自定义列表项使用<dl>标签定义，其中的标题使用<dt>标签定义，内容项使用<dd>标签定义。使用的语法格式如下。

```
<dl>
    <dt>内容项 1 标题</dt>
    <dd>内容项 1 描述</dd>
    <dt>内容项 2 标题</dt>
    <dd>内容项 2 描述</dd>
    ......
</dl>
```

它与无序列表和有序列表的不同之处在于，内容项的定义更加丰富，可以包含标题和内容描述，常用于更复杂的层次结构表达。自定义列表的预定义样式不多，外观较为朴素，可以通过 CSS 样式定义丰富其效果。

自定义列表的示例代码如下。

```
<p>
    <h4>课程清单：</h4>
    <dl>
        <dt>学科基础课</dt>
        <dd>包括高等数学、程序设计基础、计算机系统基础等</dd>
        <dt>学科平台课</dt>
        <dd>包括面向对象程序设计、软件工程、数据库原理等</dd>
        <dt>专业核心课</dt>
        <dd>包括软件建模、软件构造、软件测试等</dd>
    </dl>
</p>
```

上述代码定义了一个课程分类别显示列表，其显示效果如图 2-5 所示。

课程清单:

学科基础课
　　包括高等数学、程序设计基础、计算机系统基础等
学科平台课
　　包括面向对象程序设计、软件工程、数据库原理等
专业核心课
　　包括软件建模、软件构造、软件测试等

图 2-5　自定义列表显示效果图

以上几种列表还可根据需要进行嵌套使用，在嵌套时，将某个列表内容项替换成一个新的列表即可。例如，对上例中的自定义列表内容进行修改，将之替换为无序列表，示例代码如下。

```
<p>
    <h4>课程清单：</h4>
    <dl>
        <dt>学科基础课</dt>
        <dd>
            <ul>
                <li>高等数学</li>
                <li>程序设计基础</li>
                <li>计算机系统基础</li>
            </ul>
        </dd>
        <dt>学科平台课</dt>
        <dd>
            <ol>
                <li>面向对象程序设计</li>
                <li>软件工程</li>
                <li>数据库原理</li>
            </ol>
        </dd>
        <dt>专业核心课</dt>
        <dd>包括软件建模、软件构造、软件测试等</dd>
    </dl>
</p>
```

其显示效果如图 2-6 所示。

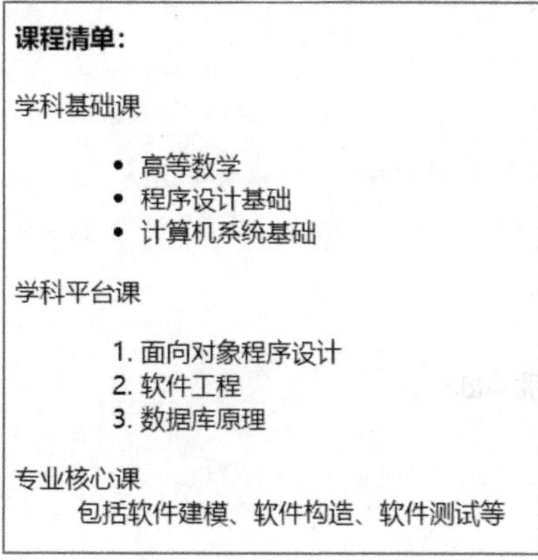

图 2-6　列表嵌套使用显示效果图

2.3.4　表格

表格是 HTML 页面用于展示数据或内容的一种直观方式，表格由<table>标签定义。每个表格均有若干行，表格行使用<tr>标签定义。每行可被分割为若干单元格，单元格使用<td>标签定义，用于存储数据单元格的内容。数据单元格可以包含文本、图片、列表、段落、表单、水平线、表格等。

HTML 表格通常包含以下相关标签元素，见表 2-4。

表 2-4 表格相关标签元素

标 签	描 述
<table>	定义表格
<caption>	定义表格标题
<th>	定义表格中的表头单元格
<tr>	定义表格中的行
<td>	定义表格中的数据单元格
<thead>	定义表格中的表头内容
<tbody>	定义表格中的主体内容
<tfoot>	定义表格中的表注内容（脚注）
<col>	定义表格中一个或多个列的属性值
<colgroup>	定义表格中供格式化的列组

典型的 HTML 表格示例代码如下。

```
<table border="1">
    <caption>公司年度销售明细</caption>
    <tr>
        <th>季度</th>
        <th>销售额（万元）</th>
        <th>去年同期增长</th>
        <th>备注</th>
    </tr>
    <tr>
        <td>一季度</td>
        <td>1215.36</td>
        <td>11.8%</td>
        <td></td>
    </tr>
    <tr>
        <td>二季度</td>
        <td>1011.88</td>
        <td>3.2%</td>
        <td>门店规模扩张</td>
    </tr>
    <tr>
        <td>三季度</td>
        <td>1531.29</td>
        <td>16.7%</td>
        <td></td>
    </tr>
</table>
```

效果如图 2-7 所示。

公司年度销售明细

季度	销售额（万元）	去年同期增长	备注
一季度	1215.36	11.8%	
二季度	1011.88	3.2%	门店规模扩张
三季度	1531.29	16.7%	

图 2-7　表格示例显示效果图

上述代码使用<caption>定义了表格标题属性，默认只显示居中的效果，可与标题标签或其他格式化标签一同使用。<th>标签定义了表头单元格的加粗属性，该标签默认具备了粗体、居中对齐的样式。

（1）表格标签属性

表格标签还定义了一系列属性，用于控制表格的样式及显示效果。

表格标签的主要属性见表 2-5。

表 2-5　表格标签的主要属性

属性	描述	取值说明
border	表格的边框	数值型，0 表示没有边框
cellpadding	单元格的边距，单元格与其内容之间的间隔	数值型，单位是像素，0 表示没有边距
cellspacing	单元格的间距，单元格与单元格之间的间距	数值型，单位是像素，0 表示没有间距
bgcolor	表格的背景颜色	颜色值
width	宽度	长度数值
height	高度	长度数值

对上例代码进行改进，示例代码如下。

```
<table border="1" cellpadding="3" cellspacing="0">
    <caption><h4>公司年度销售明细</h4></caption>
    <tr>
        <th>季度</th>
        <th>销售额（万元）</th>
        <th>去年同期增长</th>
        <th>备注</th>
    </tr>
    <tr bgcolor="#eeeeee">
        <td>一季度</td>
        <td>1215.36</td>
        <td>11.8%</td>
        <td></td>
    </tr>
    <tr>
        <td>二季度</td>
        <td>1011.88</td>
        <td>3.2%</td>
        <td>门店规模扩张</td>
    </tr>
```

```
        <tr bgcolor="#eeeeee">
            <td>三季度</td>
            <td>1531.29</td>
            <td>16.7%</td>
            <td></td>
        </tr>
    </table>
```

效果如图 2-8 所示。

公司年度销售明细

季度	销售额（万元）	去年同期增长	备注
一季度	1215.36	11.8%	
二季度	1011.88	3.2%	门店规模扩张
三季度	1531.29	16.7%	

图 2-8　表格标签属性设置的效果图

上述代码中，主要修改的属性为 cellpadding="3"，表示单元格中的内容与边框之间距离为 3 像素；cellspacing="0"，表示单元格与单元格之间的间距为 0；偶数行的 tr bgcolor="#eeeeee"，即背景色设置为灰色，表格的显示效果有了一定的提升。要进一步控制表格的显示效果，需要结合 CSS 样式的设置。

（2）表格单元格合并

表格中单元格可以根据需要进行合并，多个单元格可合并为一个单元格，可以从横、纵两个方向进行，横向合并使用 colspan 属性，即一个单元格跨多列；纵向合并使用 rowspan 属性，即一个单元格跨多行。

例如，以下示例同时使用横向合并和纵向合并。

```
    <table border="1" cellpadding="3" cellspacing="0">
        <caption><h4>公司季度销售明细</h4></caption>
        <tr>
            <th width="100">季度</th>
            <th width="100">地区</th>
            <th>销售额（万元）</th>
            <th>去年同期增长</th>
            <th>备注</th>
        </tr>
        <tr bgcolor="#eeeeee">
            <td rowspan="4">一季度</td>
            <td>浙江</td>
            <td>221.07</td>
            <td>6.5%</td>
            <td></td>
        </tr>
        <tr>
            <td>广东</td>
            <td>308.16</td>
```

```
        <td>7.1%</td>
        <td>全媒体宣传</td>
    </tr>
    <tr bgcolor="#eeeeee">
        <td>江西</td>
        <td>159.22</td>
        <td>6.7%</td>
        <td>线上渠道为主</td>
    </tr>
    <tr>
        <td>安徽</td>
        <td>122.35</td>
        <td>5.8%</td>
        <td></td>
    </tr>
    <tr>
        <td colspan="4" align="right">合计：</td>
        <td>810.8 万元</td>
    </tr>
</table>
```

上述代码中，通过 rowspan 实现了“一季度”单元格的跨多行合并，通过 colspan 实现了“合计”的跨多列合并。其显示效果如图 2-9 所示。

<table>
<caption>公司季度销售明细</caption>
<tr><th>季度</th><th>地区</th><th>销售额（万元）</th><th>去年同期增长</th><th>备注</th></tr>
<tr><td rowspan="4">一季度</td><td>浙江</td><td>221.07</td><td>6.5%</td><td></td></tr>
<tr><td>广东</td><td>308.16</td><td>7.1%</td><td>全媒体宣传</td></tr>
<tr><td>江西</td><td>159.22</td><td>6.7%</td><td>线上渠道为主</td></tr>
<tr><td>安徽</td><td>122.35</td><td>5.8%</td><td></td></tr>
<tr><td colspan="4" align="right">合计：</td><td>810.8万元</td></tr>
</table>

图 2-9　表格标签属性的综合运用示例效果图

2.3.5 表单

知识点视频 2-4
表单

表单是 HTML 中用于与用户交互，向服务器端提交数据的主要方式。表单标签定义了一个区域，这个区域中可以包含多个表单输入项，这些输入项分别用相应的输入标签定义，共同组成了表单区域。

1．表单标签元素

<form>表单标签元素用于定义一个表单区域——包含多个表单输入项。其语法格式如下。

```
<form 属性名="属性值"……>
    ......
    表单输入项列表
    ......
</form>
```

参数说明：

1）属性名，要设置的<form>标签属性名称。

2）属性值，要设置的<form>标签值。

3）表单输入项列表，定义表单中具体的输入项。

<form>表单标签允许的属性及其说明见表 2-6。

表 2-6 <form>表单标签的主要属性

<form>标签属性	说明	取值说明
action	定义表单向何处发送表单数据	URL
autocomplete	定义是否启用表单的自动完成功能	on/off
enctype	定义向服务器发送表单数据的编码方式（适用于 method="post"的情况）	application/x-www-form-urlencoded multipart/form-data text/plain
method	定义发送表单数据的方法	get post
name	定义表单名称	文本
target	定义在何处打开 action URL，与超链接的 target 类似	_blank：新窗口 _self：当前窗口 _parent：当前框架中的父窗口 _top：当前框架中的顶层窗口 自定义名称：在已有名称的窗口中打开，如果没有则新建一个窗口

表单支持的输入项元素见表 2-7。

表 2-7 表单输入项元素

标签	描述
<form>	定义供用户输入的表单
<input>	定义输入项，详细类型见表 2-8
<textarea>	定义多行文本域，可以输入多行文本
<label>	定义<input>元素的标签，一般为输入标题
<fieldset>	面板容器定义一组相关的表单元素，并使用外框包围起来
<legend>	定义<fieldset>元素的标题
<select>	定义下拉选择框
<optgroup>	定义选择框组别
<option>	定义下拉选择框中的选项
<button>	定义一个单击按钮

2. 输入项

<input>标签定义了用户可以在其中输入数据的输入字段，<input>可定义多种输入方式，取决于其 type 属性。type 属性列表见表 2-8。

表 2-8 <input>标签 type 属性列表

属性名称	含义	使用说明
text	普通文本框	用于输入单行文本
password	密码框	用于输入密码
radio	单选框	用于定义一个单选输入项，应保证一组单选框的 name 属性值相同
checkbox	复选框	用于定义一个复选输入项，应保证一组复选框的 name 属性值相同

（续）

属性名称	含义	使用说明
hidden	隐藏域	不显示在页面上，通常用于处理参数传输
file	文件域	用于定义一个文件上传组件
button	按钮	用于定义一个按钮
submit	提交按钮	用于定义一个提交按钮，单击该按钮后会自动提交表单
reset	重置按钮	用于定义一个重置按钮，单击该按钮后会重置表单区域中所有表单输入项的值

以下是一个表单的示例代码。

```
<form action="/save_product">
    <h3>产品信息登记</h3>
    产品编号: <input type="text" name="product_id"><br/>
    产品名称: <input type="text" name="product_name"><br/>
    产品型号: <input type="radio" name="size">大
        <input type="radio" name="size">中
        <input type="radio" name="size">小<br/>
    产品分类：<input type="checkbox" name="product_type">电子仪器类
        <input type="checkbox" name="product_type">加工设备类
        <input type="checkbox" name="product_type">模具类
        <input type="checkbox" name="product_type">计算机类
        <input type="checkbox" name="product_type">其他类<br/>
    <input type="submit" value="保存产品数据">
    <input type="reset" value="重置数据">
</body>
```

上述代码的页面显示效果如图 2-10 所示。

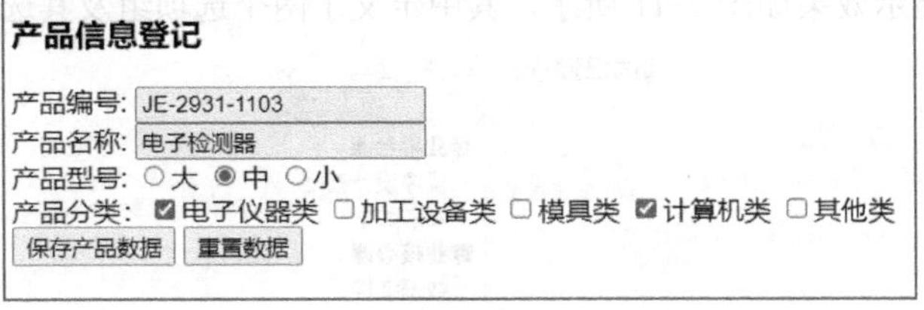

图 2-10　表单示例页面显示效果图 1

HTML5 中引入了新标签<button>，用于表示按钮，与<input type="button">功能类似。<button>标签的使用语法格式如下。

```
<button type="按钮类型">按钮文本</button>
```

参数说明：

1）按钮类型，定义该按钮的类型，主要有 button、submit、reset。

2）按钮文本，定义该按钮显示的文本信息。

3. 下拉选择框

下拉选择框可以定义一些输入的选项，让用户直接从选项中选择所需的值。下拉选择框的使用语法格式如下。

```
<select name="名称">
    <option value="选项 1 的值">选项 1 的文本</option>
    <option value="选项 2 的值">选项 2 的文本</option>
    ......
</select>
```

参数说明：

1）名称，定义下拉选择框组件名称，服务器端通过该名称可以获取选择的选项值。

2）选项的值，定义该选项的值，会在表单提交时发送到服务器端。

3）选项的文本，定义该选项的显示文本，会显示在页面上。

下拉选择框的选项值还可以设置分组，通过<optgroup>标签可以定义选项的组别，用户选择时有组别的提示。

下拉选择框的典型示例代码如下。

```
请选择课程：
<select>
    <option>==请选择==</option>
    <optgroup label="专业平台课">
        <option>程序设计基础</option>
        <option>离散数学</option>
    </optgroup>
    <optgroup label="专业核心课">
        <option>数据结构</option>
        <option>操作系统</option>
        <option>计算机网络</option>
    </optgroup>
</select>
```

上述代码的页面显示效果如图 2-11 所示，其中定义了两个选项组及其选项内容。

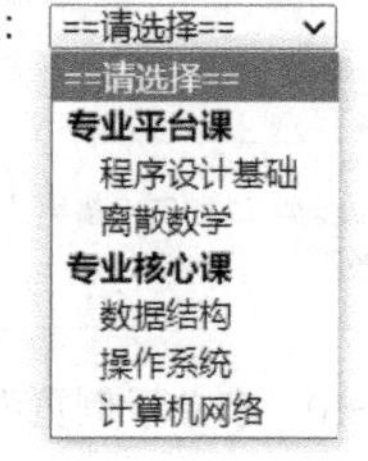

图 2-11　表单示例页面显示效果图 2

4. 多行文本域

多行文本域允许用户输入多行文本，显示时也允许显示多行。多行文本域通过标签<textarea>定义，该标签的使用语法格式如下。

```
<textarea 属性 1="属性值 1">初始文本内容</textarea>
```

参数说明：

1）属性，<textarea>标签的属性，常用的有 cols（列数）和 rows（行数），它们分别定义了该多行文本域的宽度和高度，取值为字符数。

2）属性值，属性对应的取值。

3）初始文本内容，<textarea>标签的初始文本内容，默认可以为空，如果有初始值，则页面显示时会显示该值。

例如，以下代码定义了一个 8 行、每行 50 字符宽度的多行文本域。

```
个人简介：<textarea cols="50" rows="8" name="desc"></textarea>
```

5. 面板容器

面板容器可以定义一个区域，该区域中可以放置相关的表单元素，形成一个内容相关区域，方便用户理解输入。使用<fieldset>标签定义面板容器，可以使用<legend>标签指定该区域的标题。定义面板容器的语法格式如下。

```
<fieldset>
    <legend>标题文本</legend>
    表单元素项
</fieldset>
```

参数说明：

1）标题文本，定义区域的标题文本。

2）表单元素项，定义该区域内放置的表单元素。

例如，以下代码定义了一个面板容器区域。

```
<fieldset>
    <legend>个人基本信息</legend>
    姓　　名：<input type="text" name="username"><br/>
    性　　别：<input type="radio" name="gender">男
              <input type="radio" name="gender">女<br/>
    出生年月：<input type="text" name="birth" placeholder="yyyy-MM"><br/>
    身份证号：<input type="text" name="id"><br/>
</fieldset>
```

上述代码的页面显示效果如图 2-12 所示。

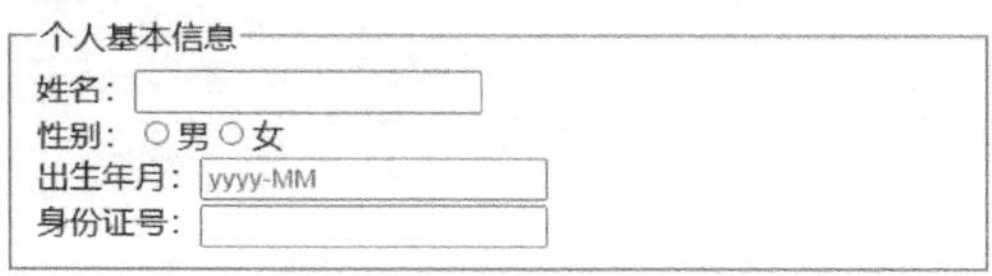

图 2-12　表单示例页面显示效果图 3

2.3.6 框架

框架是一种经典的页面布局方法，可以将 HTML 页面划分为多个区域，每个区域显示不同的内容。采用框架后，可以实现某个区域的页面按需跳转、刷新等。

1. 框架集

框架集采用<frameset>标签定义，实际上定义的是一个框架的布局，其中包含的区域使用<frame>标签定义。框架布局的使用语法格式如下。

```
<frameset rows="多行设置" cols="多列设置">
    <frame src="页面 url"></frame>
```

```
        <frame src="页面 url"></frame>
    </frameset>
```

参数说明：

1）多行设置，设置该框架包含几行子框架，指定子框架的行高，高度值可以是像素值、百分比。

2）多列设置，设置该框架包含几列子框架，指定子框架的列宽，宽度值可以是像素值、百分比。

3）页面 url，设置该子框架的页面 URL。

需要注意的是，rows 和 cols 属性不能同时使用，如果需要将页面划分为多个区域，可以使用框架的嵌套。以下是一个框架嵌套示例代码。

```
<!DOCTYPE html>
<html>
    <head>
        <meta charset="utf-8">
        <title>框架示例</title>
    </head>
    <frameset rows="200,*">
        <frame src="top.html"></frame>
        <frameset cols="20%,*">
            <frame src="left.html"></frame>
            <frame src="main.html"></frame>
        </frameset>
    </frameset>
</html>
```

上述代码定义了两层框架，第一层设置了两行，定义了上边区域和下边区域，“200”表示上边区域的高度为 200 像素，“*”表示剩下的为下边区域。下边区域又定义了第二层框架，设置了左右两列，左列的宽度为 20%，剩余的为右列。框架嵌套的显示效果如图 2-13 所示。

<table>
<tr><td colspan="2">上边区域</td></tr>
<tr><td>左边区域</td><td>右边区域</td></tr>
</table>

图 2-13 框架示例页面

需要注意的是，<frameset>标签不能与<body>同时存在，如果有<body>标签，则<frameset>标签失效。另外，HTML5 中不再支持<frameset>标签。

<frame>标签还定义了一些属性，用于设置框架与子框架的样式，见表 2-9。

表 2-9 <frame>标签的主要属性

属性	描述	取值说明
frameborder	定义是否显示框架周围的边框	0|1，分别表示无边框或有边框
marginheight	定义框架上方和下方的边距	像素值
marginwidth	定义框架左侧和右侧的边距	像素值

（续）

属性	描述	取值说明
name	定义了框架的名称，允许作为表单提交、超链接的 target	自定义值
noresize	定义框架不支持大小调整	noresize
scrolling	定义框架中是否显示滚动条	yes：一直显示滚动条 no：一直不显示滚动条 auto：根据内容决定

2．内嵌框架

内嵌框架允许在一个页面中嵌入一个子框架（或者称窗口），该子框架中指定显示另一个页面，通过这种形式实现网页的嵌入。使用<iframe>定义内嵌的子框架时，主要使用的语法格式如下。

```
<iframe src="页面 url" 属性="属性值" ></iframe>
```

参数说明：

1）页面 url，指定嵌入的页面 URL。

2）属性，定义<iframe>的控制属性，例如是否显示边框、滚动条等。

3）属性值，设置该属性的值。

<iframe>标签允许使用的属性及说明见表 2-10。

表 2-10　<iframe>标签的主要属性

属性	描述	取值说明
align	定义如何根据周围的元素对齐<iframe>	left、right、top、middle、bottom
frameborder	定义是否显示框架的边框	1：显示，0：不显示
height	定义框架的高度	像素值
marginheight	定义框架上方和下方的边距	像素值
marginwidth	定义框架左侧和右侧的边距	像素值
name	定义了框架的名称，允许作为表单提交、超链接的 target	自定义值
scrolling	定义框架中是否显示滚动条	yes：一直显示滚动条 no：一直不显示滚动条 auto：根据内容决定
width	定义框架的宽度	像素值

以下是一个<iframe>标签的应用示例代码。

```
<h3>iframe 示例</h3>
<p>
    <a href="article1.html" target="win">文章 1</a>
    <a href="article2.html" target="win">文章 2</a>
    <a href="article3.html" target="win">文章 3</a>
    <a href="article4.html" target="win">文章 4</a>
    <a href="article5.html" target="win">文章 5</a>
</p>
<p>
    <iframe name="win" src="" width="600" height="300"></iframe>
</p>
```

上述代码定义了一个内嵌框架，用于显示几篇文章的内容，打开不同的链接会将文章的内容显示在内嵌框架中，页面的显示效果如图 2-14 所示。

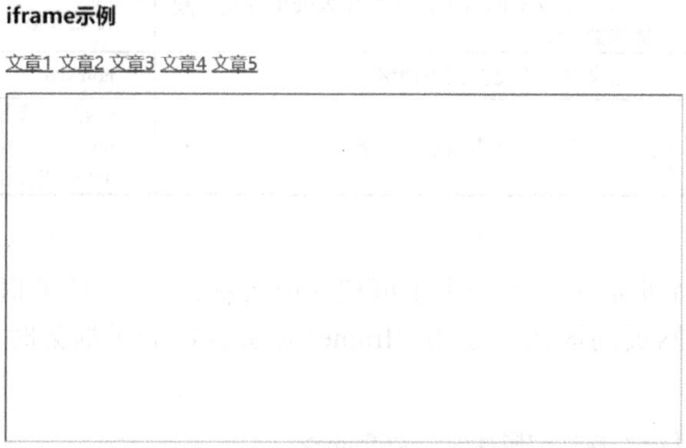

iframe示例

文章1 文章2 文章3 文章4 文章5

图 2-14　<iframe>示例页面显示效果

2.3.7　多媒体

网页中的多媒体通常是指图片、音乐、视频和动画。目前，浏览器已能支持多种格式的多媒体信息。

1．视频

目前视频格式有多种，主流的视频格式有 avi、wmv、mpeg、mpeg4、swf 等。但在 HTML 中仅支持 mp4、ogg、webm、swf 格式。

在网页中嵌入视频的主要方法有以下几种。

（1）<embed>标签

<embed>标签可以在 HTML 页面中嵌入多媒体信息，使用的语法格式如下。

```
<embed src="" height="" width=""></embed>
```

参数说明：

1）src，定义要嵌入的多媒体信息的 URL。

2）height，定义视频显示区域的高度，单位为像素。

3）width，定义视频显示区域的宽度，单位为像素。

例如，以下代码使用<embed>标签定义了一个视频播放区域。

```
<embed src="video/intro.swf" height="200" width="400"></embed>
```

使用<embed>标签时需要浏览器支持 flash 特性，否则视频无法显示。

（2）<object>标签

<object>标签也可以在 HTML 页面中嵌入多媒体信息，使用的语法格式如下。

```
<object data="" height="" width=""></object>
```

参数说明：

1）data，定义要嵌入的多媒体信息的 URL。

2）height，定义视频显示区域的高度，单位为像素。

3）width，定义视频显示区域的宽度，单位为像素。

例如，以下代码使用<object>标签定义了一个视频区域。

```
<object data="video/intro.swf" height="200" width="400">
</object>
```

（3）<video>标签

HTML5 中引入了一个新的视频标签<video>，可以嵌入视频或影片，浏览器支持的格式也较多，例如支持 mp4、ogg、webm 等格式的视频。使用的语法格式如下。

```
<video width="" height="" controls>
    <source src="" type="" />
    ......
</video>
```

参数说明：

1）width，定义视频区域的宽度，单位是像素。

2）height，定义视频区域的高度，单位是像素。

3）controls，显示播放器的工具条。

4）source，表示要播放的视频，允许添加多个 source。

5）src，表示视频的 URL。

6）type，定义视频的类型，常用的有 video/mp4、video/ogg、video/webm 等。

例如，以下代码使用<video>标签定义了一个视频区域。

```
<video width="400" height="300" controls>
    <source src="video/intro.mp4" type="video/mp4">
    <source src="video/welcome.ogg" type="video/ogg">
    您的浏览器不支持<video>标签!
</video>
```

上述代码定义了两个视频源，还定义了用于容错的提示信息，在浏览器不支持的情况下显示该段文本。

2．音频

HTML 页面支持多种音频的播放，主要支持 mp3、ogg、wav 等音频格式。

HTML 中支持音频的方式与视频类似，有<embed>、<object>、<audio>等方式，前两种方式的用法与<video>一致，下面主要讲解第三种方式。

<audio>标签是 HTML5 中支持的音频播放方式，使用的语法格式如下。

```
<audio controls>
    <source src="" type="">
</audio>
```

参数说明：

1）src，定义音频文件的来源。

2）type，定义音频文件的类型，主要有 audio/mp3、audio/ogg、audio/wav。

使用<audio>标签的示例代码如下。

```
<audio controls>
    <source src="new.mp3" type="audio/mp3"/>
    您的浏览器不支持<audio>标签！
</audio>
```

2.4 HTML5 新特性

2014 年 10 月，W3C 正式发布了 HTML5 标准规范。HTML5 中发布了很多新特性，其中与 HTML 相关的主要有语义化标签和增强型表单。

2.4.1 语义化标签

传统的 HTML 标签只是符号化的文本，无法提供内在的含义。HTML5 提供的语义化标签使标签本身具有一定的语义含义，使页面有良好的结构，页面元素有各自的含义，从而让人和搜索引擎都容易理解它们。

HTML5 语义化的要求如下。

1）少用无语义的<div>、<span>标签等，鼓励使用 HTML5 中新增的强语义化标签。

2）不要使用样式化标签，如<font>、<b>等，应使用 CSS 实现样式。

3）尽量使用<strong>标签加强强调，使用<em>标签设置斜体。

4）表格应使用规范标签，标题用<caption>，表头部分用<thead>包围，主体部分用<tbody>包围，尾部用<tfoot>包围。表头和一般单元格要区分开，表头用<th>，单元格用<td>。

5）表单区域要用<fieldset>标签包围起来，使用<legend>标签说明表单的作用。

6）每个<input>标签前面对应的说明文本都需要使用<label>标签，并通过标签的 id 属性和 input 关联起来。

HTML5 自身定义了一系列的语义化标签，每个标签都被赋予了一定的语义，即标签名称提示了该标签的主要作用。用于布局的标签主要有<header>、<nav>、<section>、<aside>、<article>、<footer>等，其在网页中的典型作用如图 2-15 所示。

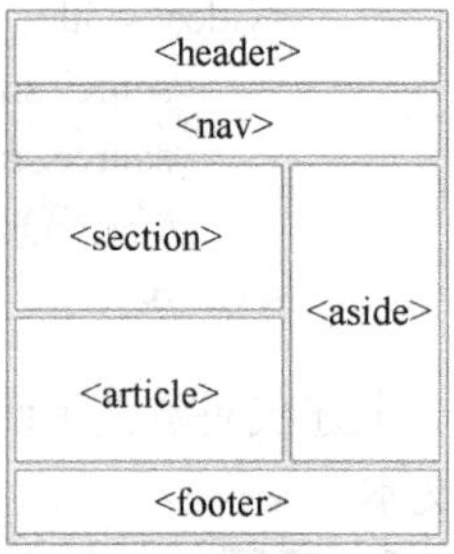

<header>
<nav>
<section>
<aside>
<article>
<footer>

图 2-15 HTML5 示例页面

1. <header>标签

<header>标签放在页面或布局的顶部，一般放置导航栏或标题，等价于 HTML4 中的<div id="header"></div>写法。通常作为整个页面或者一个内容块的标题，也可以包裹一个 section 的目录部分、搜索框、nav，或者任何相关 logo。

示例代码如下。

```
<header>
    <h1>工作经历</h1>
    <span>2016/08-2019/12</span>
    <span>在 xxx 公司担任后台开发人员</span>
</header>
```

2. <nav>标签

<nav>标签表示页面的导航信息，可以放在<header>标签中，也可以显示在侧边栏中。一个页面之中可以有多个<nav>标签。为了方便搜索引擎解析，最好将主要的链接放在<nav>标签中。

示例代码如下。

```
<header>
    <h1>**集团有限公司</h1>
    <nav>
        <li><a href="#">首页</a></li>
```

```
            <li><a href="organization.html">组织架构</a></li>
            <li><a href="product_info.html">产品信息</a></li>
            <li><a href="engineering_case.html">工程案例</a></li>
            <li><a href="tech_support.html">技术支持</a></li>
            <li><a href="contact.html">联系我们</a></li>
        </nav>
    </header>
```

3．<section>标签

<section>标签用于定义文档中含有标题和段落的区域，强调分段或分块的思想。因此，当定义某个区块的标题和内容时，建议使用<section>标签。

示例代码如下。

```
<section>
    <h1>section 标题</h1>
    <p>section 主要内容……</p>
</section>
```

4．<aside>标签

<aside>标签所包含的内容一般是在侧边栏位置上，不是页面的主要内容，具有一定的独立性，是对页面的补充。一般在页面、文章的侧边栏、广告、友情链接等区域。

示例代码如下。

```
<article>
    <h1>Java 泛型入门</h1>
    <p>……</p>
    <aside>
        <h3>您可能还对以下文章感兴趣：</h3>
        ……
    </aside>
</article>
```

5．<footer>标签

<footer>标签一般被放置在页面或者页面中某个区块的底部，用于呈现版权、联系方式等信息。一个页面可以有多个<footer>标签。

示例代码如下。

```
<footer>
    <small>
        版权所有 ©2020　**集团有限公司
    </small>
</footer>
```

6．<article>标签

<article>标签应该在相对比较独立、完整的内容区块使用，用于呈现一段相对完整的内容，例如一篇博客、一个论坛帖子、一篇新闻报道或者用户评论。

示例代码如下。

```
<article>
    <header>
```

```
            <h2>标题</h2>
            <p>发表日期：2019-10-18</p>
            <p>文章正文内容……</p>
        </header>
        <footer>
            <p>文章出处：xxxxxx</p>
        </footer>
    </article>
```

<section>标签与<article>标签的区别在于，<section>标签包含的内容具有明确的主题，通常有标题区域；<article>标签用于展现一个单独完整的内容模块，除此之外建议使用<section>标签。

7．<figure>标签

<figure>标签用于定义文档中的一幅插图，并且可以使用<figcaption>定义插图的标题。

示例代码如下。

```
<figure>
    <figcaption>插图的标题</figcaption>
    <img src="fig1.jpg" alt="……">
</figure>
```

8．<time>标签

<time>标签用于定义 HTML 网页中出现的日期或时间，可以直接使用标签定义，也可以使用标签附带的 datetime 属性进行定义。

示例代码如下。

```
<p>……<time>2018-08-08</time></p>
<p>使用 datetime 属性定义日期……
<time datetime="2018-08-08">时间</time></p>
```

2.4.2　增强型表单

为了提高表单的用户可操作性和数据规范性，HTML5 提供了增强型表单功能，新增了表单输入元素以及表单元素属性。

1．新增的表单输入元素

新增的表单输入元素在原有的<input>标签基础上，丰富了 type 类型，提供更多的输入方式，具体见表 2-11。

表 2-11　新增的表单输入元素及效果

表单输入元素	描述	使用效果
input type="color"	颜色选择框	
input type="date"	日期选择框	年 /月/日
input type="time"	时间选择框	--:--
input type="week"	周历选择框	---- 年第 -- 周

（续）

表单输入元素	描述	使用效果
input type="month"	月历选择框	----年--月
input type="number"	数值选择框	
input type="range"	数值范围选择框	
input type="search"	搜索输入框	
input type="tel"	电话号码输入框，具有检验功能	
input type="datetime"	日期时间输入框，具有检验功能	
input type="url"	网址输入框，具有检验功能	
input type="email"	电子邮件账号输入框，具有检验功能	

2. 新增的表单元素属性

为了提升表单输入元素的易用性和规范性，表单元素增加了一些属性，用于描述表单元素的外观、数据检验以及提示等。

（1）<input>元素新增的属性

1）autofocus：设置当前页面加载后该标签是否自动获得焦点。

2）max、min、step：分别对应<input>标签的最大、最小和调整单步值。

3）placeholder：设置标签的提示信息属性，以在未填写内容时给出提示。

4）multiple：用于文件上传控件，允许单个文件控件上传多个文件。

5）required：设置<input>标签的必填属性，设置 required 属性后意味着当前输入框在表单提交前必须有数据输入。

6）pattern：设置<input>标签的正则表达式校验规则。

7）form：设置<input>标签所属的表单名称，不必再像原来那样包含在<form>标签中，可以放在网页的其他地方。

（2）<form>元素新增的属性

<form>元素新增了 novalidate 与 autocomplete 两个属性，它们的主要作用如下。

1）novalidate，定义表单在提交时是否需要进行校验，即所设置的校验规则是否生效，取值为“true”或者“false”。

2）autocomplete，定义表单的<input>域是否具有自动完成功能，即自动保存之前填写的信息，在下次输入时可从历史信息中选择，取值为“on”表示打开自动完成功能，取值为“off”表示关闭自动完成功能。autocomplete 适用于以下<input>的类型：text、search、url、telephone、email、password、datepickers、range 以及 color。

示例代码如下。

```
<form action="register_form.asp" method="get" autocomplete="on">
    姓名:<input type="text" name="username" /><br />
    昵称: <input type="text" name="nickname" /><br />
    E-mail: <input type="email" name="email" autocomplete="off" /><br />
    <input type="submit" />
</form>
```

上述代码中设置了表单的自动完成功能，但对于 E-mail 输入项取消了自动完成。

2.5 HTML 综合案例——后台管理首页设计

本节将介绍一个综合案例，以后台管理系统的首页设计为例，展示如何使用 HTML 标签实现该页面。

该页面作为后台管理系统的首页，通常为左右布局，左侧为菜单导航栏，右侧为工作区（对应每个功能的操作内容区域）。页面总体设计如图 2-16 所示。

Logo系统名称	登录信息
导航栏 菜单1 子菜单项11 子菜单项12 菜单2 子菜单项21	功能页面 工作区

图 2-16　页面总体设计

通过对以上内容进行分析，总体设计方案如下。

1）页面采用框架布局，分为上下两部分，下面再细分为左右两部分。

2）顶端页面（top.html），三个内容块需在同一行显示，因此考虑采用<table>进行布局，<td>的宽度用来控制内容的显示位置。

3）左侧导航页面（left.html）的菜单栏采用层次结构，可使用无序列表或自定义列表。

4）右侧功能页面（main.html）重点展示某个具体的功能操作区域，可设置一个主页面，即进入本页后还未选择操作功能时显示的默认工作信息页面。

为此，设计了以下四个页面。

1）总体页面（index.html），采用框架设计，代码如下。

```
<!DOCTYPE html>
<html>
<head>
  <meta charset="utf-8">
  <title>图书销售系统后台管理</title>
</head>
<frameset rows="60, *"><!-- 上下布局，上方高度为 60 像素-->
  <frame src="top.html" scrolling="no" noresize="noresize" frameborder="1" framespacing="0"></frame>
  <frameset cols="220, *"><!-- 左右布局，左边菜单栏为 220 像素-->
    <frame src="left.html" scrolling="no" noresize="noresize" framespacing="0"></frame>
    <frame src="main.html" name="main" scrolling="no" noresize="noresize" framespacing= "0"></frame>
  </frameset>
</frameset>
</html>
```

2）顶端页面（top.html），显示系统的 Logo、名称及登录信息，采用<table>布局，代码如下。

```
<!DOCTYPE html>
<html>
<head>
  <meta charset="utf-8">
</head>
<body>
  <div id="header">
  <table width="100%" border="0">
    <tr>
      <td width="5%"><img src="img/logo.png" width="50" height="50" title="logo"/></td>
      <td><b><font size="5">XXXXXX 公司图书销售管理系统</font> </b></td>
      <td width="20%" align="right">
      欢迎您，管理员！
      <a href="#">退出系统</a>
      </td>
    </tr>
  </table>
  </div>
</body>
</html>
```

3）左侧导航页面（left.html），主要展示导航菜单栏信息，采用自定义列表搭配超链接标签，代码如下。

```
<!DOCTYPE html>
<html>
<head>
  <meta charset="utf-8">
  <title></title>
</head>
<body>
  <div id="infobar">欢迎使用系统后台管理功能
  </div>
  <dl id="menu">
    <dt>-图书基本信息管理</dt>
    <dd>
      <div><a href="#" target="main">图书信息管理</a></div>
      <div><a href="#">图书信息浏览</a></div>
      <div><a href="#">添加图书信息</a></div>
      <div><a href="#">图书高级检索</a></div>
      <br/>
    </dd>
    <dt>-图书订单管理</dt>
    <dd>
      <div><a href="#">所有订单信息浏览</a></div>
```

```
        <div><a href="#">大宗采购订单管理</a></div>
        <div><a href="#">代理商管理</a></div>
        <div><a href="#">订单统计报表</a></div>
        <br/>
      </dd>
      <dt>-图书品类管理</dt>
      <dd>
        <div><a href="#">图书品类浏览</a></div>
        <div><a href="#">添加图书品类</a></div>
        <br/>
      </dd>
      <dt>-图书库存管理</dt>
      <dd>
        <div><a href="#">库存查询</a></div>
        <div><a href="#">出入库管理</a></div>
        <div><a href="#">库存统计报表</a></div>
        <br/>
      </dd>
      <dt>-出版商管理</dt>
      <dd>
        <div><a href="#">出版商信息浏览</a></div>
        <div><a href="#">添加出版商信息</a></div>
        <div><a href="#">出版商合同管理</a></div>
        <br/>
      </dd>
    </dl>
  </body>
</html>
```

4）右侧功能页面（main.html），单击某个功能项后出现的操作页面，默认展示进入系统后的个人信息，代码如下。

```
<!DOCTYPE html>
<html>
<head>
  <meta charset="utf-8">
  <title>工作台</title>
</head>
<body>
  <div><h2>当前位置：工作区域</h2></div>
  <div><h4>通知公告</h4></div>
  <div>
    <ul>
      <li>公告 1</li>
```

```
            <li>公告 2</li>
            <li>公告 3</li>
        </ul>
    </div>
    <div><h4>我的待办</h4></div>
    <div>
        <ul>
            <li>待办 1</li>
            <li>待办 2</li>
            <li>待办 3</li>
        </ul>
    </div>
    <div><h4>我的消息</h4></div>
    <div>
        <ul>
            <li>消息 1</li>
            <li>消息 2</li>
            <li>消息 3</li>
        </ul>
    </div>
</body>
</html>
```

至此，后台管理系统的首页搭建完毕，其效果如图 2-17 所示。

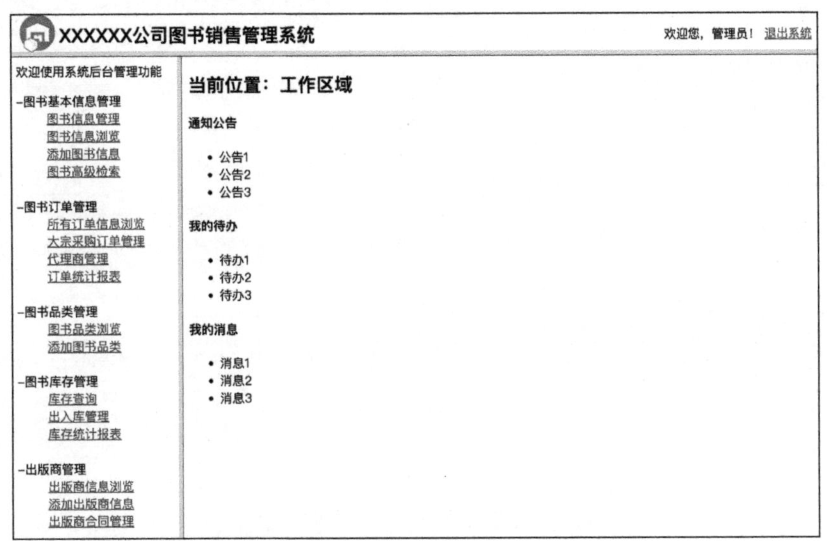

图 2-17　后台管理首页设计效果图

总体而言，HTML 提供的是页面基础框架和内容功能，可以将用户关注的内容通过 HTML 元素标签进行展示，通常需要进一步美化，可结合 CSS 实现更优的效果。

思考题

（1）HTML 与一般编程语言的主要区别是什么？

（2）HTML 标签主要有几大类？请分别叙述。

（3）超链接与内部锚点的作用分别是什么？

（4）表单的提交方式有几种？有什么区别？

（5）HTML5 的语义化标签主要意义是什么？

（6）本章的综合案例中，采用的框架布局有何优缺点？还有哪些方案可以用于页面的总体布局？相比于框架有何优势和不足？

第 3 章　CSS

HTML 技术可以实现基础的页面框架搭建和内容展示功能，但缺乏对页面元素效果的精细控制能力。层叠样式表（CSS）是一种专门用于弥补 HTML 元素展示效果不佳的扩展样式标准，可以帮助开发人员为网页添加丰富多彩的元素样式，显著提升页面的展示效果。本章主要介绍 CSS 的概念、基本语法、主要选择器、作用方式、样式的继承性、样式的层叠、常用的元素样式及设置方法、主流的 DIV+CSS 布局方式，以及综合实例——后台管理首页设计。

3.1　CSS 简介

知识点视频 3-1
CSS 简介

层叠样式表（Cascading Style Sheets，CSS）是 W3C 协会为了弥补 HTML 在样式排版功能上的不足而制定的一套扩展样式标准，CSS 可以丰富网站的视觉效果，使网页设计者能够以更有效的方式设计出更具表现力的网页效果。

在 CSS 还没有被引入页面设计之前，传统的 HTML 实现页面美工设计非常烦琐。由于早期 HTML 定义的功能和属性较少，浏览者只能通过浏览器定义的样式表进行调节，从而改善页面浏览的效果。开发人员对样式进行调节，一方面无法满足网页设计师对网页进行的设计，另一方面，开发人员对网页进行设计势必会分散精力，使其不能专注于业务逻辑的处理。此外，HTML 需要定义很多重复的格式，如果不引用 CSS，则需要在每个地方都重复这段代码，如果格式需要修改，则需要把每一个都找出来，再去修改。

总体而言，CSS 具有以下特点。

1）丰富的样式定义：CSS 提供了丰富的文档样式外观，以及设置文本和背景属性的能力；允许为任何元素创建边框，设置元素边框与其他元素间的距离以及元素边框与元素内容间的距离；允许任意改变文本的大小写方式、修饰方式以及其他页面效果。

2）易于使用和修改：CSS 可以将样式定义在 HTML 元素的 style 属性中，也可以将其定义在 HTML 文档的<header>部分，或者将样式声明在一个专门的 CSS 文件中供 HTML 页面引用。总之，CSS 可以将所有的样式声明统一存放，进行统一管理。

此外，还可以将相同样式的元素进行归类，使用同一个样式进行定义，也可以将某个样式应用到所有同名的 HTML 标签中，或者将一个 CSS 指定到某个页面元素中。如果要修改样式，只需要在样式列表中找到相应的样式声明进行修改即可。

3）多页面应用：CSS 可以单独存放在一个 CSS 文件中，这样就可以在多个页面中使用同一个 CSS。CSS 理论上不属于任何页面文件，在任何页面文件中都可以引用，这样就可以实现多个页面风格的统一。

4）层叠：当对一个元素多次设置同一个样式的不同属性值时，系统将会使用最后一次设置的属性值。例如，对一个站点中的多个页面使用了同一套 CSS，而某些页面中的某些元素想使用其他样式，就可以针对这些样式单独定义一个样式表应用到页面中。这些后来定义的样式将对前面的样式设置进行重写，在浏览器中看到的会是最后一次设置的样式效果。

5）页面压缩：在使用 HTML 定义页面效果的网站中，往往需要大量或重复的表格和 font 元素形成各种规格的文字样式，后果是会产生大量的 HTML 标签，从而使页面文件的大小增加。而将样式的声明单独放到 CSS 中，可以大幅减小页面文件的大小，这样在加载页面时使用的时间也会大幅减少。另外，CSS 的复用更大限度地缩减了页面文件的大小，减少下载的时间。

综上所述，CSS 的优点可以概括如下。

1）CSS 对于设计者来说是一种简单、灵活、易学的工具，能使任何浏览器都听从指令，知道该如何显示元素及其内容。

2）样式表可复用于多个页面，甚至整个站点，因此具有更好的易用性和扩展性。

3）内容和样式分离，使网页设计简洁明了。

4）弥补 HTML 对样式控制的不足，如对标题、行间距、字间距等样式的控制。

5）加快网页加载的速度，缩减带宽成本。

3.2 CSS 语法

3.2.1 基本语法

CSS 的每个规则都包括三部分：选择器、样式属性和属性值。使用语法格式如下。

```
selector{property:value; property:value;...... property:value}
```

参数说明：

1）selector，选择器，选择样式要作用的 HTML 元素，可以是多个，以逗号分隔。

2）property，样式的属性，即样式的名称。

3）value，样式的值，与 property 为一对。

4）property 与 value 成对出现时，如果要设置多对，每对之间以分号分隔。

例如，有以下样式定义。

```
<style>
    h1 {color:red; font-size:14px}
</style>
......
<div>
    <h1>网页标题</h1>
</div>
......
```

上述代码定义了 h1 元素的样式，具体说明如图 3-1 所示。

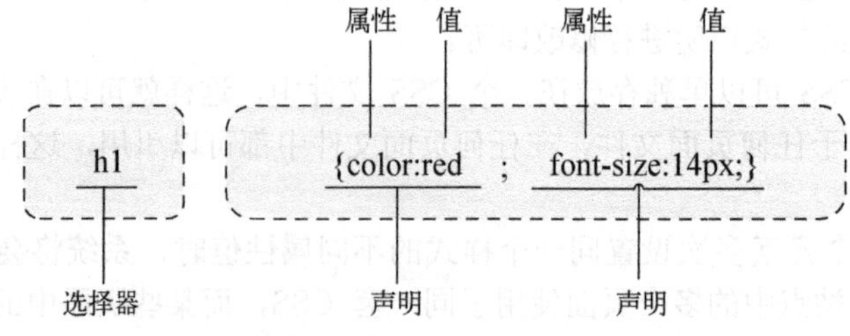

图 3-1 CSS 样式定义说明图

其中，h1 是选择器，color 和 font-size 是属性，red 和 14px 是值。总体效果是，将 h1 元素内的字体颜色定义为红色，同时将字体大小设置为 14 像素。

通常，选择器指定需要改变样式的 HTML 元素，每个样式的声明由一个属性和一个值组成。属性是希望设置的样式名称，每个属性有一个值，属性和值用冒号分隔。

如果要定义多个声明，则需要用分号将每个声明分隔。例如，有如下示例代码。

```
p{
    text-align: center;
    color: black;
    font-family: arial;
}
```

3.2.2 选择器

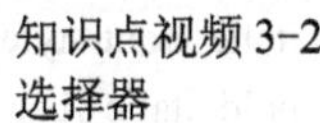
知识点视频 3-2 选择器

选择器用于控制 CSS 样式作用的对象，通常可以选择一个或多个 HTML 元素。CSS 选择器包括元素选择器、类选择器、ID 选择器、属性选择器和派生选择器等。

1．元素选择器

元素选择器是 CSS 选择器中最基本的一种选择器，通过直接指定 HTML 元素标签，设置 CSS 样式要作用的元素。

例如，以下代码使用了元素选择器。

```
<style>
    html {background-color: black;}
    p {font-size: 30px; backgroud-color: gray;}
    h2 {background-color: red;}
</style>
```

上述代码定义了三组元素选择器及其样式，实现的效果分别如下。

1）对整个文档添加黑色背景。

2）将所有<p>元素的字体大小设置为 30 像素，同时添加灰色背景。

3）对文档中所有<h2>元素添加红色背景。

也可以对多个元素使用同一组样式，例如：

```
h1, h2, h3, h4, h5, h6, p {font-family: 黑体;}
```

这样会将 HTML 文档中所有的<h1>～<h6>以及<p>元素的字体设置为“黑体”。

如果想让网页中所有元素的字体都设置为“黑体”，CSS 样式允许使用“*”通配符，示例如下。

```
* {font-family:黑体; font-size:12px}
```

这样所有的元素的字体都将被设置为黑体，字体大小设置为 12px。如果 font-size 属性对于某些元素无效，那么该效果将被忽略。

2．类（class）选择器

类选择器用于描述一组元素的样式，这组元素指定了相同的样式名称，这样就允许样式定义应用于多个元素中。

类选择器在 HTML 中以 class 属性表示，在 CSS 中，类选择器以“.”显示。例如，以下代码定义了一个.center 的样式。

```
<style>
    .center {text-align:center}
</style>
```

```
<body>
    ......
    <div class="center">......</div>
    <p class="center">......</p>
</body>
```

.center 选择器对上述代码中的<div>和<p>元素都生效。

CSS 还允许使用多类选择器，即对于一个元素的 class 声明中使用多个 class，必须要同时满足多个 class。例如：

```
<style>
    .bold {font-weight:bold;}
    .italic {font-style:italic;}
    .bold .italic {background:#eeeeee;}
</style>
<p class=".bold .italic">
    这段文本将会受多个 CSS 样式作用
</p>
```

上述代码中，由于<p>元素定义了多个 class，因此，其展示效果将会受多个 class 选择器的作用。其中第三条 class 样式定义，将仅作用于 class 声明为“.bold .italic”的元素。

3. ID 选择器

ID 选择器可以为标有特定 ID 的 HTML 元素指定特定的样式。

HTML 元素可以设置 ID 属性来定义某个元素的 ID，CSS 样式定义中 ID 选择器以“#”来定义。

例如，以下代码声明了一个 ID 选择器。

```
<style>
#ref
{
    text-align:center;
    color:red;
}
</style>
<body>
    <p>第一个段落</p>
    <p id="ref">第二个段落</p>
</body>
```

上述代码中，ID 选择器“#ref”将只会作用于第二个<p>元素上。

4. 属性选择器

属性选择器允许使用某个属性名称作为选择器，选择具有该属性的所有 HTML 元素。

例如，以下代码定义了包含 title 属性的属性选择器。

```
<style>
    *[title] {color:red}
</style>
```

上述代码将所有含有 title 属性的元素字体颜色设置为红色。

此外，也可以定义包含多个属性的选择器，示例代码如下。

```
<style>
    a[href][title] {color:red;}
</style>
<body>
    <a href="#" title="链接 1">测试链接 1</a>
    <a href="#" >测试链接 2</a>
    ......
</body>
```

以上代码定义了一个包含多属性的样式选择器，该选择器只会对测试链接 1 生效，而对测试链接 2 无效。

这种样式选择器还可以进一步细化，针对某个属性及其具体值进行设置，示例代码如下。

```
<style>
    img[alt="default"] {border:solid 1px}
</style>
<body>
    <img src="image1.gif " alt="image1"/>
    <img src="image2.gif " alt="default"/>
    ......
</body>
```

上述代码中，定义的属性选择器只会作用于第二个<img>元素。

属性选择器还支持模式匹配的方式，主要的模式匹配方式见表 3-1。

表 3-1　模式匹配方式

模式匹配类型	描述
[attr^="str"]	选择 attr 属性值以“str”开头的所有元素
[attr$="str"]	选择 attr 属性值以“str”结尾的所有元素
[attr*="str"]	选择 attr 属性值中包含子串“str”的所有元素
[attr|="str"]	选择 attr 属性值中等于“str”或以“str”开头的所有元素

5．派生选择器

派生选择器是在以上几种基本选择器之外的衍生选择器，充分利用元素之间的层级关系、顺序关系、组合关系等，支持更灵活的选择器。

（1）后代选择器（Descendant Selector）

后代选择器可以选择某元素后代的元素，可以根据上下文关系或层级关系来选择。其定义的规则是指定父元素和后代元素，在上下文中匹配符合该关系的后代元素。

例如，有以下代码。

```
<style>
    h1 em {color:red;}
</style>
<body>
    <h1>这是一段非常<em>重要</em>的标题.</h1>
    <p>这是一段非常<em>重要</em>的文本.</p>
</body>
```

可以看到，样式定义中选择的是<h1>元素下的<em>元素。因此，该样式仅对<h1>标题行生效，对<p>文本行不生效。

后代选择器允许两个元素之间的层次间隔是无限的，而不必局限于上下级。例如，以下代码中，定义的“ul b”对“List item 1-2”和“List item 1-3-2”均生效。

```
<style>
    ul b {font-weight:bold; text-decoration:underline;}
</style>
<ul>
    <li>List item 1
        <ol>
            <li>List item 1-1</li>
            <li>List item <b>1-2</b></li>
            <li>List item 1-3</li>
        </ol>
        <ol>
            <li>List item 1-3-1</li>
            <li>List item <b>1-3-2</b></li>
            <li>List item 1-3-3</li>
        </ol>
        <ol>
            <li>List item 1-4</li>
        </ol>
    </li>
    <li>List item 2</li>
    <li>List item 3</li>
</ul>
```

（2）子元素选择器（Child Selector）

与后代选择器类似但又不同的是，子元素选择器允许选择某个元素的子元素，即相邻层次上的上下层子元素，而不是任意的后代元素。子元素选择器通过“>”符号指定上下层间关系。

例如，有以下代码。

```
<style>
    h1 > strong {color:red;}
</style>
<body>
    <h1>这是一段<strong>非常</strong> <strong>非常</strong>
        重要的标题.
    </h1>
    <h1>这是一段<em>非常 <strong>重要</strong></em> 的标题.</h1>
</body>
```

上述代码中，定义的子元素选择器仅限于<h1>与<strong>之间存在相邻关系，即第一行的<h1>元素会生效，第二行的<h1>不会生效，因为第二行的<h1>与<strong>元素之间还有一层<em>元素。

（3）相邻兄弟选择器（Adjacent Sibling Selector）

相邻兄弟选择器允许选择属于同一父元素下的两个相邻的兄弟元素。

例如，有以下代码。

```
<style>
    h1 + p {margin-top:50px;}
</style>
<body>
    <h1>这是标题</h1>
    <p>这是第一个段落</p>
    <p>这是第二个段落</p>
</body>
```

以上代码中，h1+p 的选择器将会选择紧邻<h1>之后的<p>元素，第二个<p>元素不受其影响。同理，有以下代码。

```
<style>
    li + li {font-weight:bold}
</style>
<div>
    <ul>
        <li>List item 1</li>
        <li>List item 2</li>
        <li>List item 3</li>
    </ul>
    <ol>
        <li>List item 1</li>
        <li>List item 2</li>
        <li>List item 3</li>
    </ol>
</div>
```

上述代码中，最终的效果是三个列表中的第二个和第三个列表项变为粗体，第一个列表项不受影响，因为相邻元素选择符只能选择两个相邻兄弟中的第二个元素。

6．CSS3 中新增的选择器

除上述选择器外，CSS3 中还新增了一些选择器，具体见表 3-2。

表 3-2　CSS3 新增的选择器

名称	描述	示例
用于链接 a 的伪类选择器 a:link, a:hover, a:visited, a:active	a:link，没有单击过的链接； a:hover，鼠标放在链接上的状态； a:visited，访问过的链接； a:active，在链接上单击鼠标时的状态	a:link {color:blue;} a:hover {color:red} a:visited {color:yellow} a:active {font-weight:bold}
结构性伪类选择器 root	根选择器，匹配元素 E 所在文档的根元素	:root{background:orange} html {background:orange;}

结构性伪类选择器 not	否定选择器，选择除某个元素之外的所有元素	input:not([type="submit"]){
		border:1px solid red;
		}

结构性伪类选择器 empty	用来选择没有任何内容的元素，一点内容都没有，即使是一个空格	p:empty {
		display: none;
		}

结构性伪类选择器 target	目标选择器，用来匹配文档（页面）的 URL 的某个标识符的目标元素	—

结构性伪类选择器 first-child	选择父元素的第一个子元素的元素 E	li:first-child {
		font-weight:bold;
		}

结构性伪类选择器 last-child	选择父元素的最后一个子元素的元素 E	li:last-child {
		color: red;
		}

（续）

名称	描述	示例

结构性伪类选择器 nth-child(n)	定位某个父元素的一个或多个特定的子元素，“n”是其参数，可以是整数值（1,2,3,4），也可以是表达式（2n+1、-n+5）和关键词（odd、even）	tr:nth-child(2n+1) {
		background: #eeeeee;
		}

only-child 选择器	选择父元素中只有一个子元素的样式	ul:only-child {
		font-size:14px;
		}

:enabled 和:disabled 选择器	选择元素状态为可用（“:enabled”）和不可用（“:disabled”）状态	—
:checked 选择器	选择状态为选中的元素	—
::selection 选择器	用来匹配突出显示的文本（用鼠标选择时的文本）	—
:read-only 和:read-write 选择器	:read-only 选择器用来指定处于只读状态元素的样式，:read-write 选择元素处于非只读状态时的样式	—
::before 和::after 选择器	主要用来给元素的前面或后面插入内容，这两个常和“content”配合使用，使用最多的场景是清除浮动	—

7．选择器的组合

在使用 CSS 选择器时，可以将多个选择器进行组合，用于更准确地定位要作用的元素。

（1）示例 1

```
<style>
.classA.classB{
    border:1px solid red;
}
.classa .classb{
    border:1px solid blue;
}
</style>
<body>
    <input type="text" class="classA classB" value="选择器为.classA.classB"/>
    <div class="classa">
        <input class="classb" type="text" value="选择器为.classa .classb" />
    </div>
</body>
```

上述代码中，第一组选择器“.classA.classB”中间没有空格，表示两个类选择器同时出现于某个元素的 class 属性中；第二组选择器“.classa .classb”中间有空格，表示后代选择器。

（2）示例 2

```
<style>
#id.class{
    width:150px;
    height:50px;
    background-color: red;
}
#id  .class{
    width:150px;
```

```
    height:50px;
    background-color: green;
}
</style>
<body>
    <div id="id" class="class">选择器#id.class</div>
    <div id="id">
        <div class="class">选择器#id .class</div>
    </div>
</body>
```

上述代码中，第一组选择器为“#id.class”，表示 ID 为“id”且 class 为“class”的元素；第二组选择器为“#id .class”，中间有空格，表示后代选择器，即选择 ID 为“id”的后代中 class 为“class”的元素。

（3）示例 3

```
<style>
#one.two.three{
    color:red;
}
</style>
<body>
    <p id="one" class="two three">选择器是 #one.two.three</p>
</body>
```

上述代码中，使用了组合选择器，“#one.two.three”表示选择 ID 为“one”且 class 为“.two.three”的元素。

3.2.3 CSS 的作用方式

CSS 在 HTML 中的作用方式主要有内联样式、内部样式表以及外部样式文件三种。

1. 内联样式

内联样式直接对 HTML 标签元素使用 style 属性，样式的属性与值均写在 style 属性的值中，同样以“属性—值”对出现。

但使用这种方法定义样式时，效果只可以控制该 HTML 标记，无法做到通用和共享。由于要将表现和内容混合在一起，内联样式会损失掉样式表的许多优势。请慎用这种方法，仅在样式只需应用一次时使用。

例如，在<p>元素上定义样式。

```
<p style="color: red; margin-left: 20px">
    这是一段示例文本
</p>
```

上述代码为<p>标签定义了两个 CSS 样式：color 与 margin-left。

使用内联样式进行样式定义时，需要注意以下几点。

1）需要在相关的标签内使用样式（style）属性，style 属性值中可以包含任何 CSS 属性。

2）HTML 标签的 style 定义仅对该位置上的标签生效。

3）style 的多个“属性—值”对之间用分号分隔。

2．内部样式表

内部样式表一般位于 HTML 文件的头部，即<head>与</head>标签内，并且以<style>开始，以</style>结束，在整个 HTML 文件中可以直接调用这种样式。这种方法比较适合在单个文档中需要特殊的样式时使用。

例如，有以下样式定义。

```
<head>
<style type="text/css">
    h1 {color: red;}
    p {margin-left: 20px;}
</style>
</head>
```

上述代码中，<style>用来说明所要定义的样式，type 属性指以 CSS 的语法定义，“color:red”表示改变段落的字体颜色为红色，“margin-left”表示设置元素<p>的左外边距。

使用内部样式表定义 CSS 样式时，需要注意以下两点。

1）定义的样式仅对当前页面生效，不能共享至其他页面。

2）样式将会对该页面中所有符合条件的元素生效。

3．外部样式文件

链接外部样式表是在网页中调用已经定义好的样式表来实现样式表的应用，它是一个单独的文件，在页面中进行引用。这种方式适合于大型项目的编程，可以很好地实现样式文件的共享，提高样式代码的复用效率。

外部样式文件的引用方式有两种，<link>链接方式和@import 引入方式。

（1）<link>链接方式

在页面中用<link>标记链接样式表文件，<link>标记必须放在页面的<head>区内。

例如，页面中引入 mystyle.css 文件的示例代码如下。

```
<head>
    <link rel="stylesheet" type="text/css" href="../css/mystyle.css" />
</head>
```

上述代码说明如下。

1）直接将<link>标记放在<head>标记中即可，相当于引用外部链接。

2）rel="stylesheet"指调用的相关文件为样式表文件。

3）type="text/css"指引入的文件类型是样式表文本。

4）CSS 文件一定是纯文本格式。

5）修改外部样式表时，引用它的所有外部页面也会自动更新。

6）CSS 文件的位置在上一级文件夹的 CSS 目录中。

（2）@import 引入方式

导入外部样式表是指在内部样式表的<style>里导入一个外部样式表，导入时使用@import。在初始化时会将该 CSS 文件导入 HTML 文件中，作为此 HTML 文件的一部分，类似于内嵌式的效果。

例如，CSS 目录下有一个外部样式文件 mystyle.css，引入该文件的示例代码如下。

```
<style type="text/css">
    @import url("../css/mystyle.css");
</style>
```

上述代码说明如下。

1）使用<style>标签嵌入，type 声明了类型为 text/css，表示为样式。

2）@import 放在<style>标签中的第一行，表示引入外部样式文件，CSS 规范中规定该代码必须放在第一行。

3）url 中给出了样式文件的具体位置，可以使用相对位置或绝对位置。

与链接外部样式表相比，@import 方式是将样式文件内嵌到当前页面中，即所有的样式会直接导入，作为内容的一部分；而链接外部样式的方式是建立一个链接，在需要 CSS 样式的时候才会以链接的方式引入。

3.2.4　样式的继承性

在 CSS 中，部分样式具有一定的继承性。如果一个标签本身未设置过某些样式，而它的某个祖先级曾设置过，则该标签在浏览器中也会加载这些样式，这些样式都是从祖先级继承而来，这种现象就是继承性。

当前，能够被继承的样式仅为所有的文字相关样式属性，其他的样式都不能被继承。

例如，有以下代码。

```
<!DOCTYPE html>
<html lang="en">
<head>
    <meta charset="utf-8">
    <meta name="viewport" content="width=device-width, initial-scale=1.0">
    <title>Document</title>
    <style>
    .box1 {
        width: 200px;
        height: 200px;
        background-color: pink;
        color: green;
        font-family: "宋体";
        font-size: 14px;
    }
    </style>
</head>
<body>
    <h2>这是一个二级标题</h2>
    <div class="box1">
        <p>这是 box1 标签内的段落</p>
        <p>这是 box1 标签内的段落</p>
        <p>这是 box1 标签内的段落</p>
        <p>这是 box1 标签内的段落</p>
    </div>
</body>
</html>
```

该页面的显示效果如图 3-2 所示。

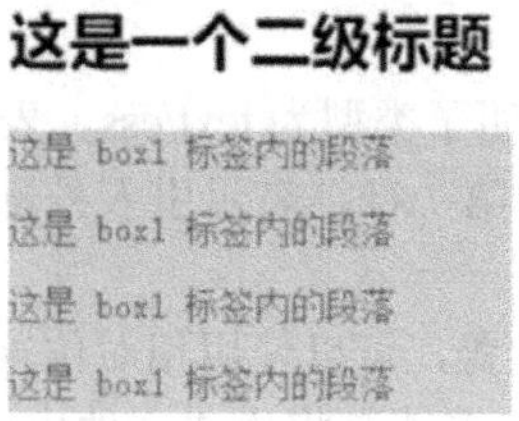

这是一个二级标题

这是 box1 标签内的段落

这是 box1 标签内的段落

这是 box1 标签内的段落

这是 box1 标签内的段落

图 3-2 显示效果图

可以看到，虽然<p>标签未定义任何 CSS 样式，但仍然显示了样式的效果，这是由于其父标签<div>定义了字体样式，被<p>标签继承。但是宽度 width 和高度 height 的样式并未继承。

3.2.5 样式的层叠

CSS 的本意就是样式层叠表，即样式可以层叠显示。层叠可以理解为样式的覆盖，当一个元素被运用多种样式，并且出现重名的样式属性时，浏览器必须从中选择一个属性值生效，这个过程就叫“层叠”。

由于样式有多种定义方式，如行内样式、页面嵌入式、链接到外部样式文件等，因此，样式间难免会出现重复或冲突的情况。为此，CSS 规范中规定了样式的层叠规则。

1）规则一：由于继承而发生样式冲突时，最近祖先获胜。

CSS 的继承机制使得元素可以从包含它的祖先元素中继承样式，如果同一个样式继承自多个祖先，则最近的祖先样式获胜。

例如，有以下代码。

```
<html>
    <head>
        <title>规则 1</title>
        <style>
            body {color:black;}
            p {color:blue;}
        </style>
    </head>
    <body>
    <p>
        这是一段<strong>测试</strong>文本。
    </p>
    </body>
</html>
```

上述代码中，<strong>分别从<body>和<p>中继承了 color 属性，但是由于<p>在继承树上离<strong>更近，因此<strong>中的字体颜色最终继承<p>的蓝色。

2）规则二：继承的样式和直接指定的样式冲突时，直接指定的样式获胜。

当某个标签自身指定的样式与从祖先标签继承而来的样式发生冲突时，直接指定的样式获胜。

例如，有以下代码。

```
<html>
    <head>
        <title>规则 2</title>
        <style>
```

```
                body {color:black;}
                p {color:blue;}
                strong {color:red;}
            </style>
        </head>
        <body>
        <p>
            这是一段<strong>测试</strong>文本。
        </p>
        </body>
</html>
```

上述代码中，由于为<strong>标签指定了样式“color:red”，优先级高于继承自<p>的样式，因此，该标签最终显示的效果为红色字体。

3）规则三：直接指定的样式发生冲突时，样式权值高者获胜。

直接指定标签样式时，由于样式的定义有元素选择器、类选择器、ID 选择器等多种形式，因此，特别定义了样式权重，见表 3-3。

表 3-3　选择器的样式权重

CSS 选择器	权值
标签选择器	1
类选择器	10
ID 选择器	100
内联样式	1000
伪元素（:first-child 等）	1
伪类（:link 等）	10

由上表可知，内联样式的权值>>ID 选择器>>类选择器>>标签选择器。此外，组合选择器的权值为每项权值之和，比如“#nav .current a”的权值为 100+10+1=111。根据权值的最终结果，高者获胜。

4）规则四：样式权值相同时，后者获胜。

当样式权值完全相同时，后出现者获胜，即离元素最近定义的样式获胜。例如，有以下代码。

```
<html>
    <head>
    <title>规则 4</title>
    <style>
        body {color:black;}
        p .test {color:blue;}
        .para strong {color:red;}
    </style>
    </head>
    <body>
    <p class="para">
        这是一段<strong class="test">测试</strong>文本
    </p>
    </body>
```

```
</html>
```

上述代码中，<strong>标签元素同时受“p .test”与“.para strong”两个定义的样式作用，且两者的权值都是 11，后者“.para strong”获胜，最终显示为红色字体。

5）规则五：!important 的样式属性不被覆盖。

!important 可以看作万不得已时打破上述四个规则的“金手指”。如果一定要使某个样式属性生效，且不让它被覆盖，可以在属性值后加上!important，以规则四的例子为例，“p .test {color:blue !important;}”可以强行使文本字体颜色显示蓝色。

特别要注意的是，不能滥用!important，大多数情况下都可以通过其他方式来控制样式的覆盖。

3.3 CSS 的常用样式

知识点视频 3-3
CSS 的常用样式

3.3.1 常用取值

CSS 中长度和颜色相关的属性，取值时通常有数据单位的要求，因此，本节先介绍常用的取值单位。

1. 长度相关取值

长度相关的取值有两种单位：相对长度单位与绝对长度单位，典型的应用有 font-size、width、height 等，具体见表 3-4。

表 3-4 CSS 中长度相关的取值单位及说明

单位		说明
相对长度单位	px	像素值，最常用单位
	em	倍数，继承自祖先元素设置的字号的倍数
	%	百分比，继承自祖先元素设置的字号的百分比
绝对长度单位	in	英寸
	cm	厘米
	mm	毫米
	pt	磅

使用时，有以下注意事项。

1）如果 HTML 中不设置字号，不同的浏览器有自己默认的加载字号，例如 Chrome 浏览器和 IE 浏览器默认显示字号为 16px。

2）不同的浏览器也有自己的最小加载显示字号，如果设置的字号低于最小字号，都以最小字号加载，0 除外。Chrome 浏览器的最小加载显示字号为 8px，IE 浏览器最小可以支持 1px 的字号。

3）网页最小设置字号必须是 12px，低于 12px 会出现一系列的兼容问题。现在网页字号普遍使用 14px+。

4）尽量只用 12、14、16 等偶数字号，IE 等老版本浏览器支持奇数字号可能出现漏洞。

2. 颜色相关取值

CSS 中有许多与颜色相关的样式属性，例如 color、background-color、border-color 等，颜色取值通常有以下几种。

1）十六进制颜色。

2）RGB 颜色。

3）RGBA 颜色。

4）HSL 色彩。

5）颜色名称。

CSS 的颜色可以通过以下几种方法指定。

（1）十六进制颜色

所有主要浏览器都支持十六进制颜色值。

十六进制颜色指定：#RRGGBB。其中 RR 表示红色，GG 表示绿色，BB 表示蓝色。所有值必须在 00～FF。

例如，以下代码设置了<p>标签的背景色为红色。

```
p { background-color:#ff0000;}
```

十六进制还有一种简写的模式，如果红、绿、蓝三个原色的值都是由重叠的数字组成，可以将重叠的数字简化成一个表示。

例如，红色为#ff0000，可以简写为#f00。绿色为#00ff00，可以简写为#0f0。但是#808080（50%黑）无法简写。

（2）RGB 颜色

RGB 颜色值指定：RGB（红，绿，蓝）。每个参数（红色、绿色和蓝色）定义颜色的亮度，可为 0～255 或一个百分比值（0～100%）。

例如，RGB（0，0，255）呈现为蓝色，因为蓝色的参数设置为最高值（255）而其他颜色的参数设置为 0。

所有主要浏览器都支持 RGB 颜色值。

（3）RGBA 颜色

RGBA 颜色值是 RGB 颜色值 alpha 通道的延伸——指定对象的透明度。

RGBA 颜色值指定：RGBA（红，绿，蓝，alpha）。alpha 参数是一个 0.0～1.0 的参数，0.0 表示完全透明，1.0 表示完全不透明。

IE9、Firefox3+、Chrome、Safari 和 Opera10+浏览器支持 RGBA 颜色值。

（4）HSL 颜色

HSL 代表色相、饱和度和亮度，使用色彩圆柱坐标表示。

HSL 颜色值指定：HSL（色相，饱和度，亮度）。色相是在色轮上的程度，取值为 0～360，0（或 360）是红色的，120 是绿色的，240 是蓝色的。饱和度是一个反映颜色浓度的百分比值，0%是灰色，100%是全彩色。亮度也是一个百分比值，0%是黑色的，100%是白色的。

IE9、Firefox、Chrome、Safari 和 Opera 10+浏览器支持 HSL 颜色值。

（5）颜色名称

CSS 中定义了一些常用颜色的名称值，便于在网页设计中使用。

CSS 中主要定义了 147 颜色名称（17 个标准色和 130 个其他颜色）。17 个标准色分别是：浅绿色、黑色、蓝色、紫红色、灰色、银灰色、绿色、天蓝色、栗色、海军色、橄榄色、紫色、红色、橙色、蓝绿色、白色和黄色。其对应的名称见表 3-5。

表 3-5 CSS 中常用颜色名称与值

颜色名称	颜色值	说明
maroon	#800000	栗色
red	#ff0000	红色
orange	#ffA500	橙色

（续）

颜色名称	颜色值	说明
yellow	#ffff00	黄色
olive	#808000	橄榄色
purple	#800080	紫色
fuchsia	#ff00ff	紫红色
white	#ffffff	白色
lime	#00ff00	浅绿色
green	#008000	绿色
navy	#000080	海军色
blue	#0000ff	蓝色
aqua	#00ffff	天蓝色
teal	#008080	蓝绿色
black	#000000	黑色
silver	#c0c0c0	银灰色
gray	#808080	灰色

3.3.2 文本样式

文本样式主要用于设置 HTML 中文本显示的字体、大小和形态等。常用的文本样式属性见表 3-6。

表 3-6 CSS 文本样式

属性	描述
color	设置文本颜色
direction	设置文本方向
letter-spacing	设置字符间距
line-height	设置行高
text-align	对齐元素中的文本
text-decoration	向文本添加修饰
text-indent	缩进元素中文本的首行
text-shadow	设置文本阴影
text-transform	控制元素中的字母
unicode-bidi	设置或返回文本是否被重写
vertical-align	设置元素的垂直对齐
white-space	设置元素中空白的处理方式
word-spacing	设置字间距

其中的主要属性介绍如下。

1．文本的对齐方式

text-align 属性用来设置文本的水平对齐方式，主要有居中、左对齐、右对齐以及两端对齐几种方式。当 text-align 设置为“justify”时，每一行被展开为宽度相等（两端对齐），左、右外边距是一样的。

例如，有以下代码。

```
<!DOCTYPE html>
<html>
<head>
    <meta charset="utf-8">
    <title>菜鸟教程(runoob.com)</title>
    <style>
        h1 {text-align:center;}
        p.date {text-align:right;}
        p.main {text-align:justify;}
    </style>
</head>
<body>
    <h1> text-align 实例</h1>
    <p class="date">xxxx 年 10 月 14 号</p>
    <p class="main">"北国风光，千里冰封，万里雪飘。望长城内外，惟余莽莽；大河上下，顿失滔
                滔。山舞银蛇，原驰蜡象，欲与天公试比高。须晴日，看红装素裹，分外妖娆。
    <br>
      江山如此多娇，引无数英雄竞折腰。惜秦皇汉武，略输文采；唐宗宋祖，稍逊风骚。"
    </p>
    <p><b>注意：</b> 重置浏览器窗口大小查看 justify 是如何工作的。</p>
</body>
</html>
```

页面显示效果如图 3-3 所示。

text-align 实例

xxxx 年 10 月 14 号

"北国风光，千里冰封，万里雪飘。望长城内外，惟余莽莽；大河上下，顿失滔滔。山舞银蛇，原驰蜡象，欲与天公试比高。须晴日，看红装素裹，分外妖娆。
江山如此多娇，引无数英雄竞折腰。惜秦皇汉武，略输文采；唐宗宋祖，稍逊风骚。"

注意： 重置浏览器窗口大小查看 justify 是如何工作的。

图 3-3　文本对齐样式示例效果

2．文本装饰

text-decoration 属性用来设置或删除文本的装饰。常用取值为 overline、underline、line-through 以及 none，none 表示无装饰，为默认值。

例如，有以下代码。

```
<!DOCTYPE html>
<html>
<head>
    <meta charset="utf-8">
    <title>text-decoration 示例</title>
    <style>
    h1 {text-decoration:overline;}
    h2 {text-decoration:line-through;}
    h3 {text-decoration:underline;}
```

```
    </style>
</head>
<body>
    <h1>这是标题一示例</h1>
    <h2>这是标题二示例</h2>
    <h3>这是标题三示例</h3>
</body>
</html>
```

显示效果如图 3-4 所示。

这是标题一示例

这是标题二示例

这是标题三示例

图 3-4　文本装饰样式示例效果

3.3.3 字体样式

字体样式用于设置 HTML 页面中文字显示的字体相关效果，包括字体、大小、加粗、斜体等。常用的字体样式属性见表 3-7。

表 3-7　常用字体样式属性

属性	描述
font	简写属性，一条属性设置所有属性值
font-family	指定字体名称
font-size	字体大小
font-weight	字体加粗
font-style	字体斜体
line-height	行高
font-variant	是否以小型大写字母的字体显示文本

字体样式设置的示例代码如下。

```
<html>
<head>
    <style type="text/css">
        p.ex1{ font:italic arial,宋体;}
        p.ex2{ font:italic bold 12px/30px times new roman,黑体;}
    </style>
</head>

<body>
    <p class="ex1">
        这是一段测试用的 Text Lines。这是一段测试用的 Text Lines。这是一段测试用的 Text
        Lines。这是一段测试用的 Text Lines。这是一段测试用的 Text Lines。
```

```
    </p>
    <p class="ex2">
        这是一段测试用的 Text Lines。这是一段测试用的 Text Lines。这是一段测试用的 Text
        Lines。这是一段测试用的 Text Lines。这是一段测试用的 Text Lines。
    </p>
</body>
</html>
```

显示效果如图 3-5 所示。

这是一段测试用的Text Lines。这是一段测试用的Text Lines。这是一段测试用的Text Lines。这是一段测试用的Text Lines。这是一段测试用的Text Lines。

这是一段测试用的Text Lines。这是一段测试用的Text Lines。这是一段测试用的Text Lines。这是一段测试用的Text Lines。这是一段测试用的Text Lines。

图 3-5　字体样式示例效果

另外，英文字体有以下几种类型。

1）通用字体系列：拥有相似外观的字体系统组合，如“Serif”或“Monospace”。

2）特定字体系列：一个特定的字体系列，如“Times”或“Courier”。

具体示例见表 3-8。

表 3-8　CSS 英文字体类型

Generic family	字体系列	说明
Serif	Times New Roman Georgia	Serif 字体中字符在行的末端拥有额外的装饰
Sans-serif	Arial Verdana	“Sans”是指这些字体在末端没有额外的装饰
Monospace	Courier New Lucida Console	所有的等宽字符具有相同的宽度

3.3.4　背景样式

CSS 背景样式属性用于定义 HTML 元素的背景效果，主要包括背景颜色、图片、图片的重复、背景图片位置等。常用的背景样式属性见表 3-9。

表 3-9　常用背景样式属性

样式属性	描述
background	简写属性，作用是将背景属性设置在一个声明中
background-attachment	背景图像是否固定或者随着页面的其余部分滚动
background-color	设置元素的背景颜色
background-image	把图像设置为背景
background-position	设置背景图像的起始位置
background-repeat	设置背景图像是否重复以及如何重复

例如，有以下代码。

```
body {background:#ffffff url("bg.png") no-repeat right top;}
```

上述代码为<body>标签元素定义了一组背景样式。

1）背景颜色为#ffffff（白色）。

2）背景图片为当前目录下的 bg.png 图片。

3）no-repeat 表示图片不重复，仅显示当前这张图片。

4）right top 表示图片的位置靠右上。

3.3.5 边框样式

边框样式属性允许为某个元素指定边框的样式属性，主要包括边框的宽度、颜色、样式等，具体属性见表 3-10。

表 3-10 常用边框样式属性

属性	描述
border	简写属性，用于把针对四个边的属性设置在一个声明中
border-style	用于设置元素所有边框的样式，或者单独为各边设置边框样式
border-width	简写属性，用于为元素的所有边框设置宽度，或者单独为各边设置边框宽度
border-color	简写属性，设置元素所有边框中可见部分的颜色，或为四个边分别设置颜色
border-bottom	简写属性，用于把下边框的所有属性设置到一个声明中
border-bottom-color	设置元素的下边框的颜色
border-bottom-style	设置元素的下边框的样式
border-bottom-width	设置元素的下边框的宽度
border-left	简写属性，用于把左边框的所有属性设置到一个声明中
border-left-color	设置元素的左边框的颜色
border-left-style	设置元素的左边框的样式
border-left-width	设置元素的左边框的宽度
border-right	简写属性，用于把右边框的所有属性设置到一个声明中
border-right-color	设置元素的右边框的颜色
border-right-style	设置元素的右边框的样式
border-right-width	设置元素的右边框的宽度
border-top	简写属性，用于把上边框的所有属性设置到一个声明中
border-top-color	设置元素的上边框的颜色
border-top-style	设置元素的上边框的样式
border-top-width	设置元素的上边框的宽度

1. border-width 属性

border-width 属性用来定义边框的宽度，设置 border-width 样式属性时，可以分别为上、右、下、左四个边单独设置，也可以同时设置。

例如，设置边框宽度的示例代码如下。

```
/* 分别对应上、右、下、左边 */
border-width: 5px 4px 3px 2px;
/* 分别对应上、右、下三边，左边取右边设置的值 */
```

```
border-width: 5px 4px 3px;
/* 分别对应上、右两边，下与上相同，左与右相同*/
border-width: 5px 4px;
/* 表示四边的值都为 5px */
border-width: 5px;
```

2．border-style 属性

border-style 属性用来定义边框的样式，通常的取值有以下几种。

1）dotted：点线边框。

2）dashed：虚线边框。

3）solid：实线边框。

4）double：两个边框。

5）groove：3D 沟槽边框。

6）ridge：3D 脊边框。

7）inset：3D 嵌入边框。

8）outset：3D 突出边框。

设置时，可以同时为四条边设置，也可以单独为每条边设置，规则同 border-width 的设置规则一样。

3.3.6　外边距与填充样式

外边距（margin）属性用于定义元素周围的空间，即边框向外扩展的距离。外边距范围内没有背景颜色，是完全透明的。

填充（padding）属性用于定义元素边框与元素内容之间的空间，即边框上、右、下、左的内边距。区域的颜色通过 background-color 进行设置。

外边距（margin）与填充（padding）的示意图如图 3-6 所示。

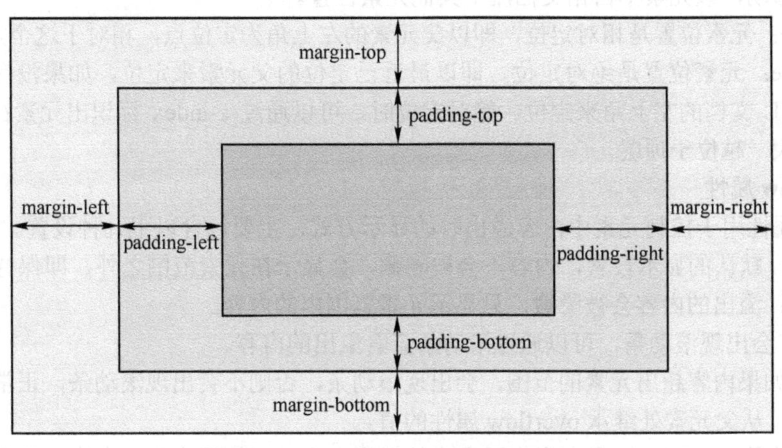

图 3-6　外边距与填充的示意图

margin 的取值通常是指定的数值宽度或百分比宽度，指明了外边距的大小。还有一种特殊的值“auto”，其意义是自动设置浏览器的边距，这个自动设置依赖于浏览器，即不同浏览器的显示效果可能不一样。

margin 的取值可以是一个值，也可以是四个值，分别表示上、右、下、左四个边。

例如，有以下代码。

```
/* 设置四个外边距，分别对应上、右、下、左 */
margin: {25px 50px 75px 100px}
/* 设置三个外边距，分别对应上、右、下，左默认取右值 */
margin: {25px 50px 75px }
/* 设置两个外边距，分别对应上、右，下默认取上值，左默认取右值*/
margin: {25px 50px}
/* 设置一个外边距，表示四个外边距都一样*/
margin: {25px}
```

padding 的取值通常可以是数值宽度或百分比宽度。设置时与 margin 类似，可以指定 1 个、2 个、3 个或 4 个值，分别对应上、右、下、左四个边。

3.3.7 其他常用样式

1. display 属性

display 属性用于设置元素为块元素或内联元素。块元素是一个占据整行的元素，其前后都有换行符，如<h1>、<p>、<div>等。内联元素只需要有必要的宽度，不强制换行，如<span>、<a>等。

可以通过 display 属性修改元素本来的元素特性，display 的属性值通常有以下几种。

1）block：将元素显示为块元素，显示占一整行。

2）inline：将元素显示为内联元素，只占必要的宽度，由元素内容自动决定，无法设置。

3）inline-block：将元素显示为内联块元素，只占必要的宽度，可以手动设置。

4）none：不显示。

2. position 属性

position 属性用于元素的定位，有以下几种定位类型。

1）static：默认值，没有定位，遵循正常的文档流对象。

2）fixed：元素位置相对于浏览器窗口是固定位置，即当窗口的滚动条向上或向下滚动时，元素位置也不会移动，该元素不占据文档流中其他元素位置。

3）relative：元素位置是相对定位，即以父元素的左上角为定位点，相对于这个点的位置。

4）absolute：元素位置是绝对定位，即以最近已定位的父元素来定位，如果没有已定位的父元素，则以 HTML 文档的左上角来定位。绝对定位时，可以通过 z-index 标识出元素在纵向空间上的位置，数值越大，越位于顶层。

3. overflow 属性

overflow 属性用于控制元素中内容溢出时的显示方式，主要包含以下几种设置。

1）visible：默认的显示设置，内容不会被隐藏，会显示在元素范围之外，即保持溢出状态。

2）hidden：溢出的内容会被隐藏，只显示元素范围内的内容。

3）scroll：会出现滚动条，可以通过滚动条查看溢出的内容。

4）auto：如果内容超出元素的范围，会出现滚动条，否则不会出现滚动条，正常显示。

5）inherit：从父元素处继承 overflow 属性的值。

需要注意的是，overflow 只在指定了高度的元素上有效，如果未指定高度，元素会随着内容的增加而增加高度。

4. float 属性

float 属性会使元素脱离原来的布局，向上浮起来，其周围的元素也会重新排列，通常用于布局。float 属性通常有 left 或 right 两种取值，表示元素浮动的方向。一个浮动元素会尽量向左或向右移动，直到它的外边缘碰到包含框或另一个浮动框的边框为止。

例如，可以使用如下代码，让<div>浮动起来。

```
<style>
    div {float:left}
</style>
<body>
    <div> Left Panel</div>
    <div>Middle Panel</div>
    <div>Right Panel</div>
</body>
```

上述代码中，原本<div>为块元素，各占一行，使用了 float 属性后，三个<div>元素向左浮动，会显示在一行，各自的宽度为内容宽度。

元素浮动之后，周围的元素会重新排列，为了避免这种情况，可以使用 clear 属性，让之后的元素回到正常的流文档模式下。clear 属性的取值有 left、right、both、none、inherit 几种，分别表示清除不同方向上的浮动。

3.4　DIV+CSS 布局

3.4.1　盒模型

所有 HTML 元素可以看作方形盒子，CSS 盒模型正是基于这点，构建了一个内容盒子，封装周围的 HTML 元素，它包括外边距、边框、填充和实际内容。盒模型示意图如图 3-7 所示。

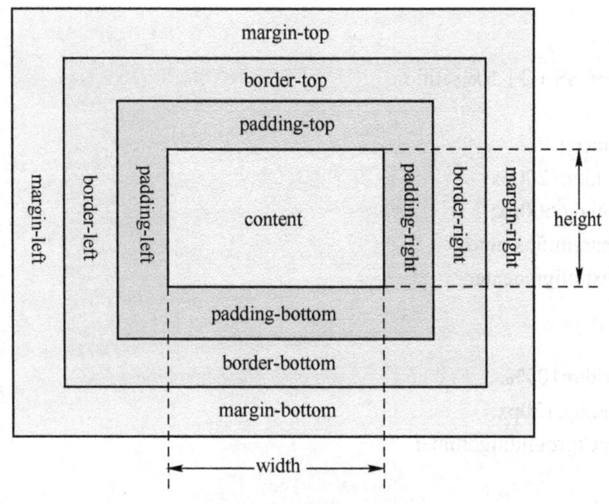

图 3-7　盒模型示意图

1）margin-xxx：外边距，边框以外的区域，通常是透明的，xxx 表示 top、right、bottom 或 left。

2）border-xxx：边框，盒子的边框，位于外边距和填充之间，xxx 表示 top、right、bottom 或 left。

3）padding-xxx：填充，边框与内容之间的区域，可手动设置填充方式，xxx 表示 top、right、bottom 或 left。

4）content：盒子的内容，即要显示的文本。

5）width：宽度，指定要显示的文本区域宽度。

6）height：高度，指定要显示的文本区域高度。

由于整个盒模型包含了外边距、边框、填充、内容、宽度和高度等，因此，实际计算元素的总宽度和总高度时，应使用如下公式：

元素的总宽度=宽度+左填充+右填充+左边框+右边框+左边距+右边距

元素的总高度=高度+顶部填充+底部填充+上边框+下边框+上边距+下边距

例如，有以下<div>的样式定义。

```
div {
    width: 220px;
    padding: 10px;
    border: 5px solid gray;
    margin: 0;
}
```

则该<div>元素的总宽度为 220+2×10+2×5+2×0=250px，总高度计算类似。

3.4.2 DIV+CSS 布局

知识点视频 3-4
DIV+CSS 布局

<div>是 HTML 中的一个常用标签，它是一个块级元素，这意味着它的内容自动地开始一个新行。DIV+CSS 是一种布局方式，DIV 是这种布局方式的主要对象，使页面布局不再依赖于表格，只需要 DIV 和 CSS。使用<div>标签可以加入一些属性，如 id、class、style 等。

<div>标签还允许多个<div>嵌套使用，便于在布局中划分更细的区域。

例如，有以下代码。

```
<html>
    <head>
    <title>DIV+CSS 1 列布局</title>
    <style>
        .container {
            width:1200px;
            height:600px;
            margin:5px auto;
            text-align:center
        }
        #top {
            width:100%;
            height:120px;
            background:lightblue;
        }
        #main {
            width:100%;
            height:500px;
            background-color: lime;
        }
        #footer {
            width:100%;
            height:50px;
            background-color: #7FFFD4;
        }
        </style>
    </head>
```

```
        <body>
            <div class="container">
                <div id="top">上</div>
                <div id="main">中</div>
                <div id="footer">下</div>
            </div>
        </body>
    </html>
```

上述代码在浏览器中的运行结果如图 3-8 所示。

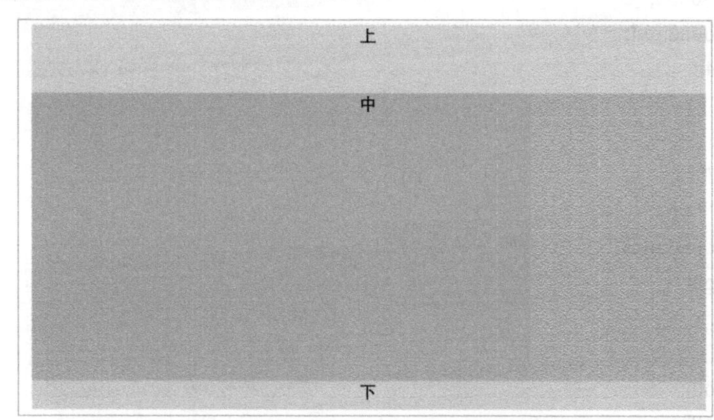

图 3-8　DIV+CSS 的布局效果示例

其中，居中的部分“<div class="container">”使用了 CSS 样式中的 margin: 5px auto，使得它自适应居中，左右边距随浏览器窗口大小自动调整，很多时候通过这种方法可以解决显示分辨率的差异化问题。

3.4.3　两列自适应布局

两列自适应布局是前端页面中比较普遍的一种方式，一般分为左右两列，一列为导航，另一列为主要内容，让页面看起来简洁明了。实现时，两列自适应布局的方式有以下两种。

1．宽度自适应两列布局

两列自适应布局通常可以使用浮动来完成，左列设置左浮动，右列设置右浮动，这样就不用再设置外边距。

当元素使用了浮动之后，会对周围的元素造成影响，那么就需要清除浮动，通常使用两种方法。一种是给受到影响的元素设置 clear:both，即清除元素两侧的浮动；另一种是设置具体清除哪一侧的浮动，设置 clear:left 或 clear:right。此外，为父容器设置宽度为 100%，同时设置 overflow:hidden，溢出隐藏也可以达到清除浮动的效果。

对于自适应，只需要将宽度按照百分比来设置，这样当调整浏览器窗口时，会根据窗口的大小，按照百分比来自动调节内容的大小。

例如，以下代码可实现宽度自适应的两列布局。

```
<!DOCTYPE html>
<html>
<head>
```

```
        <meta charset="utf-8">
        <title>宽度自适应两列布局</title>
    <style>
    *{margin:0;padding:0;}
    #header{
        height:50px;
        background:blue;
    }
    . left{
        width:30%;
        height:800px;
        background:red;
        float:left;
    }
    .main-right{
        width:70%;
        height:800px;
        background:pink;
        float:right;
    }
    #footer{
        clear:both;
        height:50px;
        background:gray;
    }
    </style>
    </head>
    <body>
        <div id="header">页头区域</div>
        <div class="left">左侧区域</div>
        <div class="main">主区域</div>
        <div id="footer">页脚区域</div>
    </body>
    </html>
```

页面的显示效果如图 3-9 所示。

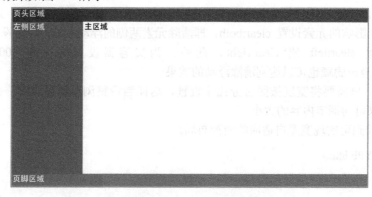

图 3-9　宽度自适应两列布局效果示意图

页头区域一般为网页的标题区域，页脚区域一般为版权声明和联系方式区域，左侧区域一般是导航栏，主区域一般是主要内容显示区域。少部分网站会使用左侧作为主要内容显示区域，右侧作为导航栏。

2．固定宽度两列布局

宽度自适应两列布局在网站中一般很少使用，这是因为当窗口改变页面自适应时，可能会导致页面上的内容错位，显示效果变得很差。这时就需要使用固定宽度两列布局。

要实现固定宽度两列布局，只需要把左右两列包裹起来，也就是给它们增加一个父容器，然后固定父容器的宽度，父容器的宽度固定了，那么这两列的宽度值也就固定了。

例如，在上例的代码基础上进行改造，形成如下代码。

```
<!DOCTYPE html>
<html>
<head>
    <meta charset="utf-8">
    <title>固定宽度两列布局</title>
<style>
*{margin:0;padding:0;}
#header{
    height:50px;
    background:blue;
}
#main{
    width:960px;
    margin:0 auto;
    overflow:hidden;
}
#main .main-left{
    width:288px;
    height:800px;
    background:red;
    float:left;
}
#main .main-right{
    width:672px;
    height:800px;
    background:pink;
    float:right;
}
#footer{
    width:960px;
    height:50px;
    background:gray;
    margin:0 auto;
}
</style>
</head>
<body>
    <div id="header">页头区域</div>
    <div id="main">
```

```
            <div class="main-left">左侧区域</div>
            <div class="main-right">主区域</div>
        </div>
        <div id="footer">页脚区域</div>
    </body>
</html>
```

页面的显示效果如图 3-10 所示。

图 3-10 固定宽度两列布局效果示意图

3.4.4 三列自适应布局

三列自适应布局是指左右两侧的宽度固定，中间区域根据窗口自适应调整大小。实现方式可以参考 3.4.3 节中提到的两列布局，也可以采用 Flex 布局实现。

Flex 是 Flexible Box 的缩写，意为“弹性布局”，用来为盒模型提供最大的灵活性，是 W3C 于 2009 年提出的一种新方案，可以简便、完整、响应式地实现各种页面布局。目前，它已经得到了所有浏览器的支持。

采用 Flex 布局的元素，称为 Flex 容器（Flex Container），简称容器。它的所有子元素自动成为容器成员，称为 Flex 项目（Flex Item），简称项目。Flex 布局的结构如图 3-11 所示。

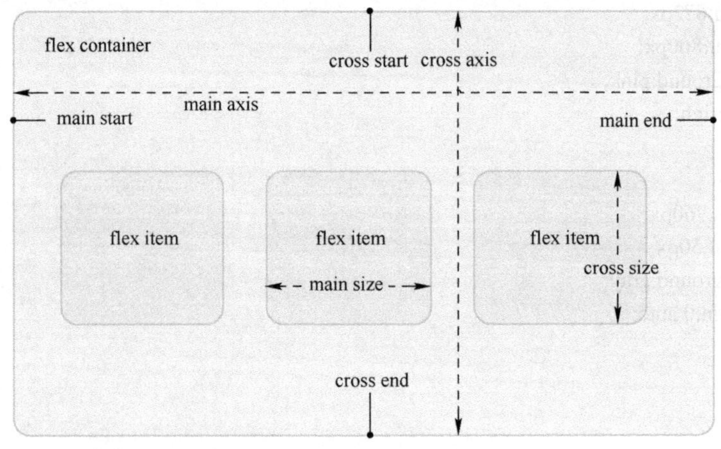

图 3-11 Flex 布局的示意图

容器默认存在两根轴：水平的主轴（main axis）和垂直的交叉轴（cross axis）。主轴的开始位置（与边框的交叉点）叫作 main start，结束位置叫作 main end；交叉轴的开始位置叫作 cross start，结束位置叫作 cross end。项目默认沿主轴排列。单个项目占据的主轴空间叫作 main size，占据的交叉轴空间叫作 cross size。

采用 Flex 布局的思路是将父元素 container 设为“display:flex;”从而将 container 设置为弹性盒模型。示例代码如下。

```
<!DOCTYPE html>
<html>
<head>
    <meta charset="utf-8">
    <title>三列自适应布局</title>
    <style type="text/css">
        #container{
            width:100%;
            height:600px;
            display:flex;
            margin:10px;
        }
        #left,#right{
            width:150px;
            height:600px;
            margin:10px;
            background-color:#999999;
        }
        #center{
            flex:1;
            height:600px;
            margin:10px;/*左右 margin 不会叠加*/
            background-color:#ff0000;
        }
    </style>
</head>
<body>
    <div id="container">
        <div id="left">左侧区域</div>
        <div id="center">主区域</div>
        <div id="right">右侧区域</div>
    </div>
</body>
</html>
```

页面显示的效果如图 3-12 所示。

图 3-12 三列自适应布局效果示意图

块与块之间有些间距，这是由 margin 设置的，可以根据需要调整。

3.5 CSS 综合案例——后台管理首页设计

本节以后台管理首页设计为例，展示 CSS 用于页面布局的设计。该页面的基本内容可参见 2.5 节，在此基础上将页面改造为 DIV+CSS 布局。因此，需要完成的工作主要包括页面总体布局、总体样式设计、页面细节设置等。

1. 页面总体布局

首先确定页面总体布局为 T 型布局，考虑到上方（Top）和左侧（Left）的内容基本为固定内容，绝大多数情况下保持不变，因此，考虑采用上一节中提及的 Flex 弹性布局模式，即上方和左侧固定，右下方的内容弹性变化，代码如下。

```
<!DOCTYPE html>
<html>
<head>
  <meta charset="utf-8">
  <title>图书销售系统后台管理首页</title>
  <style type="text/css">
  #container {
    width: 100%;
    height: 600px;
    display: flex;   /* 主容器设为 Flex 布局 */
    flex-direction: column; /* 列模式 */
    margin: 0px;
  }
  #top {
    width: 100%;
    min-height: 60px;
    margin: 5px;
    background-color: aliceblue;
  }
  #bottom {
    width: 100%;
    min-height: 600px;
    margin: 0px;
    display: flex;   /* 子容器也设为 Flex 布局 */
    flex-direction: row; /* 行模式 */
  }
```

```
    #left{
      width: 280px;
      margin: 5px;
      background-color: #999999;
    }
    #main {
      min-height: 500px;
      width: 100%;
      margin: 5px;
      background-color: lightcyan;
    }
    </style>
</head>
<body>
    <div id="container">
      <div id="top">上方区域</div>
      <div id="bottom">
        <div id="left">左侧区域</div>
        <div id="main">右侧区域</div>
      </div>
    </div>
</body>
</html>
```

2. 总体样式设计

总体样式设计主要是页面上的文字字体、行间距、超链接、无序列表等样式的设置。一般会通过“*”元素通配符设置所有元素的字体样式统一。通常，页面上的超链接也会被设置为 none，即没有下画线，访问后字体也不会变色，代码如下。

```
* { /* 设置所有元素的默认字体 */
  font-family: "宋体";
  font-size: 12px;
}
li {
  line-height:20px;
  list-style-type: none; /* 无序标题前的标号设置为 none */
}
a {
  text-decoration: none; /* 将左侧超链接的下画线去掉 */
}
a:hover, a:visited {   /* 设置访问过的链接和鼠标滑过的样式 */
  text-decoration:none;
  color: black;
}
```

3. 页面细节设置

页面细节设置主要是对左侧菜单项和右侧工作区的样式进行修饰，子菜单项和菜单元素的样式具体设置如下。

```
/* 左侧菜单项 */
#menu dd, #menu ul {
  margin: 0px;
  padding-left: 0px;
```

```
}
#menu dd li {
    list-style-type: none;
    margin-left: 20px;
    line-height: 30px;
    border-bottom: solid 1px darkblue;
}
#menu dd li a {
    text-decoration: none;
    color: blue;
}
/* 右侧工作区的样式设置 */
.nav_bar { /* 导航区 */
    background-color: #00008B;
    color: white;
    padding: 5px;
}
.main_title {   /* 工作区标题样式 */
    line-height: 40px;
    background-color: aliceblue;
    font-size: 16px;
    font-family: "microsoft yahei";
    padding-left:10px;
}
```

最终整体效果如图 3-13 所示。

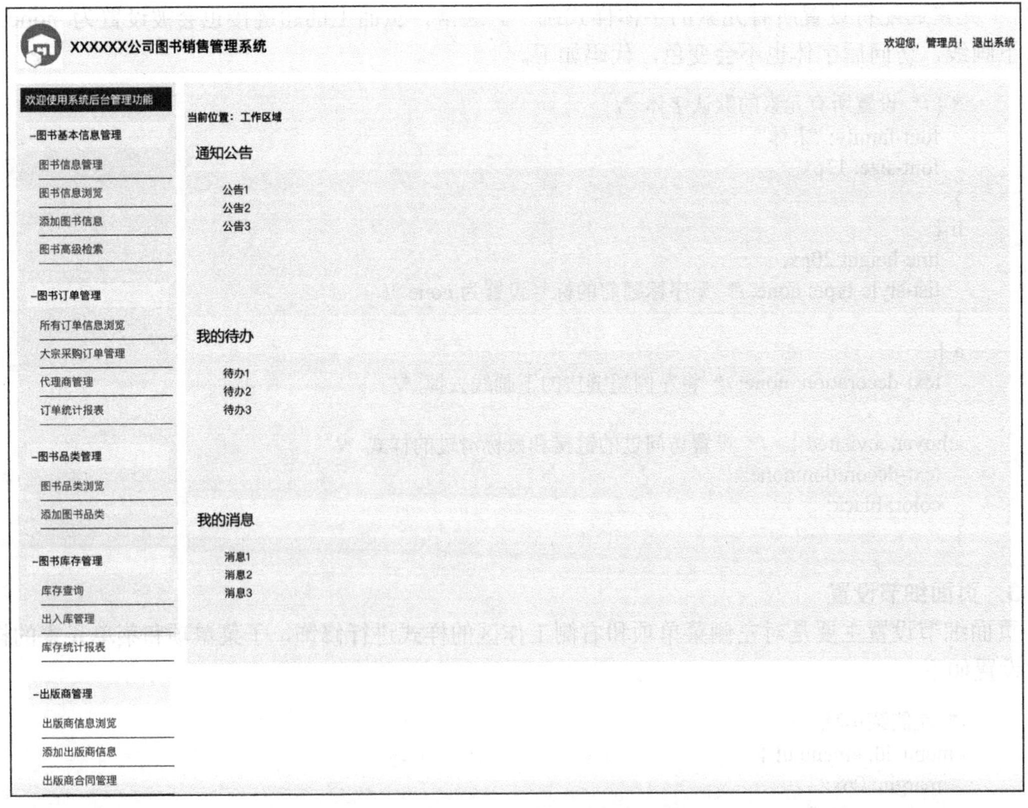

图 3-13　后台管理首页设计效果图

思考题

（1）CSS 是什么？主要特点有哪些？
（2）CSS 选择主要有几大类？
（3）CSS 的层叠样式规则有哪些？其体现的主要思想是什么？
（4）CSS 中的盒模型是指什么？主要解决什么问题？
（5）什么是自适应布局？
（6）结合 3.5 节的综合案例，试分析 DIV+CSS 布局与框架布局的优缺点。

第 4 章　JavaScript

Web 前端页面在各类应用系统中除了承担内容展示功能外，还承担了与用户进行交互、赋予页面局部动态变化效果的职责。为此，需要一种 Web 页面的脚本技术，以提升 Web 页面内容展示效果，增强用户交互参与特性。JavaScript 正是一种解释型的页面脚本技术，继承了优秀的面向对象特性，具备良好的页面元素操作能力。本章主要介绍 JavaScript 的基本语法、流程控制、函数、对象特性、文档对象模型、事件监听机制，以及综合案例——表单内容校验。

4.1　JavaScript 简介

JavaScript 是一种动态、弱类型、基于原型的脚本语言，是一种解释性脚本语言，代码不进行预编译而直接执行。

与其他的编程语言一样，JavaScript 也有自己的基本语法、数据类型、运算符和流程控制语句。它的解释器通常被称为 JavaScript 引擎。JavaScript 引擎是一个专门处理 JavaScript 脚本的虚拟机，一般集成在网页浏览器中，广泛用于客户端的脚本语言，最早用于给 HTML 页面增加动态功能。通常，JavaScript 脚本通过嵌入到 HTML 中来实现自身的功能。

JavaScript 与 Java 语言在命名上有些相似，但与 Java 不是同公司的产品，它是 Netscape（网景公司）为扩充 Netscape Navigator 浏览器的功能而开发的一种可以嵌入 Web 网页的编程语言，前身叫作 LiveScript。在 1995 年，它由 Netscape 在 Netscape Navigator 浏览器上首次设计实现。后来，Netscape 与 Sun（Java 发布者）合作，Netscape 管理层希望它外观看起来更像 Java，因此取名为 JavaScript。

如今，JavaScript 已被广泛应用于 Web 应用开发。JavaScript 受到绝大多数的浏览器的支持，可以在多种平台上运行（如 Windows、Linux、macOS、Android、iOS 等）。JavaScript 经常被用于为网页添加各式各样的动态功能，让页面看起来更加酷炫，也为用户提供更好的上网体验。JavaScript 可以直接用<script></script>标签嵌入 HTML 页面，也可以写成单独的 js 文件，更有利于结构和行为的分离。

JavaScript 脚本语言具有以下特点。

1）脚本语言。JavaScript 是一种解释型的脚本语言，C、C++、Java 等语言都是先编译再执行，而 JavaScript 不需要编译，它在程序的运行过程中逐行进行解释。

2）基于对象。JavaScript 是一种基于对象的脚本语言，它不仅可以创建对象，也能使用现有的对象。

3）弱数据类型。JavaScript 脚本语言中采用的是弱类型的变量类型，它提供了 int（整型）、float（浮点型）、string（字符串类型）、boolean（布尔型）、object（对象类型）、null（空类型）、undefined（未定义类型）7 种数据类型，在声明变量的时候统一用 var 声明。通俗地说，使用 JavaScript 编程时，可以不用区分数据类型。

4）动态性。JavaScript 是一种采用事件驱动的脚本语言，它在浏览器端可以不需要经过 Web 服务器直接对用户的输入做出响应。在访问一个网页时，使用鼠标在网页中进行单击或上下移动、窗口移动等操作，JavaScript 都可直接对这些事件做出相应的响应。

5）跨平台性。JavaScript 脚本语言仅需要浏览器的支持，不依赖于操作系统。因此，只要在有浏览器且浏览器支持 JavaScript 的机器上，就可以正确执行一个 JavaScript 脚本，目前绝大多数的浏览器都支持 JavaScript 脚本语言。

4.2 JavaScript 语法

知识点视频 4-1
JavaScript 语法

4.2.1 语句

JavaScript 语法与 Java 类似，每条 JavaScript 语句的结尾都要加分号表示结束。但与 Java 不同的是，如果语句结尾处不加分号，JavaScript 会自动将该行代码的结尾作为语句的结尾，即行末的分号可以省略。

JavaScript 代码一般嵌入到网页中的<script></script>标签之内或保存在一个单独的 js 文件中。一个简单的 JavaScript 程序代码示例如下。

```
<script type="text/javascript">
    var i, sum = 0;
    for(i = 0; i <= 100; i++) {
        sum += i;
    }
    window.alert("总和为：" + sum);
</script>
```

上述代码实现了整数从 1 到 100 的累加，window.alert 是内置的浏览器对象方法，用于弹出提示框，显示总和。

在编写 JavaScript 语句时，需要注意以下事项。

1）JavaScript 区分大小写。例如，变量 Number 与变量 number 是两个不同的变量。

2）JavaScript 中变量是弱类型的，因此在定义变量时，只使用关键字 var 就可以将变量初始化为任意的值。

3）JavaScript 可以使用以双斜线“//”开头的单行注释，也可以使用以“/*”开头、“*/”结尾的多行注释。

4）JavaScript 的变量名不能是系统的保留字或关键字，例如 var、for、null 等。

4.2.2 数据类型

JavaScript 虽然是弱数据类型，但仍然有数据类型及其运算规则。JavaScript 有 7 种数据类型，它们分别是 int（整型）、float（浮点型）、string（字符串类型）、boolean（布尔型）、object（对象类型）、null（空类型）、undefined（未定义类型），其中 int 型和 float 型为数值类型。

1．字符串类型

字符串是用双引号（“”）或单引号（‘’）作为分界符的，字符的个数为字符串的长度。单双引号也可嵌套使用。例如，“He’s a kind man！”。

注意：有些字符无法在屏幕上显示，通常有特殊的控制作用。但是有时在编写程序的时候需要将这些字符显示在屏幕上，这时就要使用“转义字符”。转义字符以反斜杠“\”开头。JavaScript 常用的转义字符见表 4-1。

表 4-1 JavaScript 常用的转义字符

转义字符	含义	转义字符	含义
\b	退格	\t	表示 TAB 符号
\f	换页	\'	单引号
\n	换行	\"	双引号
\r	回车	\\	反斜杠

2. 数值类型

JavaScript 的数值类型包括整型和浮点型。整型值可以是正数、0、负数，可以用十进制、八进制、十六进制表示。在八进制表示的时候，要在数字的前面加“0”，如“0123”表示八进制的“123”；在十六进制表示的时候，要在数字的前面加“0x”，如“0xEF”表示十六进制的“EF”。浮点数即实数，可以使用字符 e（在科学记数法中表示 10 的幂）写成科学计数法的形式。

3. 布尔型

布尔型通常用来进行判断，只有 true（表示“真”）和 false（表示“假”）两个值。这是两个特殊的值，也是 JavaScript 的保留字。

4. 空类型

空类型的值就是 null，表示空值。这种空值通常是人为赋予的，例如，在初始化时将变量设置为 null。

5. 未定义类型

未定义类型即 undefined，指变量被声明，但未被赋值。undefined 与 null 不同的是，undefined 是变量声明后自动具有的值，null 是人为赋予的。

4.2.3 变量和常量

在程序运行时，值不能改变的量是常量，值会发生变化的是变量。

常量在程序中被定义后，便会在计算机的一定位置存储下来，在程序结束之前不会发生变化。变量是指程序中可根据需要设置的可以变化的值。

1. 变量

（1）变量的命名

JavaScript 中变量的命名规则如下。

1）必须以字母或下画线开头。

2）变量名不能包含空格、加号或减号等特殊符号。

3）不能使用 JavaScript 中的关键字。

4）JavaScript 变量名是严格区分大小写的，例如，Nchu 与 nchu 表示两个不同的变量。

（2）变量的声明与赋值

在 JavaScript 中，使用变量之前要先声明变量，所有的变量都由关键字 var 声明。

基本语法格式如下。

```
var 变量名;
```

变量名必须符合命名规则。

可以使用关键字 var 同时声明多个变量，例如：

```
var a,b,c;                          //同时声明 a、b、c 三个变量
```

声明变量的同时可以对其赋值，即初始化，例如：

```
var number=1;
```

如果在声明变量的时候没有对其赋值初始化，则其默认为 undefined。

由于 JavaScript 采用弱类型的形式，所以在定义时可以忽略变量的数据类型，把任意类型的数据赋值给变量，JavaScript 将根据实际的值来确定变量的类型。例如：

```
var number=100;                    //数值数据类型
var str="南昌航空大学";            //字符串类型
var status=true;                   //布尔型
```

（3）变量的作用域

变量的作用域是指某变量在程序中的有效范围。在 JavaScript 中，变量根据作用域可以分为两种：全局变量和局部变量。全局变量定义在函数体之外，作用于整个代码；局部变量是定义在函数体内的，只作用于函数体，函数体的参数也是局部的，只在函数体内部起作用。

局部变量与全局变量应用示例代码如下。

```
<script>
    var globalName="我是全局变量";
    test();
    function test(){
        var localName="我是局部变量";
        document.write(localName+"<br/>");
    }
    document.write(globalName+"<br/>"); // 正常
    document.write(localName+"<br/>"); // 出错
</script>
```

在上述代码中，globalName 声明在<script>标签中，即为全局变量，localName 声明在函数 test 中，即为局部变量。当在函数 test 中输出 localName 时会正常输出，当在函数 test 外输出时，浏览器会报错。localName 没有被定义，即变量 localName 只在函数体内有效，是一个局部变量。

2．常量

JavaScript 常量一般是具有一定含义的名称，其值是固定不变的。常量可像变量一样定义，只是该值不能改变。

JavaScript 中支持 const 声明常量，使用的语法格式如下。

```
const PI = 3.14159
```

上述代码声明了一个常量 PI，可以在后续的计算过程中使用。

一般而言，常量的命名与变量不同，均为大写字母，如果有多个单词，多个单词均为大写且每个单词之间用下画线“_”连接，例如“MULTI_LAYER_RATE”，它与 Java 代码规范一致。

4.3　流程控制

一个最简单的程序是由若干条语句构成的，程序按语句位置的先后次序逐条执行，这种程序被称为顺序结构。除此之外，还有用于判断和重复执行的控制流程，分别称为选择结构和循环结构，这三种结构都是用来控制程序执行的流程。

JavaScript 与 C、Java 等语言类似，也提供了相同的流程控制语句。

4.3.1 选择

选择结构的语句包括 if 语句、if-else 语句、switch 语句。

1. if 语句

if 语句是选择结构程序的最基本块，通过对给定的条件进行判断，确定程序语句执行的顺序。if 语句的基本使用语法格式如下。

```
if(条件表达式)
{
    语句块;
}
```

参数说明：

1）条件表达式要判断表达式逻辑值，表达式可以由数值运算符、逻辑运算符和关系运算符组成。如果该表达式的值为 true，则执行语句块；如果值为 false，则不执行。

2）语句块是符合条件时执行的语句集合，可以是一条或多条语句。如果是一条语句，可以省略前后的大括号；如果是多条语句，则一定要使用大括号包围。

if 语句示例代码如下。

```
<!DOCTYPE html>
<html>
<head>
    <meta charset="utf-8">
    <title>if 语句的简单应用</title>
</head>
<body>
    <script>
        var date=new Date();
        var hour=date.getHours();
        if(hour>=6&&hour<8)
            alert("当前时间为："+date.toLocaleString()+"  "+"早上好！");
        if(hour>=8&&hour<12)
            alert("当前时间为："+date.toLocaleString()+"  "+"上午好！");
        if(hour>=12&&hour<18)
            alert("当前时间为："+date.toLocaleString()+"  "+"下午好！");
        if(hour>=18&&hour<23)
            alert("当前时间为："+date.toLocaleString()+"  "+"晚上好！");
        if(hour>=23&&hour<=24||hour>0&&hour<6)
            alert("当前时间为："+date.toLocaleString()+"  "+"夜深了，休息吧");
    </script>
</body>
</html>
```

上述代码中，多个 if 条件均为独立判断，程序执行时，每个条件测试均会执行一次，输出结果只会有一种情况。

2. if-else 语句

if-else 语句是对 if 语句的扩展，增加了其他情况，即不属于上述所有 if 中出现的情况。if-else 语句的基本使用语法格式如下。

```
if(条件表达式)
{
    语句块 1;
} else {
    语句块 2;
}
```

参数说明：

1）if 中的条件表达式是需要判断的条件，成立则执行语句块 1。

2）else 不需要条件表达式，不符合 if 中的条件则自动进入 else 中的语句块 2。

if-else 语句示例代码如下。

```
<!DOCTYPE html>
<html>
<head>
    <meta charset="utf-8">
    <title>if-else 语句的简单应用</title>
</head>
<body>
    <script>
        var date=new Date();
        var hour=date.getHours();
        if(hour > 0 && hour <= 8)
            alert("现在是早班");
        else if(hour> 8 && hour<= 16)
            alert("现在是中班");
        else if(hour> 16 && hour < 24)
            alert("现在是晚班");
        else
            alert("时间值获取有误！");
    </script>
</body>
</html>
```

3．switch 语句

switch 是多条件判断的选择语句，给定多种条件值，符合的条件则进入相应的 case 分支。switch 语句的基本使用语法格式如下。

```
switch(条件表达式)
{
    case val1: 语句块 1; break;
    case val2: 语句块 2; break;
    ……
    default: 语句块 x;
}
```

参数说明：

1）条件表达式的结果将与 case 中的 val1、val2 进行匹配，符合条件则执行相应的语句块。

2）每个 case 后的 break 语句不可缺少，它表示跳出当前的 switch 结构，如果缺少，将顺序向下执行语句。

3）default 表示当条件表达式的结果不符合前面任何一种 case 的情况时，则执行该 default 分支的语句块。

switch 语句示例代码如下。

```
<!DOCTYPE html>
<html>
<head>
    <meta charset="utf-8">
    <title>switch 语句的简单应用</title>
</head>
<body>
    <script>
        var date=new Date();
        var day=date.getDay();
        var str = "";
        switch (day) {
            case 1: day="今天是周一"; break;
            case 2: day="今天是周二"; break;
            case 3: day="今天是周三"; break;
            case 4: day="今天是周四"; break;
            case 5: day="今天是周五"; break;
            case 6:
            case 0: day="今天是周末"; break; //周六、周日合并判断
            default: day="日期读取有误！";
        }
    </script>
</body>
</html>
```

4.3.2 循环

循环语句用于执行重复的动作，根据循环条件多次执行同一代码块。JavaScript 语言提供了 3 种循环语句，分别是 while 语句、do-while 语句和 for 语句。

1．while 语句

while 语句用来实现“当型”循环结构，当条件表达式为真时，执行语句块；当表达式为假时，就退出 while 循环，执行 while 后面的语句。while 语句使用的语法格式如下。

```
while(条件表达式){
    语句块;
}
```

参数说明：

1）条件表达式为要执行循环的判断条件，如果该表达式的结果为 true，则执行循环；如果表达式的结果为 false，则不执行循环。

2）语句块为循环要执行的代码，可以是一行，也可以是多行代码，如果是多行，则必须使用大括号包围语句块。

while 语句的示例代码如下。

```
<!DOCTYPE html>
<html>
<head>
    <meta charset="utf-8">
    <title>while 语句的应用</title>
    <script>
        //求 1+2+3+...+100 的和
        var num=1,sum=0;
        while(num<=100){
            sum=sum+num;
            num++;
        }
        document.write("1+2+3+...+100 的和为："+sum);
    </script>
</head>
<body>
</body>
</html>
```

上述代码实现了 1～100 的求和，并在网页上输出该和值。输出结果如图 4-1 所示。

```
← → C  ⓘ localhost:8080/example/while.html
1+2+3+...+100的和为：5050
```

图 4-1　while 语句示例

2．do-while 语句

do-while 语句用来实现“直到型”循环，先执行循环体语句块，然后判断循环条件，当条件表达式为真时，继续执行循环体语句块，如此反复，直到循环条件为假为止。do-while 语句使用的语法格式如下。

```
do{
    语句块;
}
while(条件表达式);
```

其中的参数说明与 while 循环完全一致。

do-while 语句与 while 语句功能基本相同，都是根据条件表达式的判断结果，重复执行其中的语句块。两者不同之处在于，在不满足条件表达式的情况下，do-while 至少会执行一次，while 一次也不会执行。

do-while 语句的示例代码如下。

```
<!DOCTYPE html>
<html>
<head>
    <meta charset="utf-8">
    <title>do_while 语句的应用</title>
    <script>
```

```
            var num=1,sum=0;
            do{
                sum=sum+num;
                num++;
            }
            while(num<=100);
            document.write("1+2+3+...+100 的和为："+sum);
        </script>
    </head>
    <body>
    </body>
    </html>
```

上述代码的运行结果与 while 语句中的示例一致。

3．for 语句

for 语句通常用于循环次数已经确定的情况，通过计数指示器，在一定的条件下重复执行指定的代码块。for 语句使用的语法格式如下。

```
for(表达式 1;表达式 2;表达式 3){
    语句块;
}
```

参数说明如下。

1）表达式 1：初始化语句，一般用于计数变量的初始化，这个代码只会执行一次。

2）表达式 2：条件表达式，用于判断是否满足，如果满足，则执行语句块；如果不满足，则退出循环。该表达式会在每次循环之前执行。

3）表达式 3：循环变量修改语句，通常用于对循环条件的修改和更新，每次循环体语句块执行后，会执行该语句。

4）语句块：要重复执行的代码块，可以是一行也可以是多行，如果是多行，则需要使用大括号包围起来。

for 语句不仅可用于循环次数已经确定的情况，也可用于循环次数不确定的情况。for 语句的示例代码如下。

```
<!DOCTYPE html>
<html>
<head>
    <meta charset="utf-8">
    <title>for 语句的应用</title>
    <script>
        var num=1,sum=0;
        for(var i=1;i<=100;i++){
            sum=sum+num;
            num++;
        }
        document.write("1+2+3+...+100 的和为："+sum);
    </script>
</head>
<body>
</body>
</html>
```

上述代码的运行结果与 while 循环以及 do-while 循环示例相同。

4．break 与 continue 语句

与 Java 语言一样，JavaScript 中也提供了循环控制语句 break 与 continue，可以对 while、do-while 和 for 语句进行循环控制。

break 语句主要用于提前结束循环，在满足某种条件的情况下，从循环中跳出而不必等待循环全部执行完毕。break 语句执行后，将会跳出当前循环，执行循环语句后的下一条语句。

continue 语句主要用于略过当次循环，进入下一次的循环，可以直观地理解为将程序运行的光标跳转至循环体的大括号前，然后继续执行。

break 与 continue 语句的示例代码如下。

```
var sum，i;
sum=0;
for(i=1;i<=100;i++)
{
    sum=sum+i;
    if(i==5)
    {
        console.log("执行 continue");
        continue;
    }
    if(i==10)
    {
        console.log("执行 break");
        break;
    }
    console.log("sum=%d",sum);
}
console.log("循环结束");
```

上述代码中，当 i 的值为 5 时，将执行 continue 语句，略过后面的 console.log("sum=%d", sum) 语句继续执行；当 i 的值为 10 时，将执行 break 语句，跳出循环，输出“循环结束”。

4.4　函数

知识点视频 4-2
函数

在解决复杂的问题或程序较大时，一般分为若干个较小的程序模块，每一个模块实现特定的功能。在 JavaScript 语言中，每一个模块就是一个函数。有时将常用的模块编写成函数，然后可以在程序中需要的地方重复调用，以增强代码的重用性，提高代码的可维护性。

4.4.1　函数的定义

JavaScript 中使用一个函数之前，要先定义才能调用。函数定义的语法格式如下。

```
function 函数名（[参数 1，参数 2，…]）
{
    代码块;
    [return 返回值;]
}
```

参数说明如下。

1）函数名：函数的名称，命名规范与变量名一致，不能与系统保留字冲突。

2）参数 1，参数 2：参数的名称，可选，是函数的形参，这里的参数只需要名称，不需要数据类型。

3）代码块：函数的主体，即函数中要执行的数据处理逻辑。

4）return 返回值：用于返回函数的计算结果，可选，适用于需要返回的情形，如果不需要返回，则可省略。

函数定义时，需要注意以下事项。

1）function 是关键字，不能省略。

2）函数名区分大小写，最好做到“见名知意”。

3）函数可以有参数，也可以无参数，当有多个参数时，参数之间用逗号隔开。

4）若函数有返回值，则用关键字 return 将值返回。

以下是函数定义的使用示例。

```
<html>
<head>
    <meta charset="utf-8">
    <title>简单函数的使用</title>
</head>
<body>
    <script>
        function getToday()                    //定义函数
        {
            var today = new Date();
            return today.toLocaleString();
        }
    </script>
    <h3>今天是：
    <span>
        <script type="text/javascript">
        document.write(getToday());            // 调用函数 getToday()
    </script>
    </span>
    </h3>
</body>
</html>
```

上述代码运行后的页面显示效果如图 4-2 所示。

图 4-2　函数定义示例页面效果图

4.4.2　函数参数

参数是函数向内部传递数据的通道。在 JavaScript 中，定义函数时确定的参数称为形式参数

（简称形参），而真正的参数值（称为实际参数，简称实参）是在调用该函数时，由调用方传递给所定义的函数，从而实现调用函数向被调用函数的数据传递。

JavaScript 的函数参数不需要指定参数的类型，这是因为变量类型默认自动识别。另外，对参数个数也不进行检测，如果调用时提供的实参个数少于形参个数，则缺少的形参默认为 undefined。例如，有如下函数。

```
function myFunc(x, y) {
    // 判断 y 是否传入实际值
    if (y == undefined) {
        y = 0;
        ......
    }
}
```

调用时，如果没有给 y 传入值，则 y 默认为 0。该行代码也可直接写为“y = y || 0”。

在 EMCAScript 6 中，支持函数带有默认参数，上述代码可写为：

```
function myFunc(x, y = 0) {
    ......
}
```

调用时，如果 y 没有值，则默认为 0。JavaScript 函数有个内置的对象 arguments，包含函数调用的参数数组。

例如，要计算所有参数的和，示例代码如下。

```
function sumAll() {
    var i, sum = 0;
    for (i = 0; i < arguments.length; i++) {
        sum += arguments[i];
    }
    return sum;
}
x = sumAll(1, 123, 500, 115, 44, 88);
```

4.5　JavaScript 对象

4.5.1　面向对象

JavaScript 语言是基于对象（Object-based）的程序设计语言，采用的是对象、事件驱动的编程机制。与 Java 类似，JavaScript 中的对象也具有一定的属性和方法，可以根据需要进行声明。但在类的声明与实例时，JavaScript 与 Java 有较大的区别。

1. 对象的定义

JavaScript 对象是一种复合值：它将很多值（原始值或者其他对象）聚合在一起，可通过名字访问这些值。对象也可看作属性的无序集合，每个属性都是一个名/值对。属性名是字符串，因此可以把对象看作从字符串到值的映射。然而，对象不仅仅是字符串到值的映射，除了可以保持自有属性外，JavaScript 对象还可以从一个称为原型的对象继承属性。对象的方法通常是继承的属性，这种“原型式继承”（Prototypal Inheritance）是 JavaScript 的核心特征。

JavaScript 中对象及属性声明的语法格式如下。

```
var 对象名 ={
    属性名：值,
    ......
};
```

参数说明如下。

1）对象名：要定义的对象名称。

2）属性名：对象中的属性名称。

3）值：该属性设置的值。

定义时属性名和值通常成对出现，也称为“属性—值”对，多个“属性—值”对之间用逗号分隔。

例如，以下方法定义了一个 JavaScript 对象。

```
var person = {firstName:"John", lastName:"Doe", age:50, eyeColor:"blue"};
```

上述代码声明了一个对象，具有 4 个“属性—值”对：firstName、lastName、age、eyeColor，以及它们的值。使用时与 Java 类似，通过“对象名.属性名”方式访问值。

通常，为了提升可读性，上例会写成如下形式。

```
var person = {
    firstName:"John",
    lastName:"Doe",
    age:50,
    eyeColor:"blue"
};
```

2．对象方法的定义

JavaScript 中对象方法是通过函数的定义方式实现的，也可以将其看作一个属性，这个属性是一个函数。声明的语法格式如下。

```
var 对象名={
    /* 属性列表 */
    ......
    /* 方法列表 */
    函数名: function() {
    函数体;
  },
    ......
};
```

参数说明如下。

1）对象名：声明的对象名称。

2）函数名：声明的函数名称，是对象的成员函数。

3）函数体：函数的具体实现逻辑代码。

具体示例代码如下。

```
var person = {
    fullName: "John",
```

```
        lastName: "Doe",
        showFullName: function() {
            return fullName + lastName;
        }
    };
```

4.5.2　内置对象

知识点视频 4-3
内置对象

JavaScript 脚本语言提供了一些内置对象，这些内置对象通常是工具对象，利用这些对象以及提供的方法可以辅助完成特定的功能。常用的内置对象主要包括 Date 对象、String 对象、Math 对象和 Array 对象。

1．Date 对象

Date 对象主要用于日期时间的处理，常用的属性和方法见表 4-2。

表 4-2　Date 对象常用的属性和方法

属性/方法	说明
getDate()	获取当前的日期
getYear()	获取当前的年份（2000 年以前返回年份数后两位，2000 年以后返回后四位）
getFullYear()	返回以四位整数表示的年份数
getMonth()	获取当前的月份
getDay()	获取当周的第几天，即星期几
getHours()	获取当前的小时
getMinutes()	获取当前的分钟
getSeconds()	获取当前的秒
setDate()	设置当前的日期
setYear()	设置当前的年份
setMonth()	设置当前的月份
setHours()	设置当前的小时
setMinutes()	设置当前的分钟
setSeconds()	设置当前的秒
setTime()	设置当前的时间（单位是 ms）
toLocaleString()	以本地时区格式显示，并以字符串表示

例如，利用 Date 对象进行报时的代码如下。

```
<!DOCTYPE html>
<html>
<head>
    <meta charset="utf-8">
    <title>Date 对象的使用</title>
    <script>
        function showtime()
        {
            var date=new Date();
            var hours,minutes,seconds;
```

```
                hours=date.getHours();
                minutes=date.getMinutes();
                seconds=date.getSeconds();
                alert("当前时间为    "+hours+":"+minutes+":"+seconds);
            }
        </script>
    </head>
    <body>
        <input type="button" value="报时" onclick="showtime()"/>
    </body>
    </html>
```

上述代码在浏览器中的运行结果如图 4-3 所示。

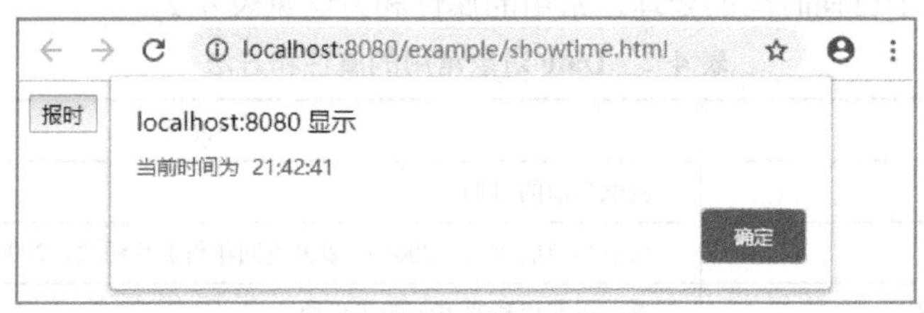

图 4-3　利用 Date 对象进行报时的运行效果

说明：如上图所示，当单击“报时”按钮时，浏览器会出现一个对话框，显示当前的时间。“var date=new Date();”语句用来创建一个 Date 对象的实例，通过已经创建的实例，访问 Date 类的属性或方法。

2．String 对象

String 对象是与字符串相关的操作对象，可以提供常用的字符串操作方法。JavaScript 中，字符串可以使用双引号或单引号包围。String 对象常用的属性和方法见表 4-3。

表 4-3　String 对象常用的属性和方法

属性/方法	说明
length	求字符串的长度
charAt(下标)	字符对象指定位置的字符
indexOf(目标字符串)	目标字符串在字符串对象中首次出现的位置
lastIndexOf(目标字符串)	目标字符串在字符串对象中最后一次出现的位置
substr(开始位置[,长度])	截取子串
substring(索引值 i,索引值 j)	截取从索引值 i 到 j-1 的字串
split(分隔符)	把字符串按分隔符拆成字符串数组
replace(被代替的字符串,新字符串)	用新的字符串代替旧的字符串
toLowerCase()	变为小写字母
toUpperCase()	变为大写字母
toString()	获取 String 对象的字符串值

String 对象中常用的方法示例代码如下。

```
    <!DOCTYPE html>
    <html>
```

```
<head>
    <meta charset="utf-8">
    <title>String 对象的使用</title>
    <script>
        function optstr()                    //定义函数
        {
            var str="I love China";
            var length=str.length;
            document.write("字符串的长度为"+length+"<br/>");
            var lowercase=str.toLowerCase();
            document.write("字符串全部变为小写："+lowercase+"<br/>");
            var uppercase=str.toUpperCase();
            document.write("字符串全部变为大写："+uppercase+"<br/>");
            var str1=str.substr(7);
            document.write("从下标 7 开始到最后："+str1+"<br/>");
            var index=str.indexOf("China");
            document.write("China 在字符串中的开始的位置为"+index+"<br/>");
        }
        optstr();                            //调用函数
    </script>
</head>
<body>
</body>
</html>
```

上述代码在浏览器中的运行结果如图 4-4 所示。

图 4-4　String 对象应用示例

说明：在使用字符串对象时，并不需要用关键字 new。若一个变量的值是一个字符串，那么该变量就是一个字符串对象。例如，以下两种方法产生字符串的效果是一样的。

```
var str="I love China";
var str=new String("I love China");
```

3．Math 对象

Math 对象主要提供数学计算中常用的公式计算。Math 对象常用的属性和方法见表 4-4。

表 4-4　Math 对象常用的属性和方法

属性/方法	说明
abs(x)	返回 x 的绝对值
max(x,y)	返回两数中的较大值

（续）

属性/方法	说明
exp(x)	返回 e 的 x 次方
log(x)	返回 x 以 e 为底的对数值
pow(x,y)	返回 x 的 y 次方
sqrt(x)	返回 x 的平方根
random()	返回 0 和 1 之间的一个随机数
round(x)	返回 x 四舍五入后的整数
sin(x)、cos(x)、tan(x)	分别返回 x 的正弦值、余弦值、正切值
asin(x)、acos(x)、atan(x)	分别返回 x 的反正弦值、反余弦值、反正切值

Math 对象应用示例代码如下。

```
<!DOCTYPE html>
<html>
<head>
    <meta charset="utf-8">
    <title>Math 对象的应用</title>
    <script>
    function randomnum()
    {
        var max,min,randomnum;
        min=parseInt(document.getElementById("min").value);
        max=parseInt(document.getElementById("max").value);
        randomnum=Math.random()*(max-min)+min;
        alert("随机数为："+randomnum);
    }
    </script>
</head>
<body>
    上限:<input type="text" id="min" /><br/>
    下限:<input type="text" id="max" /><br/>
    <input type="button" value="随机数" onclick="randomnum()"/><br/>
</body>
</html>
```

上述代码在浏览器中的运行结果如图 4-5 所示。

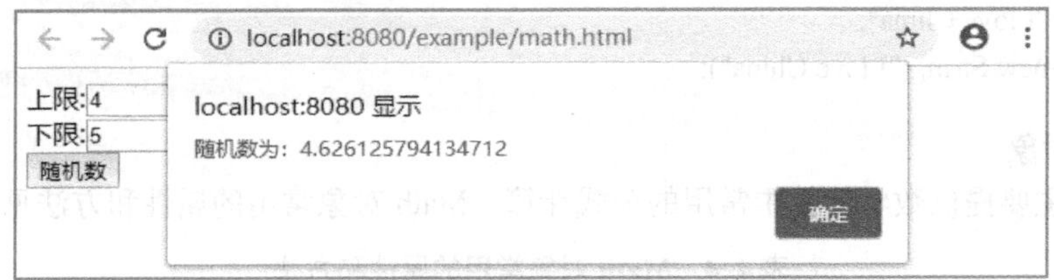

图 4-5　Math 对象应用示例

4．Array 对象

Array 对象是 JavaScript 中的一个特殊对象，专门用于数组的声明。

Array 对象常用的属性和方法见表 4-5。

表 4-5　Array 对象常用的属性和方法

对象	属性/方法	说明
Array	push(元素 1，元素 2，…)	添加元素，返回数组的长度
	reverse()	倒序数组

Array 对象应用示例代码如下。

```
<!DOCTYPE html>
<html>
<head>
    <meta charset="utf-8">
    <title>Array 对象应用示例</title>
    <script>
        var apple="苹果",banana="香蕉",orange="橘子";
        var array=new Array();
        array.push(apple,banana,orange);
        document.write("数组为："+array+"<br/>");
        var reverse_array=array.reverse();
        document.write("倒序数组为："+reverse_array);
    </script>
</head>
<body>
</body>
</html>
```

上述代码在浏览器中的运行结果如图 4-6 所示。

图 4-6　Array 对象应用示例

说明：数组在使用前需用关键字 new 生成一个数组对象，示例代码如下。

```
var myarray=new Array();          //新建一个长度为 0 的数组
var myarray=new Array(5)          //新建一个长度为 5 的数组
//新建一个给定长度的数组，并赋初值
var myarray=new Array("apple","banana","orange");
```

4.5.3　浏览器对象

浏览器对象也称为浏览器内置对象（Browser Object Model，BOM），这些内置对象是浏览器自身已定义好的，可以直接使用。

BOM 可实现的功能主要有：弹出新的浏览器窗口；移动、关闭浏览器窗口以及调整窗口的大小；页面的前进、后退等。因此，浏览器对象主要有 Window、Location、Navigator、History 和 Screen 等。

1．Window 对象

Window 对象表示一个浏览器窗口或一个框架。在该对象结构图中，窗口对象 Window 是所有对象中的最高层对象。Window 对象会在<body>或<frameset>出现时自动创建。

Window 对象是一个全局对象，在同一个窗口访问其他对象时，可以省略“window”字样。但如果要跨窗口访问，则必须写明窗口名称。Window 对象常用的属性见表 4-6。

表 4-6 Window 对象常用的属性

属性	描述
document	提供窗口的文档对象只读引用
location	包含有关当前 URL 的信息
navigator	提供窗口的浏览器对象引用
history	提供窗口的历史对象只读引用
defaultStatus	设置状态栏的默认信息
status	设置状态栏的临时信息
screen	提供窗口的屏幕对象引用
frames	提供窗口的框架对象引用
name	设置或返回存放窗口的名称
event	提供窗口的事件对象引用
self	返回对当前窗口的引用
top	返回最顶层的先辈窗口
parent	返回父窗口

Window 对象常用的方法见表 4-7。

表 4-7 Window 对象常用的方法

方法	描述
alert(信息字串)	显示带消息和“确定”按钮的对话框
confirm(确认信息字串)	确认对话框，有“确认”和“取消”两个按钮，单击“确认”返回 true，单击“取消”返回 false
prompt(提示字串,[默认值])	提示输入信息对话框，返回用户输入信息
open(URL,窗口名称[,窗口规格])	打开新窗口
scroll(x 坐标,y 坐标)	窗口滚动到指定坐标位置
setTimeout(函数,ms)	指定毫秒时间后调用函数
setInterval(函数,ms)	每隔指定毫秒时间调用一次函数
clearTimeout(定时器对象)	清除以 setTimeout 定义的定时程序
clearInterval(定时器对象)	清除以 setInterval 定义的定时程序
close()	关闭当前浏览器窗口
stop()	停止加载网页
moveTo(x 坐标,y 坐标)	将窗口移动到设置的位置
moveBy(水平像素值,垂直像素值)	按设置的值相对移动窗口
resizeTo(宽度像素值,高度像素值)	按指定的宽度和高度调整窗口
resizeBy(宽度像素值,高度像素值)	按指定的值相对调整窗口大小

（1）使用 Window 对象的 alert()方法创建警告对话框

警告对话框应用示例代码如下。

```
<!DOCTYPE html>
<html>
<head>
    <meta charset="utf-8">
    <title>警告对话框的应用</title>
    <script>
        function checkPassword(object){
            if(object.value.length<6)
                alert("密码长度不得小于 6 位");
        }
    </script>
</head>
<body>
    //当失去焦点时发生
    密码：<input type="password" onblur="checkPassword(this)"/>
</body>
</html>
```

上述代码在浏览器中的运行结果如图 4-7 所示。

说明：onblur 事件当该元素失去焦点时发生。

（2）使用 Window 对象的 confirm()方法创建确认对话框

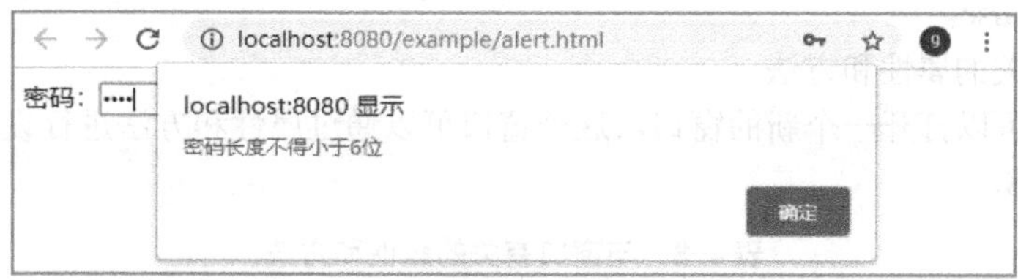

图 4-7　警告对话框应用示例

确认对话框应用示例代码如下。

```
<!DOCTYPE html>
<html>
<head>
    <meta charset="utf-8">
    <title>Insert title here</title>
    <script>
        function Confirm(){
            if(confirm("确认删除吗？"))
                alert("已删除");
            else
                alert("您取消了删除");
        }
    </script>
</head>
<body>
    <input type="button" value="删除" onclick="Confirm()"/>
</body>
```

```
</html>
```

上述代码在浏览器中的运行结果如图 4-8 所示。

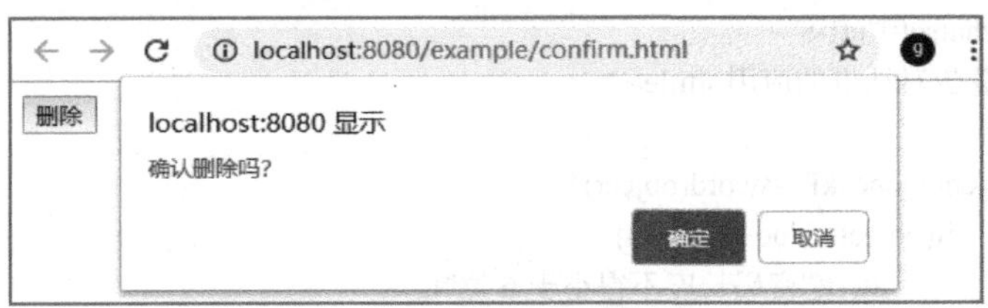

a) 单击“确定”按钮

b) 单击“取消”按钮之后

图 4-8 确认对话框应用示例

说明：确认对话框有“确定”和“取消”两个按钮，如果单击“确定”按钮，confirm 按钮返回 true，否则返回 false。

（3）与窗口有关的属性和方法

Window 对象可以打开一个新的窗口，这个窗口可以通过属性和方法进行设置与调整，相关的属性和方法见表 4-8。

表 4-8 与窗口有关的属性和方法

属性/方法	描述
open(URL,窗口名称[,规格参数])	打开一个新的浏览器窗口，并装入指定的 URL 页面
close()	关闭当前窗口
blur()	将焦点移出所在窗口
focus()	使所在窗口获得焦点
moveTo(x 坐标,y 坐标)	将窗口移动到设置的位置
moveBy(水平像素值,垂直像素值)	按设置的值相对移动窗口
resizeTo(宽度像素值,高度像素值)	按指定的宽度和高度调整窗口
resizeBy(宽度像素值,高度像素值)	按指定的值相对调整窗口大小

2. Location 对象

Location 对象是 Window 对象的子对象，是浏览器内置的一个静态对象，它包含当前 URL 的相关信息。

Location 对象常用的属性和方法见表 4-9。

表 4-9 Location 对象常用的属性和方法

属性/方法	描述
href	设置或返回完整的 URL
host	设置或返回 URL 的主机名和端口号

（续）

属性/方法	描述
hostname	设置或返回 URL 的主机名
port	设置或返回 URL 的端口号
pathname	设置或返回 URL 的路径部分
protocol	设置或返回 URL 的协议
search	设置或返回从“？”开始的 URL 部分（查询部分）
hash	设置或返回从“#”开始的 URL 部分（锚）
reload()	重新加载当前网页
replace(url)	用 URL 指定的网址代替当前的网页
assign(url)	用 URL 指定的网址加载新的网页

Location 对象的应用示例代码如下。

```
<!DOCTYPE html>
<html>
<head>
    <meta charset="utf-8">
    <title>Insert title here</title>
    <script>
        document.write("当前 URL 为：");
        document.write(window.location+"<br/>");
        document.write("协议为：");
        document.write(location.protocol+"<br/>");
        document.write("地址主机名：");
        document.write(location.host+"<br/>");
        document.write("端口号为：");
        document.write(location.port+"<br/>");
        document.write("路径名为：");
        document.write(location.pathname+"<br/>");
        document.write("查询字符串为：");
        document.write(location.search+"<br/>");
    </script>
</head>
<body>
</body>
</html>
```

上述代码在浏览器中的运行结果如图 4-9 所示。

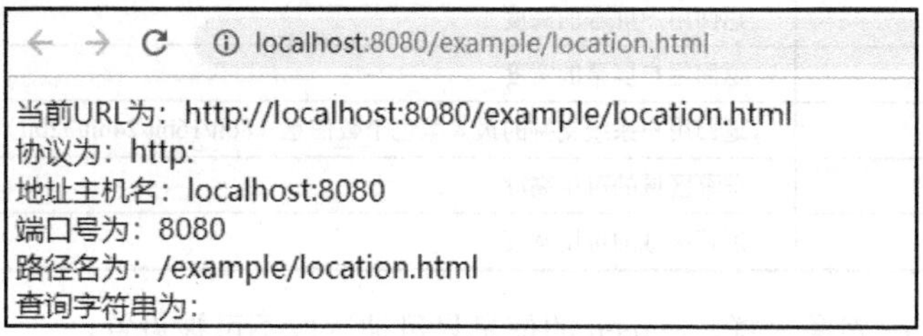

localhost:8080/example/location.html

当前URL为：http://localhost:8080/example/location.html
协议为：http:
地址主机名：localhost:8080
端口号为：8080
路径名为：/example/location.html
查询字符串为：

图 4-9　Location 对象的应用示例

说明：该示例的 URL 没有查询字符串，所以没有输出查询字符串。

3．Navigator 对象

Navigator（浏览器信息）对象是 Window 对象的子对象，包含了正在使用的浏览器的信息，并且这些信息只能被读取而不可被修改。Navigator 对象常用的属性和方法见表 4-10。

表 4-10 Navigator 对象常用的属性和方法

属性/方法	描述
appName	返回浏览器的名称
appCodeName	返回浏览器的代码名称
appVersion	返回浏览器的平台和版本信息
browserLanguage	返回当前浏览器的语言
cookieEnabled	返回浏览器中是否启用 cookie 的布尔值
platform	客户端的操作系统
systemLanguage	返回操作系统使用的默认语言
plugins	返回以数组表示已安装的外挂程序
mimeType	返回以数组表示所支持的 MIME 类型
online	浏览器是否在线

4．History 对象

History（历史）对象是 Window 对象的子对象，包含浏览器窗口中用户访问过的 URL 信息。最初设计 History 对象是为了表示 Window 的浏览器历史。但出于隐私方面的原因，不再允许脚本访问已经访问过的 URL。目前，只有 back()、forward()和 go()这 3 个方法保持使用。History 对象常用的属性和方法见表 4-11。

表 4-11 History 对象常用的属性和方法

属性/方法	描述
length	返回浏览器历史列表中的 URL 数量
back()	下一个历史记录的网址
forward()	上一个历史记录的网址
go(n)或 go(网址)	显示浏览器历史记录中第 n 个网址的网页，或前往历史记录中的网址

5．Screen 对象

Screen 对象是 Window 对象的子对象，包含用户显示屏幕的信息。Screen 对象常用的属性和方法见表 4-12。

表 4-12 Screen 对象常用的属性和方法

属性/方法	描述
height	返回用户屏幕的高度
width	返回用户屏幕的宽度
colorDepth	返回用户系统支持的最大颜色个数信息（8bit/16bit/24bit/32bit）
availHeight	屏幕区域的可用高度
availWidth	屏幕区域的可用宽度

注意：与 Navigator 对象一样，Screen 的信息只可被读取不可被设置。

Screen 对象的应用示例如下。

```
<!DOCTYPE html>
<html>
<head>
    <meta charset="utf-8">
    <title>Insert title here</title>
    <script>
        document.write("屏幕的高度为：");
        document.write(screen.height+"<br/>");
        document.write("屏幕的宽度为：");
        document.write(screen.width+"<br/>");
        document.write("屏幕区域的可用高度为：");
        document.write(screen.availHeight+"<br/>");
        document.write("屏幕区域的可用宽度为：");
        document.write(screen.availWidth+"<br/>");
        document.write("支持最大颜色个数信息：");
        document.write(screen.colorDepth+"<br/>");
    </script>
</head>
<body>
</body>
</html>
```

上述代码在浏览器中的运行结果如图 4-10 所示。

图 4-10　Screen 对象的应用示例

知识点视频 4-4
文档对象模型

4.6　文档对象模型

文档对象模型（Document Object Model，DOM）是中立于平台和语言的接口，允许程序和脚本动态地访问、更新文档的内容、结构和样式。它是一项 W3C 定义的用于访问 HTML 和 XML 文档的标准。

当网页被加载时，浏览器会创建页面的文档对象模型。HTML DOM 被结构化为对象树，如图 4-11 所示。

通过这个对象模型，JavaScript 可以完成以下内容。

1）JavaScript 能改变页面中的所有 HTML 元素。

2）JavaScript 能改变页面中的所有 HTML 属性。

3）JavaScript 能改变页面中的所有 CSS 样式。

4）JavaScript 能删除已有的 HTML 元素和属性。

5）JavaScript 能添加新的 HTML 元素和属性。

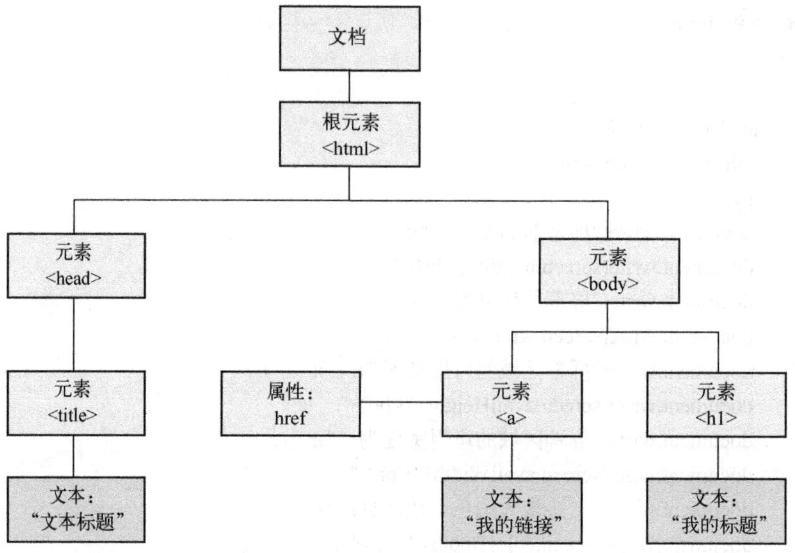

图 4-11　对象的 HTML DOM 树

6）JavaScript 能对页面中所有已有的 HTML 事件做出反应。

7）JavaScript 能在页面中创建新的 HTML 事件。

4.6.1　节点关系

DOM 节点树中的节点通常存在一些层级关系，可以通过父（parent）、子（child）和同胞（sibling）等术语来描述这些关系。父节点拥有子节点，同级的子节点被称为同胞（兄弟或姐妹）。

在节点树中，顶端节点被称为根（root）。每个节点都有父节点，但根没有父节点。

一个节点可拥有任意数量的子节点。同胞是拥有相同父节点的节点。

例如，有以下代码，其对应的 DOM 树如图 4-12 所示。

```
<html>
<head>
    <meta charset=utf-8">
    <title>DOM 教程</title>
</head>
<body>
    <h1>DOM 课程 1</h1>
    <p>Hello world!</p>
</body>
</html>
```

从上面的 HTML 中可以看出。

1）<html>节点没有父节点，它是根节点。

2）<head>和<body>的父节点是<html>节点。

3）文本节点“Hello world!”的父节点是<p>节点（注意：文本节点是一种特殊节点，表示文本本身）。

4）<html>节点拥有两个子节点：<head>和<body>。

5）<head>节点拥有两个子节点：<meta>与<title>。

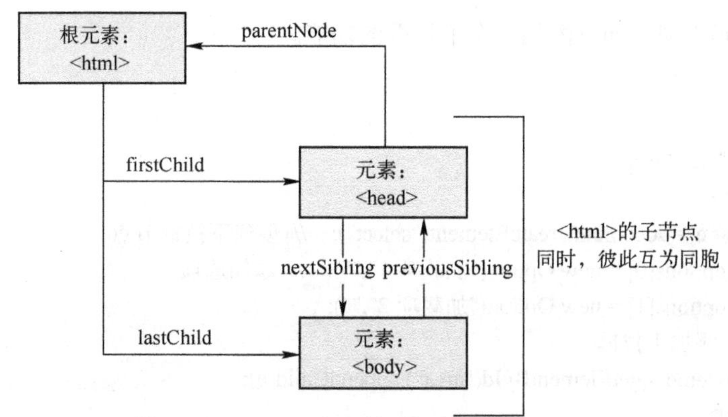

图 4-12 HTML 代码及其对应的 DOM 树

6）<title>节点拥有一个子节点：文本节点“DOM 教程”。

7）<h1>和<p>节点是同胞节点，同时也是<body>的子节点。

8）<head>元素是<html>元素的首个子节点。

9）<body>元素是<html>元素的最后一个子节点。

10）<h1>元素是<body>元素的首个子节点。

11）<p>元素是<body>元素的最后一个子节点。

清晰地认识各个节点之间的关系后，就可以通过相应的关系访问其中的每个节点，也允许使用不同的方法访问同一个节点。

4.6.2 访问方法

HTML DOM 方法是可以在节点（HTML 元素）上执行的动作。一些常用的 HTML DOM 方法如下。

1）getElementById(id)：获取带有指定 ID 的节点（元素）。

2）appendChild(node)：插入新的子节点（元素）。

3）removeChild(node)：删除子节点（元素）。

其他一些常用的 DOM 方法见表 4-13。

表 4-13 HTML DOM 常用的方法

方法	描述
getElementById()	返回带有指定 ID 的元素
getElementsByTagName()	返回包含指定标签名称的所有元素的节点列表（集合/节点数组）
getElementsByClassName()	返回包含指定类名的所有元素的节点列表
querySelectorAll()	返回符合该 CSS 选择器的所有元素的节点列表，IE8 以下不适用
appendChild()	把新的子节点添加到指定节点
removeChild()	删除子节点
replaceChild()	替换子节点
insertBefore()	在指定的子节点前面插入新的子节点
createAttribute()	创建属性节点
createElement()	创建元素节点
createTextNode()	创建文本节点
getAttribute()	返回指定的属性值
setAttribute()	把指定属性设置或修改为指定的值

例如，以下代码实现了动态添加一个下拉框的功能。

```
<html>
<body>
    <p id="area"></p>
    <script>
        var e = document.createElement("select");  // 创建下拉框节点
        e.options[0] = new Option("加载项 1","");  // 添加选项
        e.options[1] = new Option("加载项 2","");
        // 添加下拉框
        document.getElementById("area").appendChild(e);
    </script>
</body>
</html>
```

上述代码使用了访问节点 getElementById()方法，在 DOM 中访问节点的主要方法有三种。

（1）getElementById()方法

getElementById()方法返回带有指定 ID 的元素，语法格式如下。

```
document.getElementById(ID);
```

其中，ID 为要查找的元素 ID 值，如果找到，则返回该元素的对象；如果没找到，则返回 undefined。

（2）getElementsByTagName()方法

getElementsByTagName()方法返回带有指定标签名的所有元素，语法格式如下。

```
document.getElementsByTagName(tagName);
```

其中，tagName 为要查找的标签名称，如果找到，则返回该标签的所有元素；如果没找到，则返回 undefined。

（3）getElementsByClassName()方法

getElementsByClassName()方法返回带有指定 class 样式名称的所有元素，语法格式如下。

```
document.getElementByClassName(className);
```

其中，className 为要查找的 CSS 样式类名称，如果找到，则返回具有该 class 的所有元素；如果没找到，则返回 undefined。

4.6.3 访问属性

属性是 HTML 元素预先定义好的标签，涉及 HTML 元素的外观、样式、文本、标签等方面的属性。通过元素属性的访问，可以实现客户端动态改变网页的效果。主要的公共属性有以下几种。

1．innerHTML

innerHTML 表示元素的内容，包含 HTML 标签。innerHTML 属性主要用于获取或替换 HTML 元素的内容。

例如，以下代码将会动态更换元素内容。

```
<!DOCTYPE html>
<html>
<head>
```

```
        <meta charset="utf-8">
    </head>
    <body>
        <p id="intro"> </p>
        <script>
        // 修改 p 标签中的文本内容
        document.getElementById("intro").innerHTML="早上好"; </script>
    </body>
    </html>
```

2．nodeName

nodeName 表示节点的标签名称，返回一个文本值。

例如，<div>节点的 nodeName 值为“div”。需要注意的是，文本节点的 nodeName 始终是#text，文档节点的 nodeName 始终是#document。

3．nodeValue

nodeValue 表示节点的值，返回一个文本值。元素节点的 nodeValue 是 undefined 或 null；文本节点的 nodeValue 是文本本身；属性节点的 nodeValue 是属性值。

4．nodeType

nodeType 表示节点类型，返回一个整型值。比较重要的节点类型见表 4-14。

表 4-14　重要的节点类型

元素类型	nodeType
元素	1
属性	2
文本	3
注释	8
文档	9

4.6.4　修改元素样式

通过 HTML DOM，可以访问 HTML 元素的样式对象，动态改变 HTML 元素的样式，这主要通过元素的 style 属性来完成。

使用的语法格式如下。

```
obj.style.样式名
```

参数说明：

1）obj，要访问或修改的对象名称。

2）样式名，要访问或修改的 CSS 样式名称，通常样式名符合驼峰命名法，是由其 CSS 样式名转换而来的。

例如，CSS 中字体大小的属性名为“font-size”，在 DOM 中访问的方法如下。

```
obj.style.fontSize = "12pt";
```

完整的示例代码如下。

```
<p id="p1">Hello world!</p>
<p id="p2">Hello world!</p>
```

```
<script>
    document.getElementById("p2").style.color="blue";
    document.getElementById("p2").style.fontFamily="Arial";
    document.getElementById("p2").style.fontSize="12pt";
</script>
```

4.7 JavaScript 事件

JavaScript 事件实质上是发生在 HTML 元素上的“事件”，例如鼠标单击或按下键盘上的按键。当在 HTML 页面中使用 JavaScript 时，可以应用 JavaScript 处理这些事件。

4.7.1 常用事件

HTML 通常需要处理一些事件，以下是一些典型的场景。

1）当用户单击鼠标时。

2）当网页已加载时。

3）当图片已加载时。

4）当鼠标移动到元素上时。

5）当输入字段被改变时。

6）当 HTML 表单被提交时。

7）当用户触发按键时。

这些事件都是 HTML 中的常用事件，可以通过 JavaScript 事件来处理，常用事件见表 4-15。

表 4-15 常用 JavaScript 事件

事件	描述
onclick	鼠标单击时触发事件
ondbclick	鼠标双击时触发事件
onmousedown	用户按下鼠标时触发事件
onmouseup	用户按下鼠标后松开鼠标时触发事件
onmouseover	鼠标移到某个对象上时触发事件
onmousemove	鼠标移动时触发事件
onmouseout	鼠标离开对象时触发事件
onkeypress	按下然后松开一个键时触发事件
onkeyup	松开一个键时触发事件
onkeydown	按下一个键时触发事件
onfocus	当某个元素获得焦点时触发事件
onblur	当某个元素失去焦点时触发事件
onchange	文本框内容（text、textarea、select、password 等对象）改变时触发事件
onselect	文本框内容被选中时触发事件
onerror	加载文件或图像发生错误时触发事件
onload	页面内容加载完成时触发事件
onunload	关闭窗口时触发事件
onresize	当窗口大小被调整时触发事件

（续）

事件	描述
onscroll	滚动条移动时触发事件
onhelp	按〈F1〉键或单击浏览器 Help 按钮时触发事件
onsubmit	一个表单被提交时触发事件
onreset	一个表单被重置时触发事件

1．onclick 事件

onclick 事件在 HTML 元素被鼠标单击时触发。使用的语法格式如下。

```
<ElementTag onclick="处理程序"></ElementTag>
```

参数说明：

1）ElementTag，元素标签。

2）处理程序，通常为某个已定义的 JavaScript 函数。

例如，以下代码为<div>标签添加 onclick 事件。

```
<div onclick="show()">显示元素</div>
<script>
    function show() {
        alert("单击了显示元素按钮");
    }
</script>
```

2．ondblclick 事件

ondblclick 事件在 HTML 元素被鼠标双击时触发，处理方式与 onclick 基本一致。

3．onload 与 onunload 事件

onload 与 onunload 事件通常在 HTML 页面加载或卸载完成后触发。

onload 事件在页面上所有元素都获取成功并在浏览器中加载完成后触发，可以理解为在页面上所有元素都成功显示后触发。因此，onload 事件通常用于为用户显示通知。

例如，以下代码实现了在网页加载成功后重新设置元素大小。

```
<head>
    <meta charset="utf-8">
    <title>Document</title>
    <style type="text/css">
        #box{
            width: 200px;
            height: 200px;
            background-color: red;
        }
    </style>
    <script type="text/javascript">
        window.onload=function(){ //定义 onload 事件处理程序
            document.getElementById("btn").onclick=function(){
                document.getElementById("box").style.width="400px";
                document.getElementById("box").style.height="400px";
            }
        }
```

```
        </script>
    </head>
    <body>
        <input type="button" name="btn" id="btn" value="确认">
        <div id="box"></div>
    </body>
```

需要注意的是，onload 事件建议使用上述方式“window.onload=function (){...}”来定义，这样可以避免元素在 onload 函数定义之前尚未出现而导致出错的情况。

onunload 事件在文档被完全卸载之后触发，只要用户从一个页面切换到另一个页面就会发生 onunload 事件。利用这个事件可以清除引用，避免内存泄漏。

例如，有以下代码。

```
<html>
    <head>
        <titile>Unload Event Example</title>
    </head>
    <body onunload = "alert('Unloaded!')">
    </body>
</html>
```

需要注意的是，onunload 在网页关闭时，很可能无法执行 alert 对话框，这是因为 onunload 事件不能阻止浏览器关闭或跳转，页面在跳转或关闭操作后，就无法再执行 alert 代码了。如果想要实现类似的效果，可以用 onbeforeunload 事件，该事件发生在 unload 之前，通过其 returnValue 可以阻止页面的跳转或关闭。

4．onchange 事件

onchange 事件在某个元素的值发生变化时触发。通常可以在文本输入框或下拉框选项发生变化时，进行相应的处理。

例如，以下代码为某个文本输入框的值变化事件添加处理方法。

```
<input type="text" onchange="showText()">
<script>
    function showText() {
        alert("Text:" + this.value);
    }
</script>
```

需要注意的是，onchange()方法只会在该元素由获得焦点转向失去焦点状态时值发生了变化才会触发。如果正在修改该文本框的值，只要文本框未失去焦点，该事件也不会被触发。

5．onmouseover 和 onmouseout 事件

onmouseover 和 onmouseout 事件在鼠标移入或移出某个 HTML 元素的边框范围时触发，一般用于判断鼠标的位置状态。需要注意的是，这两个事件不需要鼠标单击，只需要鼠标移动到相应范围即可触发。

例如，有以下代码。

```
<body>
    <div onmouseover="mouseOn(this)" onmouseout="mouseOut(this)" >Mouse Over Me</div>
    <script>
```

```
    function mouseOn (obj)
    {
        obj.innerHTML="Thank You";
    }
    function mouseOut (obj)
    {
        obj.innerHTML="Mouse Over Me";
    }
</script>

</body>
</html>
```

上述代码定义了鼠标移入和移出事件，当鼠标移入到<div>标签范围内时触发 onmouseover 事件，移出时触发 onmouseout 事件。其中，this 参数表示该<div>对象。在相应函数中，可通过 obj 访问传入的 this，即<div>对象，从而实现相应属性的修改。

6．定时器事件

HTML 中除了预定义的一些人为操作事件外，还定义了定时器相关的事件，主要有倒计时事件和时间间隔事件，通过 Window 对象的 setTimeout()和 setInterval()方法进行处理。

（1）setTimeout()

setTimeout()是 Window 对象的方法，该方法用于在指定的毫秒数后调用函数或计算表达式。语法格式可以是以下两种。

```
window.setTimeout(要执行的代码, 等待的毫秒数)
// 或
window.setTimeout(JavaScript 函数, 等待的毫秒数, 参数列表)
```

参数说明：

1）要执行的代码，即等待时间到达后要执行的 JavaScript 代码，也可声明为函数的调用。

2）等待的毫秒数，倒计时的时长，单位为 ms。

3）参数列表，传给 JavaScript 函数的参数，可以是多个。

例如，设置等待 3 秒后修改显示内容的示例代码如下。

```
<p id="content"> 请等 3s!</p>
<script>
window.setTimeout("changeState()",3000 );
function changeState(){
    let content=document.getElementById('content');
    content.innerHTML="<div >3s 后显示我！ </div>";
}
</script>
```

也可以通过倒计时的嵌套调用，实现定时倒计时的效果，示例代码如下。

```
<input type="text" id="countDown" name="countDown" value="0">
<script>
    var counter = 0;
    function countSecond()
    {
```

```
            if(counter<20) {
                counter = counter +1;
                document.getElementById("countDown").value= counter;
                setTimeout("countSecond()", 1000);
            }
        }
        // 执行函数
        countSecond();
    </script>
```

上述代码在 counter<20 时会每秒执行一次 countSecond()函数，在 x≥20 时就会停止执行。

可以使用 clearTimeout(id)清除倒计时，其中的 id 是 setTimeout()方法的返回值，相当于定时器的 ID。

（2）setInterval()

使用 setInterval()方法可按照指定的周期（以毫秒计）来调用函数或计算表达式。

与 setTimeout()方法不同的是，setInterval()方法会不停地调用函数，直到 clearInterval()被调用或窗口被关闭。由 setInterval()返回的 ID 值可用作 clearInterval()方法的参数。该方法的使用语法格式如下。

```
window. setIntcrval (要执行的代码, 等待的毫秒数)
// 或
window. setInterval (JavaScript 函数, 等待的毫秒数, 参数列表)
```

参数说明：

1）要执行的代码，即时间间隔到达后要执行的 JavaScript 代码，也可声明为函数的调用。

2）等待的毫秒数，时间间隔，单位为 ms。

3）参数列表，传给 JavaScript 函数的参数，可以是多个。

例如，可以使用 setInterval()和 clearInterval()模拟进度条，示例代码如下。

```
function move() {
    var elem = document.getElementById("myBar");
    var width = 0;
    var id = setInterval(frame, 10);
    function frame() {
        if (width == 100) { // 如果宽度到 100%，就清除定时器
            clearInterval(id);
        }
        else {
            width++;    // 累加进度
            elem.style.width = width + '%';
        }
    }
}
```

4.7.2 事件监听机制

JavaScript 是一个事件驱动（event-driven）的语言，当浏览器载入网页开始读取后，虽然会马上读取 JavaScript 事件相关的代码，但是必须要等到“事件”被触发（如用户单击、按下按键等）

后，才会执行对应代码段。

DOM 事件流（event flow）是指“网页元素接收事件的顺序”。事件流可以分为两种机制。

1）事件捕获（event capturing）。

2）事件冒泡（event bubbling）。

当一个事件发生后，会在子元素和父元素之间传播（propagation），这种传播分为以下三个阶段。

1）捕获阶段：事件从 Window 对象自上而下向目标节点传播的阶段。

2）目标阶段：真正的目标节点正在处理事件的阶段。

3）冒泡阶段：事件从目标节点自下而上向 Window 对象传播的阶段。

1．事件捕获机制

事件捕获是指从启动事件的元素节点开始，逐层往下传递，即从当前节点所在的根元素开始，逐层向其子元素传递，直到最下层节点。

例如，有以下示例代码，如果单击<li>元素中的 input 按钮，则事件传播过程如图 4-13 所示。

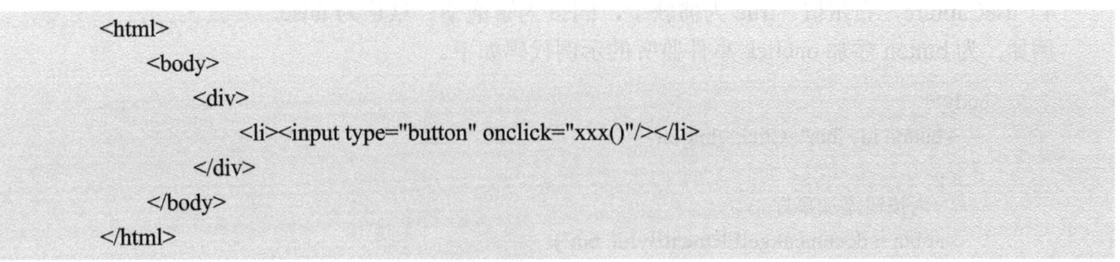

```
<html>
    <body>
        <div>
            <li><input type="button" onclick="xxx()"/></li>
        </div>
    </body>
</html>
```

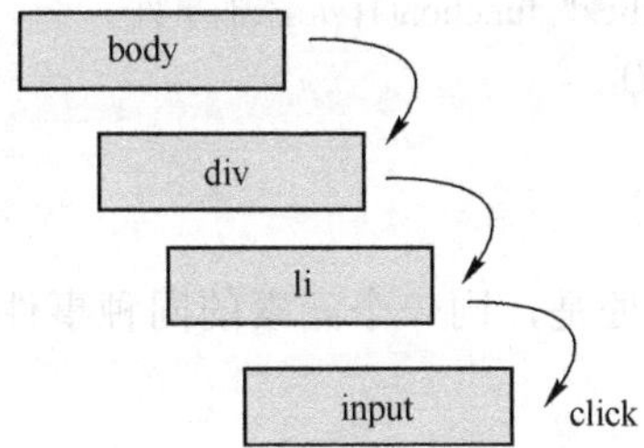

图 4-13　事件捕获机制的传递过程

上图中，示例传递的过程是，<body>元素先接收到该事件，然后是<div>元素，再是<li>元素，最后是<input>元素接收到该事件。

2．事件冒泡机制

事件冒泡机制与事件捕获机制正好相反，先由元素本身接收该事件，然后事件逐层向上传递，最后才是该元素的根元素接收到该事件。

例如，上述示例代码如果工作在事件冒泡机制下，其传播过程如图 4-14 所示。

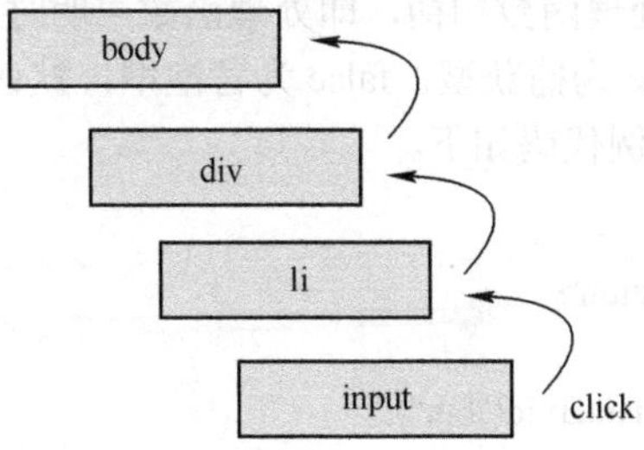

图 4-14　事件冒泡机制的传递过程

在实际中，两种机制均会执行，可以在程序中手动指定。

4.7.3 监听事件

JavaScript 中事件监听可以使用 addEventListener()方法来指定，使用 removeEventListener()方法来取消。

1．addEventListener()

addEventListener()方法可以为指定的 HTML 对象添加事件监听程序，使用的语法格式如下。

```
obj.addEventListener("事件名称", 处理函数, [useCapture]);
```

参数说明：

1）obj，要添加事件监听的对象。

2）事件名称，要监听的事件名称，必须是浏览器支持的。

3）处理函数，事件的处理函数。

4）useCapture，布尔值，true 为捕获型，false 为冒泡型，默认为 false。

例如，为 button 添加 onclick 事件监听的示例代码如下。

```
<body>
    <button id="btn">Click</button>
    ......
    // 为按钮添加事件
    var btn = document.getElementById("btn");
    btn.addEventListener("click", function(){ // 添加事件
        alert("单击了按钮");
    }, false);
</body>
```

使用这种方式注册事件的好处是，同一个元素的同种事件可以绑定多个函数，按照绑定顺序执行。

2．removeEventListener()

已添加的事件监听程序，可以通过 removeEventListener()方法移除。

removeEventListener()方法使用的语法格式如下。

```
obj.removeEventListener("事件名称", 处理函数句柄, [bool]);
```

参数说明：

1）obj，要添加事件监听的对象。

2）事件名称，要监听的事件名称，必须是浏览器支持的。

3）处理函数句柄，事件的处理函数句柄，即处理函数声明时的函数引用。

4）useCapture，布尔值，true 为捕获型，false 为冒泡型，默认为 false。

例如，要移除一个事件，示例代码如下。

```
......
<button id="btn">按钮</button>
......
var btn = document.getElementById("btn");
var clickHandler = function(){
    alert("单击了按钮");
```

```
};
var click2Handler = function() {
    alert("又单击了按钮");
}
// 添加了两个事件监听程序
btn.addEventListener('click', clickHandler, false);
btn.addEventListener('click', click2Handler, false);

// 移除 clickHandler
btn.removeEventListener('click', clickHandler, false);
```

4.8　JavaScript 综合案例——表单内容校验

本节将通过表单内容校验的实际案例，展示 JavaScript 在前端页面中的使用方式。具体需求如下：在图书信息添加页面中，用户单击“提交”按钮前，对页面上的必填字段项进行校验，如果有条件不符合要求，则提示该项条件不符的具体原因，并将输入焦点停留在字段项上；当所有条件都满足时，则可提交页面。

1）图书信息添加页面（book_add.html）中表单代码如下。

```
<form name="form1" action="book_add_do.jsp" method="post">
  <div class="form-container">
  <div class="form-line">
  <div class="form-title">图书名称：</div>
  <div class="form-input"><input type="text" name="book_name" id="book_name" class="input-elem bookname" placeholder="图书名称">
  <span class="required">*</span>
  </div>
</div>
<div class="form-line">
  <div class="form-title">ISBN：</div>
  <div class="form-input"><input type="text" name="book_no" id="book_no" class="input-elem" placeholder="13 位编码"><span class="required">*</span></div>
</div>
<div class="form-line">
  <div class="form-title">图书类别：</div>
  <div class="form-input">
    <select name="book_type">
      <option>基础科学</option>
      <option>青少年学习</option>
      <option>电子信息</option>
      <option>社会生活</option>
      <option>乡村振兴</option>
    </select>
  </div>
</div>
<div class="form-line">
  <div class="form-title">主编：</div>
```

```
            <div class="form-input"><input type="text" name="authors" id="authors" class="input-elem" placeholder=
"主编信息"><span class="required">*</span></div>
        </div>
        <div class="form-line">
            <div class="form-title">是否教材：</div>
            <div class="form-input">
                <input type="radio" name="is_textbook" value="1">是
                <input type="radio" name="is_textbook" value="0">否
                <span class="required">*</span>
            </div>
        </div>
        <div class="form-line">
            <div class="form-title">出版日期：</div>
            <div class="form-input" class="input-elem"><input type="date" name="create_date" id="create_date">
</div>
        </div>
        <div class="form-line">
            <div class="form-title">图书简介：</div>
            <div class="form-input">
            <textarea cols="50" rows="8"   name="desc"></textarea>
            </div>
        </div>
        <div class="form-line">
        <div class="button-group">
            <input type="button" onclick="check_submit()" class="button" value="提交" />
            <input type="reset" class="button" value="重置" />
        </div>
        </div>
        </table>
        </form>
```

2）表单提交事件触发，当单击表单下方的“提交”按钮时，触发对表单项的验证，因此，为该按钮添加 onclick 处理事件“check_submit()”，该方法的处理事件放在 book_add.js 文件中。具体代码如下。

```
        function check_submit() {
        var passed = true; // 是否所有检验项均通过

        // 对图书名称进行判断
        var bookName = document.getElementById("book_name");
        if (!bookName.value || bookName.value.length <= 5) {
            passed = false;
            alert("书名为必填项，且长度不小于 5 个字符！");
            bookName.focus();
        } else {
            // 对图书编号进行判断
            var isbn = document.getElementById("book_no");
            if (!isbn.value || (isbn.value.length < 13 || isbn.value.length > 13))
            {
```

```
        passed = false;
        alert("ISBN 号不能为空，且为 13 位数字");
        isbn.focus();
    } else {
        // 对图书主编进行判断
        var authors = document.getElementById("authors");
        if (!authors.value || authors.value.length < 3) {
            passed = false;
            alert("主编信息不能为空，至少 3 个字符！");
            authors.focus();
        } else {
            //对是否教材项进行判断
            var isTextbooks = document.getElementsByName("
             is_textbook");
            var result = false;
            //逐个单选项进行判断
            for(var obj of isTextbooks){
                result = result || obj.checked;
                // 逐个单选项是否勾选进行判断
            }
            if (!result) {
                passed = false;
                alert('请填写是否为教材！');
            }
        }
        }
    }

    if (!passed) {
        return false;
    } else {
        alert('所有检验项通过，表单成功提交！');
    }
}
```

最终显示效果如图 4-15 所示。

a) 图书名称检验不通过

b) 所有检验项通过

图 4-15　最终显示效果

思考题

（1）JavaScript 语言的主要特点有哪些？
（2）JavaScript 与 Java 有何异同点？
（3）JavaScript 的内置对象是什么？主要有哪些内置对象？
（4）什么是文档对象模型（DOM），其主要作用是什么？
（5）JavaScript 事件监听机制是指什么？

第 5 章　JSP 基础

Java Web 程序设计中页面开发的动态页面技术以 JSP 为主，由于 JSP 拥有灵活的 Java 代码嵌入方式以及与 HTML 的有机融合的优点，使其广泛应用于 Web 应用开发。本章主要介绍 JSP 基础语法、变量和方法的声明方式、常用的指令标签，以及 JSP 页面中相对路径与绝对路径的概念和访问方式。

5.1　JSP 简介

知识点视频 5-1
JSP 简介

JSP 全称 Java Server Pages，是一种动态网页开发技术。它使用 JSP 标签在 HTML 网页中插入 Java 代码，标签通常以“<%”开头，以“%>”结束。

JSP 是一种 Java Servlet，主要用于实现 Java Web 应用程序的用户界面部分。网页开发人员通过结合 HTML 代码、XHTML 代码、XML 元素以及嵌入 Java 代码块来编写 JSP。JSP 通过网页表单获取用户输入数据、访问数据库及其他数据源，然后动态地创建网页。

JSP 中支持访问 JavaBean 组件以实现特定功能，例如访问数据库、信息转换等，还可以在不同的网页中传递控制信息和数据对象。一个简单的 JSP 示例代码如下。

```
<%@ page language="java" contentType="text/html; charset=utf-8"%>
<html>
<head>
    <title>简单 JSP 示例</title>
</head>
<body>
    <h3>输出 Fibonacci 数列</h3>
    <div>
<%
    int a = 0, b = 1, c;
    for (int i = 0; i < 20; i++) {
        c = a + b;
        println("<b>" + c + "</b>");
    }
%>
    </div>
</body>
</html>
```

可以看到，JSP 页面由 HTML 页面与嵌入的 Java 代码组成。HTML 负责显示文本内容，Java 代码负责计算和处理，形成了最终的显示结果，如图 5-1 所示。

图 5-1　一个简单的 JSP 示例

5.1.1 JSP 语法

1. 脚本程序

JSP 页面主要使用脚本程序（即嵌入的 Java 代码）来完成相应的工作。脚本程序可以包含任意的 Java 语句、变量、方法或表达式，只要它们是有效的 Java 语句即可，每一行代码必须完全符合 Java 代码规范要求。

JSP 中的脚本程序必须包含在“<%”和“%>”之间，语法格式如下。

```
<% 代码片段 %>
//或
<%
  代码片段
%>
```

例如，要显示当前的服务器日期，可用如下代码。

```
今天是:<%out.println(new java.util.Date().toLocaleString());%>
```

或者使用如下代码。

```
<%
    java.util.Date today = new java.util.Date();
    out.println("今天是：" + today.toLocaleString());
%>
```

2. JSP 注释

JSP 中可以为代码添加注释，主要分为三种情况：HTML 注释、Java 注释、JSP 注释。具体见表 5-1。

表 5-1 JSP 中常用注释

注释方式	语法格式	说明
HTML 注释	<!-- 注释文本 -->	HTML 注释，通过浏览器查看网页源代码时可以看见注释内容
Java 注释	// Java 单行注释 /* Java 多行注释*/	Java 中的单行与多行注释，注释内容不会被发送至浏览器，也不会被编译
JSP 注释	<%-- JSP 注释 --%>	JSP 注释，注释内容不会被发送至浏览器，也不会被编译

例如，以下代码给出了三种注释方式。

```
<!-- 以下代码显示了当前系统时间（HTML 注释） -->
<%-- 代码释义（JSP 注释）：
    初始化日期对象
    使用 Date 获取系统日期
--%>
<%
    java.util.Date today = new java.util.Date();
    out.println("今天是：" + today.toLocaleString());
    // 以当前时区格式显示日期
%>
```

客户端浏览器中生成的 HTML 代码如图 5-2 所示。

```
<html>
<head>
    <title>JSP注释示例</title>
</head>
<body>
<h3>注释的使用</h3>
<div>
    <!-- 以下代码显示了当前系统时间（HTML注释） -->

    今天是：2021-11-21 12:26:56


</div>
</body>
</html>
```

图 5-2　JSP 生成的 HTML 代码示例

可以看到，除了 HTML 注释会原样显示在 HTML 代码中外，其他两种方式均不会显示，这是因为 Java 代码会在服务器端经过 JSP 容器进行编译、运行，产生相应的 HTML 代码。因此，输出的结果中不会包含任何 Java 相关内容。

3．JSP 表达式

JSP 中允许表达式的单独输出，可以将任何合法的 Java 表达式的值直接输出，使用的语法格式如下。

```
<%= 表达式 %>
```

表达式可以是任何符合 Java 语言规范的表达式，但不能使用分号来结束。JSP 容器会将该表达式转变为以下代码。

```
<% out.println(表达式); %>
```

这种方式的主要用途是输出某个变量和表达式的值。

以上面的日期输出为例，使用 JSP 表达式的代码如下。

```
<%
    java.util.Date today = new java.util.Date();
%>
今天是：<%=today.toLocaleString() %>    <!-- 以当前时区格式显示日期-->
```

5.1.2　变量和方法的声明

与 Java 一样，JSP 脚本程序中允许声明 Java 变量、常量与方法，一个变量必须要先声明才能使用，一个声明语句可以声明一个或多个变量，或一个方法，同一页面中后面位置的 JSP 脚本程序均可使用被声明的语句。

1．普通变量的声明

在脚本程序中可直接声明变量，这种方式声明的变量能被后续的代码直接使用。声明的语法格式如下。

```
<%
    DataType var;
%>
```

例如，以下代码声明了一个 area 变量，后面的代码中计算并输出了该变量的值。

```
<%
```

```
        float area;
        area = 3.14 * 10 * 10;   // 计算圆的面积
    %>
    圆的面积为：<%=area %>
```

2．类变量的声明

类变量的声明通过“<%！ %>”来实现，声明的语法格式如下。

```
    <%!
        DataType var1, var2;
    %>
```

例如，以下代码声明了一个计数器变量 counter，在后续的代码中进行累加并显示。

```
    <%!
        int counter = 0;
    %>
    计数器的值为：
    <%
        counter ++;
        out.println(counter);
    %>
```

与普通变量声明不同的是，这种方法声明的变量是类的成员变量，普通变量声明的是函数内的局部变量。上例中，当页面不断刷新时，counter 值会不断累加。如果换成普通变量的声明，则该 counter 值始终为 1。

3．方法的声明

JSP 页面中的方法声明通过“<%! %>”来实现，声明的语法格式如下。

```
    <%!
        float calcArea(float radius) {
            return 3.14 * radius * radius;
        }
    %>
```

使用时，只需要在同一页面的相应位置上调用即可。

```
    ......
    <div>半径为 10 的圆面积为：
    <%
        out.println( calcArea(10) );
    %>
```

需要注意的是，JSP 中声明的方法只能在同一页面中使用，不允许跨页面使用。

5.2 指令标签

知识点视频 5-2
指令标签

JSP 指令用来设置整个 JSP 页面相关的属性，如网页的编码方式和脚本语言。JSP 指令通过专门的指令标签定义，主要包含以下三种：page 指令、include 指令、taglib 指令。

5.2.1　page 指令

JSP 中的 page 指令用于向 JSP 容器提供与当前 JSP 页面相关的指令。可以在 JSP 页面的任何位置使用 page 指令进行编码。按照惯例，page 指令被编码在 JSP 页面的顶部。page 指令的基本语法格式如下。

```
<%@ page attribute="value" attribute2="value2"......%>
```

attribute 是 page 指令中定义的属性，涉及页面编码、引入外部包、内容格式等十多种特性，具体的属性及描述见表 5-2。

表 5-2　page 指令的属性及描述

属性	描述
buffer	指定 out 对象使用缓冲区的大小
autoFlush	控制 out 对象的缓冲区
contentType	指定当前 JSP 页面的 MIME 类型和字符编码
errorPage	指定当 JSP 页面发生异常时需要转向的错误处理页面
isErrorPage	指定当前页面是否可以作为另一个 JSP 页面的错误处理页面
extends	指定 Servlet 从哪一个类继承
import	导入要使用的 Java 类
info	定义 JSP 页面的描述信息
isThreadSafe	指定对 JSP 页面的访问是否为线程安全
language	定义 JSP 页面所用的脚本语言，默认是 Java
session	指定 JSP 页面是否使用 session
isELIgnored	指定是否执行 EL 表达式
isScriptingEnabled	确定脚本元素能否被使用

一个 page 指令中可以包含多个 attribute 属性及值，也可以在同一页面中编写多个 page 指令。page 指令常用的几个属性如下。

1．contentType 和 pageEncoding 属性

contentType 属性用于设置 Content-Type 响应报头，标明即将发送到客户程序的文档的 MIME 类型。pageEncoding 属性用于设置页面的编码字符集。通常，contentType 中包含了字符集的声明，如果只设置字符集，则可以通过 pageEncoding 声明。

两个属性的使用语法格式如下。

```
<%@ page contentType="MIME-Type; charset=Character-Set"    pageEncoding="Character-Set"%>
```

例如，常用的页面设置为 text/html，字符集为 utf-8，声明的语句如下。

```
<%@page contentType="text/html";charset="utf-8" pageEncoding="utf-8" %>
```

其中的 pageEncoding 可以省略。

2．import 属性

使用 page 指令的 import 属性可以指定 JSP 页面需要引入的外部包。通常，JSP 中 Java 程序除了默认引入 java.lang.*、javax.servlet.*、javax.servlet.jsp.*和 javax.servlet.http.*包外，其他需要使用的包或类都需要通过 import 指令引入。

import 属性使用的语法格式如下。

```
<%@ page import="package1.class1,   package2.class2,   package3.*, ......" %>
```

例如，页面中需要使用 java.util.Date 和 nchu.ss.util.*，引入指令如下。

```
<%@ page import="java.util.Date, nchu.ss.util.*" %>
```

3．errorPage 与 isErrorPage 属性

errorPage 属性用来指定一个 JSP 页面，由该页面来处理当前页面中抛出但未被捕获的任何异常（即类型为 Throwable 的对象）。它的应用方式如下。

```
<%@ page errorPage="Relative URL" %>
```

指定的异常处理页面可以通过 exception 变量访问抛出的异常。

例如，页面中要指定/error.jsp 为异常处理页面，声明的语句如下。

```
<%@ page errorPage="/error.jsp " %>
```

isErrorPage 属性表示当前页是否可以作为其他 JSP 页面的异常处理页面，取值为 true 或 false，默认为 false。如果某个页被指定为应用中的异常处理页面，则需要声明为 true。

4．buffer 和 autoFlush 属性

buffer 属性指定 out 对象使用的缓冲区的大小。使用的语法格式如下。

```
<%@ page buffer="size" %>
```

size 为指定的大小，可以指定为某个具体的值，如 buffer="32kb"，也可以指定为“none”。服务器实际使用的缓冲区可能比指定的值更大，但不会小于指定的值。例如，<%@ page buffer="32kb" %> 表示对文档的内容进行缓存，最小的大小为 32KB，缓存累积至 32KB 时输出。

这些属性可以综合在一个<%@page%>标签内，也可以分散在多个<%@page%>标签内，根据需要使用。

5.2.2 include 指令

JSP include 指令用于通知 JSP 引擎在翻译当前 JSP 页面时，将其他文件中的内容合并进当前 JSP 页面转换成的 Servlet 源文件中，这种在源文件级别进行引入的方式，称为静态引入，当前 JSP 页面与静态引入的文件紧密结合为一个 Servlet。这些文件可以是 JSP 页面、HTML 页面或是一段 Java 代码。使用的语法格式如下。

```
<%@ include file="relativeURL | absoluteURL" %>
```

其中的文件路径，可以是相对路径或绝对路径。

例如，有一段 js 文件引入的 JSP 文件 all_js.jsp，具体内容如下。

```
<script type="text/javascript" src="js/jquery-min.js"></script>
<script type="text/javascript" src="js/util.js"></script>
<script type="text/javascript" src="js/index.js"></script>
```

在 index.jsp 页面中，需要引入上述代码段，即通过 jsp:include 指令引入该 JSP 文件，具体代码如下。

```
<%@ page contentType="text/html;charset=utf-8" %>
<html>
<head>
```

```
        <jsp:include file="all_js.jsp" />
    </head>
    <body>
        <!--    正常业务内容   -->
    </body>
    </html>
```

由上述方式可以看到，通过 include 指令可以方便地实现代码共享，将可重用的代码封装为某个 JSP 文件，在业务页面中根据需要引用，这种方式可以提高代码的复用率与可维护性。

需要注意的是，include 指令是以静态方式包含文件，被包含文件将原封不动地插入 JSP 文件中。因此，在所包含的文件中不能使用<html></html>、<body></body>标记，否则会因为与原有的 JSP 文件有相同标记而产生错误。另外，因为原文件和被包含文件可以相互访问彼此定义的变量和方法，所以要避免变量和方法在命名上产生冲突。

有几种特殊情况需要说明。

1）file 属性只能指定被包含的文件，不支持任何变量或表达式，如下代码是错误的。

```
<% String f="top.html"; %>
<%@ include file="<%=f %>" %>
```

2）file 所指定的文件路径后不能接任何参数，如下代码也是错误的。

```
<%@ include file="top.jsp?name=zyf" %>
```

3）如果 file 属性值以“/”开头，将会以当前应用程序的根目录作为基础路径；如果不是以“/”开头，将以当前页面所在的目录为基础路径。

5.2.3 taglib 指令

JSP API 允许自定义 JSP 标签，如 HTML 或 XML 标签，标签库是一组实现自定义行为的用户定义标签。例如，Struts 标签库与 JSTL 标签库，均使用了 JSP 自定义标签，实现了一些特定语义的标签功能。

在自定义标签库中，可以把复杂的业务逻辑功能都封装在标签库中，而不必在 JSP 中写具体的代码，这样可以提高代码的封装性和可维护性。

JSP 中通过 taglib 指令声明 JSP 页面使用一组自定义标签，标识库的位置，并提供了在 JSP 页面中标识自定义标签的方法。taglib 指令的使用语法格式如下。

```
<%@ taglib uri="uri" prefix = "prefixOfTag" >
```

参数说明如下。

1）uri：自定义标签的完整 URI，是由第三方标签库定义的，如果是开发者定义的，则由开发者给出 URI，一般是唯一的。

2）prefixOfTag：自定义标签前缀，可以根据需要或业务特点命名，一般不宜过长。

使用第三方标签库包括两个步骤。

1）头部引入第三方标签库的地址，给出前缀 prefix。

2）在需要的位置调用第三方标签库中的标签，必须以 prefix 开头。

例如，在页面中使用 JSTL 标签库中的 out 标签示例代码如下。

```
<%@ page contentType="text/html;charset=utf-8"%>
<%@ taglib prefix="c" uri="http://java.sun.com/jsp/jstl/core" %>
```

```
<html>
<head>
    <meta charset="utf-8">
    <title>使用 JSTL 标签库示例</title>
</head>
<body>
<%
    java.util.Date curDate = new java.util.Date();
%>
当前系统时间：<c:out value="{curDate}" ></c:out>
</body>
```

JSP 允许开发人员根据需要自定义标签库，只需要遵循自定义标签库的规范即可，详细资料可查看自定义标签库相关内容。

5.3 相对路径与绝对路径

知识点视频 5-3 相对路径与绝对路径

5.3.1 Web 资源路径

Web 开发过程中，各种资源的定位和访问都必须指明其相应的路径，才能准确地访问该资源。路径通常可分为两类：相对路径与绝对路径。

1）相对路径，就是相对于当前文件的路径，当前文件所在的路径也通常称为基准路径，相对路径给出的是相对于这个基准路径的位置，与当前的位置密切相关。

2）绝对路径，就是资源在网站或存储中的绝对路径，也是访问资源时的确切位置，一般是指资源的完整路径或相对于网站根目录的路径，与当前的位置无关。

在使用路径时，通常会用到以下三种特殊路径符号，见表 5-3。

表 5-3 三种特殊路径符号

符号	含义	示例
./	当前目录	./home.jpg，访问当前目录下的 home.jpg 文件
../	上一级目录	../index.jsp，访问上一级目录下的 index.jsp 文件
/	网站根目录	/error.jsp，访问网站根目录下的 error.jsp 文件

以某网站为例来理解相对路径和绝对路径的表示方法，其主要结构如图 5-3 所示。

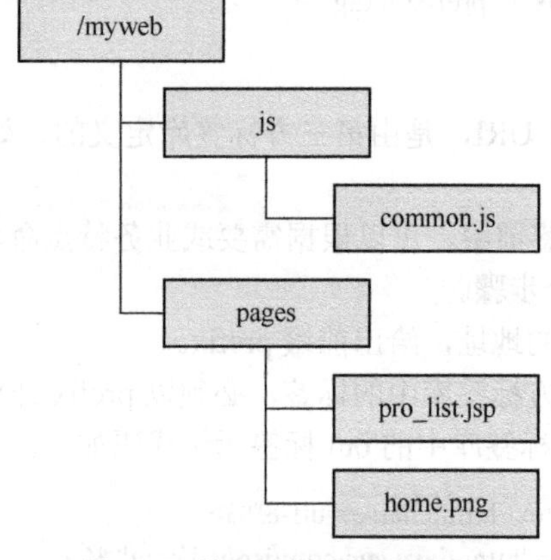

图 5-3 某网站的资源结构图

当前正在访问 pro_list.jsp，如果需要在 pro_list.jsp 中引用 js 目录下的 common.js 文件，可以使用两种方式来访问。

1）相对路径，基准路径为 pages 目录，具体写法如下。

```
<script type="text/javascript" src="../js/common.js"></script>
```

上例中，首先通过“../”向上一级，到/myweb 目录下，再访问 js 目录下的 common.js 文件。

2）绝对路径，可以直接使用“/”从网站的根目录开始访问，具体写法如下。

```
<script type="text/javascript" src="/myweb/js/common.js"></script>
```

“/”表示服务器的根目录，“myweb”是应用名称，其下是 js 目录中的 common.js 文件。

两种路径方式的优缺点如下。

1）相对路径的优点是不依赖于某个具体的位置，网页代码易维护、可重用性强；缺点是必须严格保证当前资源路径的正确性，否则容易导致资源访问出错。

2）绝对路径的优点是使用简单，不依赖于当前资源路径，网页代码可阅读性好；缺点是可重用性与可维护性不好，网页路径发生变化时需同步更新。

5.3.2 不同 Web 资源中的路径问题

无论是 Web 的静态网页还是动态网页，都存在路径访问问题。

1. 静态资源路径

静态资源路径主要是指访问 Web 项目中的静态资源（如图片、JavaScript、CSS、链接等资源）时，对路径的解析方式。静态资源访问时，通常相对路径都是基于当前路径，而绝对路径则是相对于整个服务器的基础地址。

例如，某网站的组织结构如图 5-4 所示。

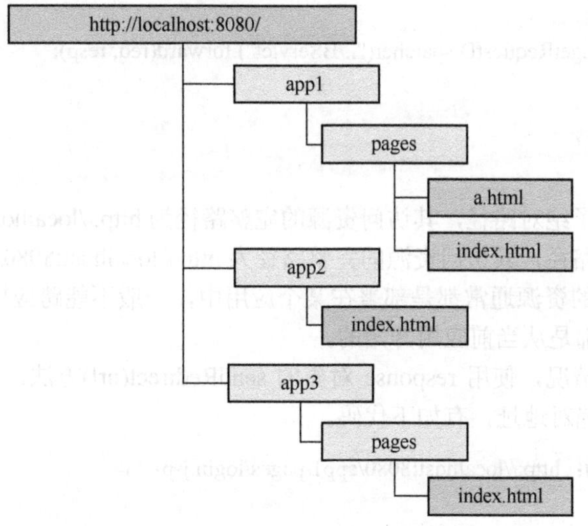

图 5-4　某网站的资源组织结构图

当前正在访问 http://localhost:8080/app1/pages/a.html 页面，如果该页面中有如下的链接或表单提交地址，则所对应的实际页面见表 5-4。

表 5-4 路径地址示例

代码	访问方式	实际访问资源
<a href="http://localhost:8080/app2/index.html">链接 1</a>	绝对路径	单击链接 1 将访问 app2/index.html
<a href="/app3/pages/index.html">链接 2</a>	绝对路径	单击链接 2 将访问 app3/pages/index.html
<a href="index.html">链接 3</a>	相对路径	单击链接 3 将访问 app1/pages/index.html
<form action="http://localhost:8080/app2/index.html "> <input type="submit" value="按钮 1"/> </form>	绝对路径	单击“按钮 1”将访问 app2/index.html
<form action="../../app2/index.html"> <input type="submit" value="按钮 2"/> </form>	相对路径	单击“按钮 2”将访问 app2/index.html

2．动态网页资源路径

动态资源路径主要指服务器中的资源路径，在 Java Web 开发中，服务器端的资源路径通常是 Servlet 中的资源路径。

服务器端的资源路径可以是相对路径或绝对路径。

1）相对路径：“./”与“../”均可使用，同样表示以当前位置为基准路径，访问当前目录下或上一级目录中的资源。

2）绝对路径：与静态资源不同，动态资源不能使用主机名、IP、端口等绝对资源位置，只能使用“/”开始的路径，表示从当前应用的根目录开始。

例如，Servlet 中转发请求时，有如下代码。

```
//当前服务器端位置：http://localhost:8080/app/servlet/work/AServlet，其中 app 为应用名称
public lass AServlet extends HttpServlet {
public void doGet(HttpServletRequest req, HttpServletResponse resp) throws ServletException, IOException{
    if (isValid == true)
        request.getRequestDispatcher("/BServlet").forward(req, resp);
    //位置 1
    else
        request.getRequestDispatcher("../BServlet").forward(req, resp);
    // 位置 2
}
}
```

其中，位置 1 使用了绝对路径，其访问资源的完整路径为 http://localhost:8080/app/BServlet。

位置 2 使用了相对路径，其访问资源的完整路径为 http://localhost:8080/app/servlet/BServlet。

这是由于服务器端的资源通常都是部署在某个应用中，一般不能跨应用访问，例如提交数据、转发请求，因此根路径都是从当前应用开始的。

然而存在一种特殊情况，使用 response 对象的 sendRedirect(url)方法，其中 url 参数可以是指向其他应用或网站资源的绝对地址，有如下代码。

```
<%--当前页面为：http://localhost:8080/app1/pages/login.jsp--%>
<%
    if (isLogin == true)
        response.sendRedirect("/app2/index.jsp");     //位置 1
    else
        response.sendRedirect("../../error.jsp?type=1"); //位置 2
%>
```

其中，位置 1 网页转向使用了绝对路径，这里的“/”表示整个服务器的根目录，即 http://localhost: 8080/，因此，实际访问的资源完整路径为 http://localhost:8080/app2/index.jsp。

位置 2 网页转向使用了相对路径，实际访问的是 http://localhost:8080/error.jsp。

这两个资源的访问都突破了原有的应用范围，这是因为 response.sendRedirect()方法仅仅是网页转向，将网页转向至另一个地址，转向后浏览器中的地址也会变成新资源的 URL。

思考题

（1）JSP 与 HTML 页面有何不同？

（2）JSP 中的相对路径与绝对路径是如何区分的？

（3）JSP 是如何运行的？

（4）JSP 中所写的代码会不会泄露到客户端？为什么？

第 6 章　JSP 内置对象

JSP 内置对象是 JSP 内置默认可访问的对象集合，覆盖了表单数据获取、响应信息设置、会话管理、应用上下文管理等多项功能，这些对象均由 Web 容器在页面初始化时自动创建，开发者可在页面代码编写过程中随时使用，极大提升了 JSP 页面开发效率和便捷性。本章重点介绍这些内置对象的基本概念、常用属性与方法、使用示例，以及综合案例——用户登录。

6.1　JSP 对象

6.1.1　内置对象

JSP 内置对象是 Web 容器创建的一组对象，是开发人员在进行 JSP 页面编程时，不需要使用 new 关键字进行实例化就可以使用的一组内置对象。由于这些对象是由容器在初始化时隐式创建的，因此，这些内置对象也称为 JSP 隐式对象。

JSP 中的内置对象有 out、request、response、session、application、config、pageContext、page、exception，具体的职责与对应的类见表 6-1。

表 6-1　JSP 内置对象信息

对象名称	对应的类	描述
out	javax.servlet.jsp.JspWriter	页面输出对象
request	javax.servlet.http.HttpServletRequest	得到用户请求信息
response	javax.servlet.http.HttpServletResponse	服务器向客户端响应信息
session	javax.servlet.http.HttpSession	用来保存每个用户信息
application	javax.servlet.ServletContext	在所有用户间共享信息
config	javax.servlet.ServletConfig	服务器配置信息
pageContext	javax.servlet.jsp.PageContext	JSP 页面容器
page	当前 JSP 编译生成的类	相当于 this
exception	java.io.Exception	JSP 页面的异常对象

这些内置对象具有以下特点。

1）由 JSP 容器提供实例化，程序开发人员无需实例化即可使用。

2）由 JSP 容器管理其生命周期，创建和销毁。

3）所有的 JSP 页面均可使用这些内置对象。

4）只有在脚本元素的表达式或代码段中才可使用（<%=使用内置对象%>或<%使用内置对象%>）。

以登录页面为例，用户在 login.jsp 页面提交账号和密码之后，验证页面 check.jsp 中先获取用户所填写的参数，然后判断参数正确与否并显示相应的输出，check.jsp 页面主要代码如下。

```
//设置请求字符的编码格式
request.setCharacterEncoding("utf-8");
```

```
//获取 login.jsp 页面表单元素的值，参数名称和表单元素名称一致
String sname = request.getParameter("sname");
String passwd = request.getParameter("passwd");

if (sname != null && !sname.equals("") && passwd != null && !passwd.equals("")){
    out.println("登录成功！"+"<br>");
    out.println("账号："+sname+"<br>");
    out.println("密码："+passwd+"<br>");
}
else{
    out.println("登录失败！");
}
```

6.1.2　内置对象的生成

JSP 页面在被客户端请求时，容器首先判断该 JSP 页面是否为第一次访问，如果是第一次，则初始化该 JSP 页面，即生成 JSP 页面的 Java 文件，编译为 class，然后执行这个 class 文件，产生响应后的 HTML 代码，返回给客户端。

这个过程中，生成的 JSP 文件本质上是一个 Java 文件，继承自 org.apache.jasper.runtime.HttpJspBase 类，主要由_jspInit()、_jspDestroy 和_jspService 三个方法组成，示例代码如下。

```
public final class index_jsp extends org.apache.jasper.runtime.HttpJspBase
  implements org.apache.jasper.runtime.JspSourceDependent,
             org.apache.jasper.runtime.JspSourceImports {
    ......
    public void _jspInit() {
    }

    public void _jspDestroy() {
    }

    public void _jspService(......) {
        final javax.servlet.jsp.PageContext pageContext;
        javax.servlet.http.HttpSession session = null;
        final javax.servlet.ServletContext application;
        final javax.servlet.ServletConfig config;
        javax.servlet.jsp.JspWriter out = null;
        final java.lang.Object page = this;
        javax.servlet.jsp.JspWriter _jspx_out = null;

    try {
        ......
    }
}
```

由上述代码可以看到，这些内置对象在_jspService 方法中创建，即 JSP 页面开始响应客户端请求时，先创建这些内置对象，然后执行页面中的 Java 代码，完成页面逻辑，生成响应结果，返回给客户端。

6.2　out 对象

知识点视频 6-1
out 对象

6.2.1　out 简介

out 是 javax.servlet.jsp.JspWriter 类的实例化对象，主要功能是完成页面的输出操作，即使用 println()或 print()方法将计算结果和从数据库中获取的数值输出到网页上，形成最终返回给客户端的 HTML 代码。

out 对象主要的方法与描述见表 6-2。

表 6-2　out 对象主要的方法与描述

方法	描述
public void println()	向客户端打印字符串，带"\n"
public void print()	向客户端打印字符串
public void clear()	清除缓冲区的内容，如果在 flush 之后调用会抛出异常
public void clearBuffer()	清除缓冲区的内容，如果在 flush 之后调用不会抛出异常
public void flush()	将缓冲区内容输出到客户端
public int getBufferSize()	返回缓冲区以字节数的大小，如果不设缓冲区则为 0
public boolean isAutoFlush()	返回缓冲区满时，是自动清空还是抛出异常
public void close()	关闭输出流

实际上，out 对象是向缓冲区输出结果，并且管理应用服务器上的输出缓冲区。在使用 out 对象输出数据时，可以对数据缓冲区进行操作，及时清除缓冲区中的剩余数据。待数据输出完毕后，要及时关闭输出流。通过调用 out 对象的 clear()方法可以清除缓冲区的内容，类似于重置响应流，以便重新开始操作。如果响应已经提交，则会产生 IOException 异常。此外，out 对象还提供了另一种清除缓冲区内容的方法，就是 clearBuffer()方法，通过该方法可以清除缓冲区的"当前"内容，而且即使内容已经提交给客户端，也能够访问该方法。

6.2.2　out 使用示例

out 对象通常使用 out.println()或 out.print()输出文本信息。直接输出时，可采用"<%=xxx%>"方式替代。

例如，要输出"hello world"，可使用下面两种方式，示例代码如下。

```
<div>
    <% out.println("hello world"); %> <!-- 采用 out.println()输出 -->
</div>
<!-- 等同于下面这种方式-->
<div>
    <%="hello world" %> <!-- 采用<%=   %>输出 -->
</div>
```

下面以杨辉三角为例，展示如何使用 out 对象结合 HTML 标签进行输出，如图 6-1 所示。

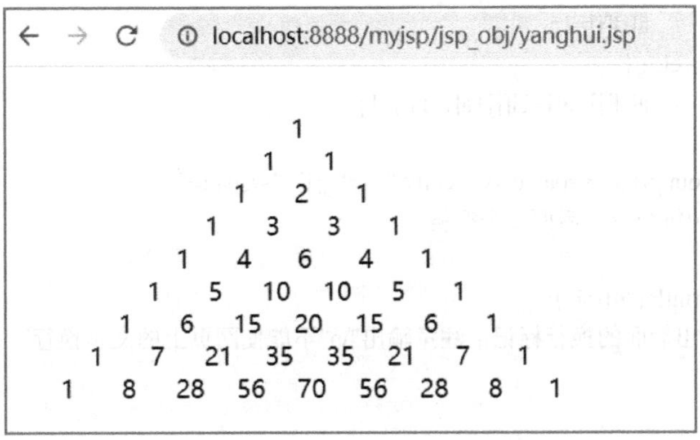

图 6-1　out 对象使用示例

输出的主要思路如下。

1）指定 n 行，循环 n 次，每次输出其中的一行。

2）采用一个二维数组存储杨辉三角的值。

3）在处理每一行时，先输出每一行前面的空格（由于 HTML 会将连续的“ ”看成一个，所以此处使用 字符）。

4）计算每行中的杨辉三角数值，然后输出该数值。

5）输出换行符（由于 HTML 不会输出“\n”，因此采用
进行换行）。

完整的示例代码如下。

```
<%@ page contentType="text/html;charset=utf-8"%>
<!DOCTYPE html>
<html>
<head>
    <meta charset="utf-8">
    <title>输出杨辉三角</title>
    <style>
        .cell {display:inline-block; width:40px; text-align: center;}
    </style>
</head>
<body>
<%!
    int n=10; // 以 10 为例
    int[][] a = new int [n][n];
    int i,j;
%>
<%
        for(i=0;i<n;i++){ // 循环 n 次，输出 n 行
        // 输出前导空格
        for (j=0; j < n-i; j++)
            out.print("    ");
        // 计算输出数字
        for(j=0; j<i; j++){
            if(i==0 || j==0 || i==j)
            {
```

```
                a[i][j]=1;
            } else {
                a[i][j]=a[i-1][j]+a[i-1][j-1];
            }
            out.print("<span class='cell'>" + a[i][j]+"</span>");
            //每个数字后面 2 个空格
        }
        out.println("<br>");
        // 输出后面的换行标记，注意输出"\n"不能使网页上的文本换行
    }
%>
</body>
</html>
```

上例中输出每个元素时，采用了<span>元素进行包装，目的是对显示宽度进行精准控制，可以在<head>部分进行 CSS 设置。

6.3 request 对象

知识点视频 6-2
request 对象

6.3.1 request 简介

request 对象是 javax.servlet.http.HttpServletRequest 类的实例。每当客户端请求一个 JSP 页面时，JSP 引擎就会制造一个新的 request 对象来代表这个请求。请求中一般包含了请求所需的参数值或者信息，因此，可以通过 request 来获取客户端和服务器端的信息，如传递参数名和参数值、IP 地址、应用系统名、服务器主机名等。

request 对象常用方法见表 6-3。

表 6-3　request 对象常用方法

Cookie[] getCookies()	返回客户端所有的 cookie 数组
Enumeration getAttributeNames()	返回 request 对象的所有属性名称的集合
Enumeration getHeaderNames()	返回所有 HTTP 头的名称集合
Enumeration getParameterNames()	返回请求中所有参数的集合
HttpSession getSession()	返回 request 对应的 session 对象，如果没有，则创建一个
Object getAttribute(String name)	返回名称为 name 的属性值，如果不存在则返回 null
String getParameter(String name)	返回此 request 中 name 指定的参数，如果不存在则返回 null
String[] getParameterValues(String name)	返回指定名称的参数的所有值，如果不存在则返回 null
String getHeader(String name)	返回 name 指定的信息头
String getProtocol()	返回此 request 所使用的协议名和版本
String getContextPath()	返回 request URI 中指明的上下文路径
String getRemoteAddr()	返回客户端的 IP 地址
String getRequestURI()	返回 request 的 URI
int getContentLength()	返回 request 主体所包含的字节数，如果未知则返回-1

request 对象的主要作用体现在以下两个方面。

1）获取请求中的参数值，主要通过 request.getParameter(paramName)和 request.getParameterValues(paramName)按参数名称获取，前者为获取单个值，后者通常用于获取多个值，如多选框 checkbox 选中的值。请求中的参数值通过映射表的形式存储，即 key-value 对，key 为参数名称，对应表单元素的 name 或请求 URL 中的参数名称，value 为该参数的值。

2）获取请求中的请求头参数（Headers），主要通过 request.getHeader(paramName)获取，请求头是 HTTP 规定的必要内容，通常用于标识该请求的一些相应设置，一些主要的请求头参数及含义见表 6-4。

表 6-4　主要的 request Headers 参数

请求头参数	描述
Accept	指定浏览器或其他客户端可以处理的 MIME 类型，它的值通常为 image/png 或 image/jpeg
Accept-Charset	指定浏览器要使用的字符集，例如 utf-8
Accept-Encoding	指定编码类型，它的值通常为 gzip 或 compress
Accept-Language	指定客户端首选语言，Servlet 会优先返回以当前语言构成的结果集，如果 Servlet 支持这种语言的话，例如 en、en-us、ru 等
Authorization	在访问受密码保护的网页时识别不同的用户
Connection	表明客户端是否可以处理 HTTP 持久连接，持久连接允许客户端或浏览器在一个请求中获取多个文件，Keep-Alive 表示启用持久连接
Content-Length	仅适用于 post 请求，表示 post 数据的字节数
Cookie	返回先前发送给浏览器的 cookies 至服务器
Host	指出原始 URL 中的主机名和端口号
If-Modified-Since	表明只有当网页在指定的日期被修改后客户端才需要这个网页，服务器发送 304 码给客户端，表示没有更新的资源
If-Unmodified-Since	与 If-Modified-Since 相反，只有文档在指定日期后仍未被修改过，操作才会成功

客户端浏览器中可查看具体的请求头信息，示例如图 6-2 所示。

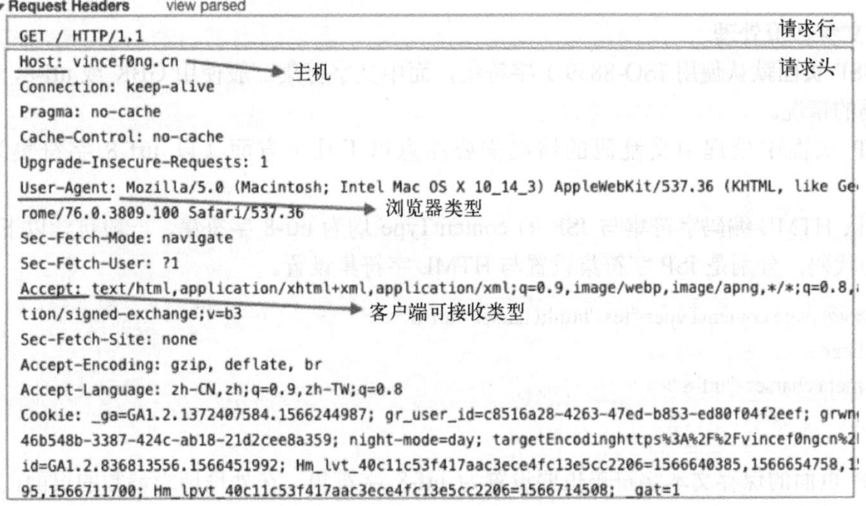

图 6-2　请求头信息示例

6.3.2 request 请求处理

1．访问请求参数

当客户端通过超链接的形式发送请求时，可以为该请求传递参数，通过在超链接的后面加上问号“?”来实现。如果要同时指定多个参数，各参数间使用与符号“&”分隔即可。需要注意的是，“?”和“&”均为英文半角的符号。

例如，页面上有一个查看商品的链接，代码如下。

```
<a href="detail.jsp?id=3320183901&from_module=22">查看商品</a>
```

在 detail.jsp 页面中，可通过 request.getParameter()方法获取这两个参数，代码如下。

```
<%
    String id = request.getParameter("id");
    String module = request.getParameter("from_module");
%>
```

注意：通过 request.getParameter()方法获取的参数值均为字符串，使用时根据需要进行转换，这是因为通过 HTTP 传递时都是通过文本字符进行传递的。

2．get 与 post 请求

通过 form 表单方式传递参数时，有个非常重要的属性 method。method 有两个值，分别是 get 和 post。

1）get：以明文的方式通过 URL 提交数据，数据在 URL 中可以看到。提交的数据最多不超过 2KB。安全性较低但效率比 post 方式高，适合提交数据量不大、安全性不高的数据，如搜索、查询等功能。

2）post：将用户提交的信息封装在 HTML header 内。适合提交数据量大、安全性高的用户信息，如注册、修改、上传等功能。

post 方式一般仅发生在使用 form 表单提交且 method 设置为 post 时，其他情况均通过 get 方式传递参数。

3．中文参数值处理

由于 JSP 页面默认使用 ISO-8859-1 字符集，而中文字符集一般使用 GBK 或 utf-8，因此容易出现中文乱码的情况。

在 JSP 页面中处理中文乱码的情况需要注意以下几个方面（以 utf-8 字符集为例，GBK 亦然）。

1）确认 HTML 编码字符集与 JSP 的 contentType 均为 utf-8 字符集，一般包含以下两行字符集设置相关的代码，分别是 JSP 字符集设置与 HTML 字符集设置。

```
<%@ page contentType="text/html;charset= utf-8"%>
<head>
<meta charset="utf-8">
......
```

2）JSP 页面的保存文本字符集也要设置为 utf-8 字符集，在处理请求参数的页面，对获取到的中文参数值进行解码处理，一般有两种方法。

① 规定请求处理的字符集编码，示例代码如下。

```
request.setCharacterEncoding("utf-8");
```

```
String name = request.getParameter("item_name");
```

② 先获取参数值，再对参数进行字符集转码处理，示例代码如下。

```
String name=new String(request.getParameter("item_name" ).getBytes("ISO-8859-1"),"utf-8")
```

第二种方法的处理效果较好，广泛用于 JSP 页面的乱码处理。

4．设置 cookie

cookie 是存储的小段的文本信息，它是在网络服务器上生成并发送给浏览器的。通过使用 cookie 可以标识用户身份、记录用户名和密码、跟踪重复用户等。浏览器将 cookie 以 key/value 的形式保存到客户端的某个指定目录中。

通过 cookie 的 getCookies()方法可以获取所有 cookie 对象的集合；通过 getName()方法可以获取指定名称的 cookie；通过 getValue()方法可以获取 cookie 对象的值。

例如，客户端浏览器中想要记住用户名，就可以在服务器端使用 cookie 对象设置该值及生存期，在客户端可以调取该 cookie 值，在一定的时间内用户无需再次输入。

写入 cookie 页面的代码如下。

```
//写入 cookie 对象
String username = request.getParameter("username");
Cookie cookie = new Cookie("username",username);        //创建并实例化 cookie 对象
cookie.setMaxAge(60*60*24*7);                           //设置 cookie 有效期为 7 天
response.addCookie(cookie);                             //保存 cookie 对象
```

客户端页面读取 cookie 值的代码如下。

```
//读取 cookie 值
Cookie[] cookies = request.getCookies();                //从 request 中获取 cookie 对象的集合
String username = "";
if(cookies != null)
{
    //遍历 cookie 对象集合
    for(Cookie cookieItem : cookies)
    {
        if(cookieItem.getName().equals("username"))
        {
            username = cookieItem.getValue();           //读取 cookie 对象的值
        }
    }
}
......
用户名：<input type="text" name="username" value="<%=username%>">
```

6.3.3　request 使用示例

本小节以用户注册页面为例，展示 request 对象如何获取请求中的参数值。

用户在注册页面（ex_req.jsp）填写个人信息项，填写完成后提交至查看页面（ex_req_save.jsp）查看所填写的信息项。页面的运行效果如图 6-3 所示。

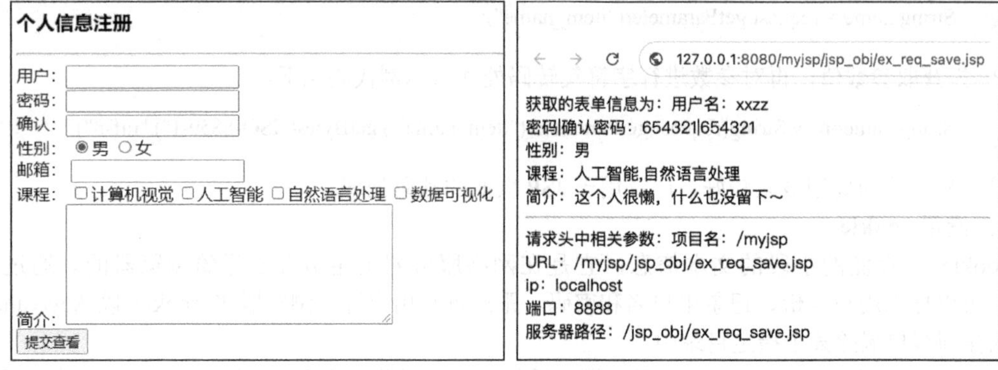

图 6-3 request 对象使用示例

注册页面（ex_req.jsp）的代码如下。

```
<%@ page language="java" import="java.util.*" pageEncoding= "utf-8"%>
<html>
<head>
    <meta charset="utf-8">
    <title>会员注册页面</title>
</head>
<body>
    <h3>个人信息注册</h3>
    <hr>
    <form action="ex_req_save.jsp" method="post">
        <div>
            用户：<input type="text" name="username">
        </div>
        <div>
            密码：<input type="password" name="password">
        </div>
        <div>
            确认：<input type="password" name="password2">
        </div>
        <div>
            性别：
            <input type="radio" name="sex" value="1" checked= "checked">男
            <input type="radio" name="sex" value="0">女
        </div>
        <div>
            邮箱：<input type="text" name="email">
        </div>
        <div>
            课程：
            <input type="checkbox" name="subject" value="0" />
            计算机视觉
            <input type="checkbox" name="subject" value="1" />
            人工智能
```

```
                <input type="checkbox" name="subject" value="2" />
                自然语言处理
                <input type="checkbox" name="subject" value="3" />
                数据可视化
            </div>
            <div>
                简介：<textarea name="intro" cols="60" rows="8">
                </textarea>
            </div>
            <div>
                <input type="submit" value="提交查看">
            </div>
        </form>
    </body>
    </html>
```

查看注册信息页面（ex_req_save.jsp）的代码如下。

```
    <%@ page language="java" import="java.util.*" pageEncoding="utf-8" %>
    <%@ page import="java.io.UnsupportedEncodingException" %>
    <html>
    <head>
        <meta charset="utf-8">
        <title>注册信息查看</title>
    </head>
    <%!
        /* 自定义函数，将字符串转码为中文 */
        public static String toCN(String str) {
            if (str == null)
              return str;
            try {
              str = new String(str.getBytes("iso-8859-1"), "utf-8");
            } catch (UnsupportedEncodingException e) {
              e.printStackTrace();
            }
            return str;
        }
    %>
    <body>
    <%
        //获取单个值使用 getParameter 方法
        String username = toCN(request.getParameter("username"));
        String password = request.getParameter("password");
        String password2 = request.getParameter("password2");
        String sex = request.getParameter("sex");
        String intro = toCN(request.getParameter("intro"));
        //获取多个值使用 getParameterValues 方法，返回值是字符串数组
        String[] subjects = request.getParameterValues("subject");
```

```
        if ("0".equals(sex.trim())) {
            sex = "女";
        } else {
            sex = "男";
            }
        for (int i = 0; i < subjects.length; i++) {
            if ("0".equals(subjects[i].trim())) {
                subjects[i] = "数学";
            } else if ("1".equals(subjects[i].trim())) {
                subjects[i] = "语文";
            } else if ("2".equals(subjects[i].trim())) {
                subjects[i] = "外语";
            }
        }
        //输出信息
        out.println("获取的表单信息为：");
        out.println("用户名：" + username + "<br>");
        out.println("密码|确认密码：" + password + "|" + password2 + "<br>");
        out.println("性别：" + sex + "<br>");
        out.print("课程：");
        for (int i = 0; i < subjects.length; i++)// 输出多门课程信息
            out.print(subjects[i] + ",");
        out.println("<br>");
        out.println("简介：" + intro + "<br>");
        out.println("<hr>");
        out.println("请求头中相关参数：");
        out.println ("项目名：" + request.getContextPath() + "<br>");
        out.println ("URL：" + request.getRequestURI() + "<br>");
        out.println ("ip：" + request.getServerName() + "<br>");
        out.println ("端口：" + request.getServerPort() + "<br>");
        out.println ("服务器路径：" + request.getServletPath() + "<br>");
%>
</body>
</html>
```

6.4 response 对象

知识点视频 6-3
response 对象

6.4.1 response 简介

response 对象用于响应客户请求，向客户端输出信息。response 对象属于 javax.servlet.http.HttpServletResponse 接口的实例，它封装了 JSP 产生的响应，并发送到客户端以响应客户端的请求。响应的数据可以是各种数据类型，甚至可以是文件。

当服务器创建 request 对象时，会同时创建用于响应这个客户端的 response 对象。response 对象的主要作用是对客户端的请求进行回应，将 Web 服务器处理后的结果返回给客户端。

response 对象除了将服务器端的计算结果页面返回给客户端外，还会响应 HTTP 状态信息和设置参数，典型的 HTTP 响应信息见表 6-5。

表 6-5　典型的 HTTP 响应信息

响应头	描述
Allow	指定服务器支持的 request 方法（如 get、post 等）
Cache-Control	指定响应文档能够被安全缓存的情况。通常取值为 public、private 或 no-cache 等。public 意味着文档可缓存，private 意味着文档只为单用户服务并且只能使用私有缓存，no-cache 意味着文档不被缓存
Connection	命令浏览器是否要使用持久的 HTTP 连接。close 值命令浏览器不使用持久 HTTP 连接，而 keep-alive 意味着使用持久连接
Content-Disposition	让浏览器要求用户将响应以给定的名称存储在磁盘中
Content-Encoding	指定传输时页面的编码规则
Content-Language	表明文档所使用的语言，比如 en、en-us、ru 等
Content-Length	表明响应的字节数，只有在浏览器使用持久的 HTTP 连接时才有用
Content-Type	表明文档使用的 MIME 类型
Expires	指明过期时间并从缓存中移除
Last-Modified	指明文档最后修改时间。客户端可以缓存文档并且在后续的请求中提供一个 If-Modified-Since 请求头
Location	在 300s 内，包含所有的有一个状态码的响应地址，浏览器会自动重连然后检索新文档
Refresh	指明浏览器每隔多久请求更新一次页面
Set-Cookie	指明当前页面对应的 cookie

一个 HTTP 的响应示例如图 6-4 所示。

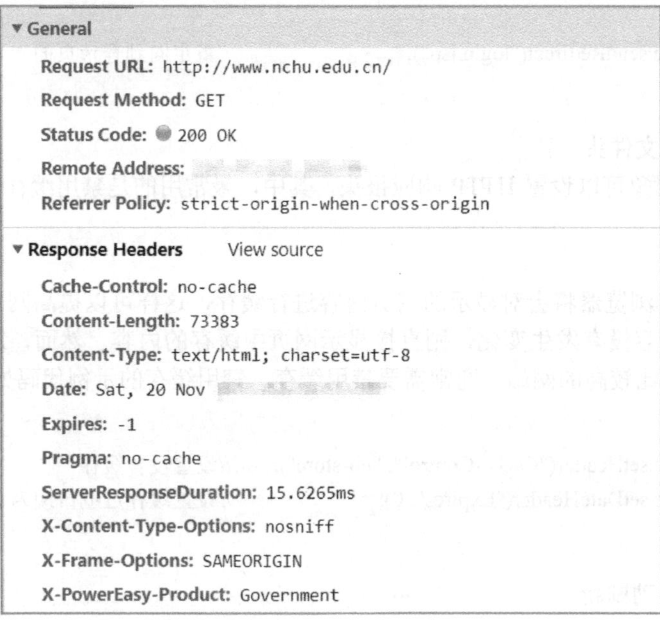

图 6-4　HTTP 的响应示例

response 对象的主要方法见表 6-6。

表 6-6 response 对象的主要方法

方法	描述
String encodeURL(String url)	将 URL 编码，回传包含 Session ID 的 URL
void addCookie(Cookie cookie)	添加指定的 cookie 至响应中
void addHeader(String name, String value)	添加指定名称的响应头和值
void reset()	清除任何缓存中的所有数据，包括状态码和各种响应头
void sendError(int sc, String msg)	使用指定的状态码和消息向客户端发送一个出错响应
void sendRedirect(String location)	使用指定的 URL 向客户端发送一个临时的间接响应
void setCharacterEncoding(String charset)	指定响应的编码集（MIME 字符集），如 utf-8
void setContentType(String type)	设置响应的内容的类型，如果响应还未被提交的话
void setHeader(String name, String value)	使用指定名称和值设置响应头的名称和内容

6.4.2 response 处理

1．重定向网页

使用 response 对象提供的 sendRedirect()方法可以将网页重定向到另一个页面。重定向操作支持将地址重定向到不同的应用，甚至是不同的主机/服务器上，这一点与 jsp:forward 转发不同。在客户端浏览器上将会得到跳转的地址，并重新发送请求链接，用户可以从浏览器的地址栏中看到跳转后的地址。进行重定向操作后，request 中的属性全部失效，并且重新创建一个新的 request 对象。

sendRedirect()方法的语法格式如下。

```
response.sendRedirect(String path);
```

参数说明：

path 用于指定目标路径，可以是相对路径，也可以是不同主机的其他 URL 地址。示例代码如下。

```
<%
    response.sendRedirect("login.jsp");                    //重定向到登录页面
%>
```

2．设置 HTTP 文件头

通过 response 对象可以设置 HTTP 响应报头，其中，最常用的是禁用缓存、设置页面自动刷新和设置定时跳转网页。

（1）禁用缓存

在默认情况下，浏览器将会对显示的网页内容进行缓存，这样可以提高网页的显示速度。如果客户端请求时页面内容没有发生变化，则直接显示网页中缓存的内容。然而，对于一些安全性要求比较高或实时性要求比较高的网站，通常需要禁用缓存。禁用缓存的示例代码如下。

```
<%
    response.setHeader("Cache-Control", "no-store");       //设置没有缓存
    response.setDateHeader("Expires", 0);                  //设置缓存过期日期为 0
%>
```

（2）设置页面自动刷新

通过设置 HTTP 头可以实现页面的自动刷新，即指定刷新间隔。网页每间隔一段时间会自动刷新，方便用户查看最新的网页信息。设置页面自动刷新的示例代码如下。

```
<%
```

```
    response.setHeader("refresh", "10");                    // 单位为 s
%>
```

（3）设置定时跳转网页

通过设置 HTTP 头可以实现定时跳转页面功能，即指定页面在一定的时间间隔后，自动跳转到指定的页面，通常可用于某些提示性文字或操作结果的展示。设置定时跳转网页的示例代码如下。

```
<%
    response.setHeader("refresh", "5;URL=login.jsp");    //单位为 s
%>
```

6.4.3 response 使用示例

以检验用户登录页面为例，接收用户填写的登录信息（用户名与密码），如果登录成功，则提示用户登录成功，跳转至系统首页（index.jsp）；如果登录失败，则提示登录失败的原因。完整的示例代码如下。

```
<%@ page contentType="text/html;charset=utf-8" language="java" %>
<html>
<head>
    <title>Title</title>
    <meta charset="utf-8">
</head>
<body>
<%
    String msg = null, url = null;
    // 获取输入的登录信息
    String username = request.getParameter("username");
    String password = request.getParameter("password");
    if (username == null || "".equals(username)) {
        msg = "用户名不能为空";
        url = "login.jsp";
    }
    else if (password == null || "".equals(password) || password.length() < 6) {
        msg = "密码不能为空或长度过短";
        url = "login.jsp";
    }
    else {
        msg = "登录成功，即将跳转至系统首页！";
        url = "index.jsp";
    }
    // 显示提示信息，设置 5s 后自动跳转
    out.println(msg);
    response.setHeader("refresh", "5;URL=" + url);
%>
</body>
</html>
```

6.5 session 对象

知识点视频 6-4
session 对象

6.5.1 session 简介

session 表示客户端与服务器的一次会话，是 javax.servlet.http.HttpSession 接口的实例化对象。Web 中，用户在浏览某个网站时，从进入网站到浏览器关闭所经过的这段时间，与用户相关的所有信息都被保存在 session 对象中。因此，JSP 中使用 session 对象存储与用户一次会话相关的所有信息。

HTTP 是一种无状态的协议（即不保存连接状态的协议），每次用户请求在接收到服务器的响应后，连接就关闭了，服务器端与客户端的连接被断开。此时，若用户在浏览器没有关闭时又发起请求，网站会因为连接断开而无法识别出该用户的情况。

为了弥补这一缺点，HTTP 提供了 session 对象。通过 session 对象，可以在应用程序的 Web 页面间进行跳转时保存用户的状态，使整个用户会话一直存在，直到关闭浏览器。但是，如果在一个会话中，客户端长时间不向服务器发出请求，session 对象就会自动消失。这个时间取决于服务器，例如，Tomcat 服务器默认为 30min，这个时长一般可以在服务器的配置文件中进行配置。

session 对象在第一个 JSP 页面被装载时自动创建，在该客户连接长时间内未操作自动注销，完成会话期管理。当用户在服务器的几个页面之间切换时，服务器通过 session 对象可以实现用户信息在不同页面间的共享。

session 对象的常用方法见表 6-7。

表 6-7 session 对象的常用方法

方法	描述
public Object getAttribute(String name)	返回 session 对象中与指定名称绑定的对象，如果不存在则返回 null
public Enumeration getAttributeNames()	返回 session 对象中所有的对象名称
public String getId()	返回 session 对象的 ID
public void invalidate()	将 session 对象无效化，解绑任何与该 session 对象绑定的对象
public boolean isNew()	返回是否为一个新的客户端，或者客户端是否拒绝加入 session 对象
public long getLastAccessedTime()	返回客户端最后访问的时间，以 ms 为单位，从 1970 年 1 月 1 日凌晨开始算起
public void removeAttribute(String name)	移除 session 对象中指定名称的对象
public void setAttribute(String name, Object value)	使用指定的名称和值来产生一个对象并绑定到 session 对象中
public void setMaxInactiveInterval(int interval)	用来指定时间，以 s 为单位，Servlet 容器将会在这段时间内保持会话有效

6.5.2 session 生命周期管理

session 的生命周期分为三个阶段，分别为创建、活动和销毁。

（1）创建

当客户端第一次访问某个 JSP 页面时，服务器会为当前会话创建一个 sessionID，每次客户端向服务端发送请求时，都会将此 sessionID 一并发送过去，服务端会对此 sessionID 进行校验。

（2）活动

当 session 创建后，客户端再访问其他页面都属于同一次会话。只要当前会话页面没有全部关闭，重新打开的新的浏览器窗口访问同一项目资源时，也属于同一次会话。只有本次会话的所有页面都关闭后再重新访问系统，才会创建新的会话。

（3）销毁

session 的销毁只有三种方式：明确调用 session.invalidate()方法、session 过期（超时）、服务器重新启动。这三种方式会使当前的会话清除。

Tomcat 的默认 session 超时时间为 30min，可以通过 session.setMaxInactiveInterval(time)方法设置某个 session 的超时时间，还可以通过 Web.xml 中配置参数“session-timeout”设置所有的 session 超时时间。配置的示例代码如下。

```
<!-- Web.xml-->
<session-config>
    //单位是 min
    <session-timeout> 10 </session-timeout>
</session-config>
```

6.5.3 session 使用示例

以一般系统中的用户会话验证和注销为例，通常在用户成功登录后，会将用户的信息写入到会话中。用户成功登录后写入到会话中的代码如下。

```
......
<%
    session.setAttribute("username", username);//将用户名写入到会话
    ......
%>
```

在后续的业务操作过程中，通常在关键页面进行业务逻辑处理前，需要先确定用户已登录且会话时间未过期，如果会话状态正常则继续处理业务逻辑，不正常则跳转至登录页面。主要的代码如下。

```
<%
    //获取会话信息
    String username = (String)session.getAttribute("username");
    Date lastAccessTime = new Date(session.getLastAccessedTime());
    Date curTime = new Date();
    long minuteDiff = (curTime.getTime()-lastAccessTime.getTime()) /(1000 * 60);
    //如果用户名不为空，则会话还在且与上次访问时间相差不超过 30min，则正常
    if (username != null && minuteDiff < 30) {
    } else {
        // 认为会话已超期，跳转到登录页面
        session.removeAttribute("username");
        session.invalidate();
        response.sendRedirect("/login.jsp");
    }
%>
```

系统通常还提供注销页面，即注销用户的登录状态，清空会话信息，主要代码如下。

```
// 清空 session 中的信息
Enumeration elem = session.getAttributeNames();
while (elem.hasMoreElements()) {
```

```
            String name = (String)elem.nextElement();
            session.removeAttribute(name);
      }
      session.invalidate();
      // 跳转至登录页面
      response.sendRedirect("/login.jsp");
```

6.6 application 对象

知识点视频 6-5
application 对象

6.6.1 application 简介

application 对象用于保存所有应用中的共享数据。它在服务器启动时自动创建，在服务器停止时销毁。当 application 对象没有被销毁时，所有用户都可以共享该 application 对象。与 session 对象相比，application 对象的生命周期更长，类似于系统的“全局变量”。

application 对象是 javax.servlet.ServletContext 接口的实例化对象。向 application 中添加的数据，该 Web 应用的所有 JSP 文件都能访问到这些属性，并且在用户间共享，在任何地方对 application 对象中的数据操作，都将影响到其他用户对此的访问。

application 对象的常用方法见表 6-8。

表 6-8　application 对象的常用方法

方法	描述
public void setAttribute(String name, Object value);	使用指定名称将对象绑定到此会话
public Object getAttribute(String name);	返回与此会话中的指定名称绑定在一起的对象，如果没有对象绑定在该名称下，则返回 null
Enumeration getAttributeName();	返回所有可用属性名的枚举
String setServerInfo();	返回 JSP（Servlet）引擎名及版本号
String getRealPath(String path);	得到虚拟路径对应的绝对路径
public String getContextPath();	得到当前的虚拟路径名称

application 对象的主要作用如下。

（1）应用内共享数据

通过 setAttribute()方法向 application 中添加数据，通过 getAttribute()方法从 application 中获取已添加的数据。需要注意的是，两个方法接收和返回的参数都是 object 类型，允许添加 Java 中的任何数据，包括自定义对象。

应用内共享数据的示例代码如下。

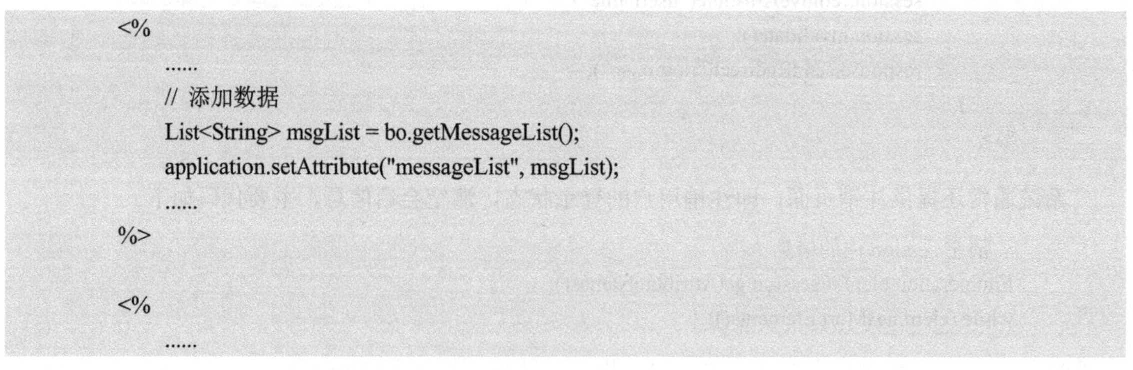

```
<%
      ......
      // 添加数据
      List<String> msgList = bo.getMessageList();
      application.setAttribute("messageList", msgList);
      ......
%>

<%
      ......
```

```
    // 从 application 中获取数据
    List<String> messageList = (List<String>)application. getAttribute("messageList");
    if (messageList != null) { // 要判断是否为空，因为可能还未添加
    }
%>
```

（2）访问应用程序初始化参数

application 对象提供了对应用程序初始化参数进行访问的方法。应用程序初始化参数在 web.xml 文件中进行设置，web.xml 文件位于 Web 应用所在目录下的 WEB-INF 子目录中，在 web.xml 文件中通过<context-param>标记配置应用程序初始化参数。

例如，在 web.xml 中存放了数据库连接所需要的 URL 和用户名信息，示例代码如下。

```
<!-- web.xml -->
......
<context-param>
    <param-name>url</param-name>
    <param-value>jdbc:mysql://localhost/book_db</param-value>
</context-param>
<context-param>
    <param-name>username</param-name>
    <param-value>user</param-value>
</context-param>
......
```

在访问数据库时，可通过以下代码获取这些参数。

```
......
// 通过参数名称获取单个参数
String url = application.getInitParameter("url");
String username = application.getInitParameter("username");
......
// 还可以通过参数枚举方法进行遍历
Enumeration<String> elems = application
                        .getInitParameterNames();   //获取全部初始化参数
while(elems.hasMoreElements())
{
    String name = elems.nextElement();                      //获取参数名
    String value = application.getInitParameter(name);     //获取参数值
    ......
}
```

6.6.2 application 使用示例

获取网站访问量统计是一个常见的功能，当页面被访问时，计数器加 1，然后显示在页面上，不同用户访问的次数会累计，计数值会显示在该页面上。

为实现这样的统计功能，需要记录用户的访问次数，而不同用户间的访问次数可累计，相当于这个访问是所有用户都可以进行，并进行累加。因此采用 application 对象存储访问次数，每个页面被访问时，取出该计数值，加 1 后再放回 application 中，实现的代码如下。

```
<%@ page language="java" contentType="text/html; charset=utf-8"%>
<html>
<head>
    <title>application 对象使用示例</title>
</head>
<body>
<%
    Integer counter = (Integer)application.getAttribute("counter");
    if( counter ==null || counter == 0 ){// 第一次访问
        out.println("欢迎访问本网页!");
        counter = 1;
    }else{ // 除第一次后所有访问
        out.println("欢迎再次访问本网页!");
        counter += 1;
    }
    application.setAttribute("counter", counter);
%>
<div>页面累计访问量为: <%= counter%></div>
</body>
</html>
```

6.7 其他对象

除了以上常用的一些 JSP 内置对象外，还有几个内置对象用于辅助处理页面初始化参数、上下文以及异常信息。

6.7.1 pageContext 对象

pageContext 对象是一个比较特殊的对象，用于获取页面上下文信息，通过它可以获取 JSP 页面的 request、response、session、out、exception 等对象。pageContext 对象的创建和初始化都是由容器来完成的。

pageContext 对象的常用方法见表 6-9。

表 6-9 pageContext 对象的常用方法

方法	描述
forward(String relativeUrlPath)	把页面转发给另一个页面
getAttribute(String name)	获取参数值
getAttributeNamesInScope(int scope)	获取某范围的参数名称的集合
getException()	获取 exception 对象
getRequest()	获取 request 对象
getResponse()	获取 response 对象
getSession()	获取 session 对象
getOut()	获取 out 对象
setAttribute(String name,Object value)	为指定范围内的属性设置属性值
removeAttribute(String name)	删除指定范围内的指定对象

需要注意的是，在实际 JSP 开发过程中很少使用 pageContext 对象，因为 request 和 response 等对象均为内置对象，可直接使用，无需再通过 pageContext 对象获取。

6.7.2　page 对象

page 对象代表 JSP 本身，只有在 JSP 页面内才是合法的。page 对象本质上是包含当前 Servlet 接口引用的变量，可以看作 this 关键字。

page 对象的常用方法见表 6-10。

表 6-10　page 对象的常用方法

方法	描述
getClass()	返回当前 Object 的类
hashCode()	返回该 Object 的哈希代码
toString()	把该 Object 类转换成字符串
equals(Object obj)	比较该对象和指定的对象是否相等

6.7.3　config 对象

config 对象主要用于获取服务器的配置信息，实现了 javax.servlet.ServletConfig 接口。当一个 Servlet 初始化时，容器把某些信息通过 config 对象传递给这个 Servlet。开发者可以在 web.xml 文件中为应用程序环境中的 Servlet 程序和 JSP 页面提供初始化参数。

config 对象的常用方法见表 6-11。

表 6-11　config 对象的常用方法

方法	描述
getServletContext()	获取 Servlet 上下文
getServletName()	获取 Servlet 服务器名
getInitParameter(String name)	获取服务器所有初始化参数名称
getInitParameterNames()	获取服务器中 name 参数的初始值

6.7.4　exception 对象

exception 对象用来处理 JSP 文件执行时发生的所有错误和异常，只有在 page 指令中设置 isErrorPage 属性值为 true 的页面中才可以使用。exception 对象几乎定义了所有异常情况，通常在 Java 程序中，可以使用 try...catch 关键字来处理异常情况，对于 JSP 页面，如果出现没有捕获的异常（即代码中没有使用 try...catch 进行捕获），就会生成 exception 对象，并把 exception 对象传送到 page 指令中定义的错误页面中，然后在错误页面中处理相应的 exception 对象。

exception 对象的常用方法见表 6-12。

表 6-12　exception 对象的常用方法

方法	描述
getMessage()	返回 exception 对象的异常信息字符串
getLocalizedMessage()	返回本地化的异常错误
toString()	返回关于异常错误的简单信息描述
fillInStackTrace()	重写异常错误的栈轨迹

例如，在某个业务页面指定了 errorPage 为 error.jsp，代码如下。

```
<%-- xxxx_busi.jsp--%>
<%@ page language="java" contentType="text/html; charset=utf-8"
    pageEncoding="utf-8" errorPage="error.jsp" %>
    ......
<%
    String str = null;
    out.println(str.trim());            //会抛出空指针异常 NullPointerException
%>
```

error.jsp 页面的代码如下。

```
<%@ page language="java" contentType="text/html; charset=utf-8" pageEncoding="utf-8" isErrorPage=
"true" %>
<!DOCTYPE html>
<html>
<head>
    <meta charset="utf-8">
    <title>错误处理页面</title>
</head>
<body>
    错误提示为：<%= exception.getMessage() %>
    错误的详细信息为：<%=exception.printStackTrace()%>
</body>
</html>
```

通过这种方式，可以指定所有页面的错误处理页面都是 error.jsp，再对 error.jsp 进行统一处理，提供一个友好的错误界面。

6.8 JSP 综合案例——用户登录

案例操作视频 6-6
用户登录

本节以用户登录页面为例，用户在登录页面（login.jsp）填写信息并提交到判断登录成功页面（check_login.jsp），成功则进入成功进入页面（index.jsp），失败则仍然在登录页面并显示错误信息。

登录页面（login.jsp）代码如下。

```
<%@ page language="java" contentType="text/html; charset=utf-8" pageEncoding="utf-8"%>
<!DOCTYPE html>
<html>
<head>
    <meta http-equiv="Content-Type" content="text/html; charset= utf-8">
    <title>系统登录</title>
<style>
    #info {color: red;}
</style>
</head>
```

```
<body>
    <h2>欢迎使用 xxx 管理信息系统</h2>
    <form name="form1" action="check_login.jsp">
    用户：<input type="text" name="user"><br>
    密码：<input type="password" name="pass"><br>
    类型：<select name="utype">
        <option value="1">用户</option>
        <option value="2">管理员</option>
        </select><br>
    <input type="submit" value="提交">
<div id="info">
<%
    String infoType = request.getParameter("info");
    if (infoType == null || "".equals(infoType)) {
        // 第一次进入页面，即正常登录，不显示
    } else if ("1".equals(infoType)) { // 返回的信息类型为 1
        out.println("用户名不存在，请核对！");
    } else if ("2".equals(infoType)) { // 返回的信息类型为 2
        out.println("密码不正确，请重新输入！");
    } else {
        out.println("未知错误！");
    }
%>
</div>
</form>
</body>
</html>
```

判断登录成功页面（check_login.jsp）代码如下。

```
<%@ page language="java" contentType="text/html; charset=utf-8" pageEncoding="utf-8"%>
<!DOCTYPE html PUBLIC "-//W3C//DTD HTML 4.01 Transitional//EN" "http://www.w3.org/TR/html4/loose.dtd">
<html>
<head>
    <meta http-equiv="Content-Type" content="text/html; charset= utf-8">
    <title>验证</title>
</head>
<body>
<%
    String u = request.getParameter("user");
    String p = request.getParameter("pass");
    String type = request.getParameter("utype");
    //判断用户名与密码是否有效
    if ("admin".equals(u) && "abc12".equals(p) && "2".equals (type)) { // 登录成功
        response.sendRedirect("index.jsp");
    } else if (!"admin".equals(u)) { // 用户名不存在
```

```
            response.sendRedirect("login.jsp?info=1");
        } else if ("admin".equals(u) && !"abc12".equals(p)) {
            // 密码不正确
            response.sendRedirect("login.jsp?info=2");
        }
    %>
</body>
</html>
```

成功进入页面（index.jsp）代码如下。

```
<%@ page language="java" contentType="text/html; charset=utf-8"
    pageEncoding="utf-8"%>
<%@ page import="java.util.*"%>
<!DOCTYPE html>
<html>
<head>
    <meta charset="utf-8">
    <title>页面</title>
</head>

<body>
    <%! int numbers = 0;%>
    <%!
      public synchronized void countPeople(){
          numbers++;
      }
    %>
    <%
      // 如果是新用户会话
      if(session.isNew()){
          countPeople();
          String str = String.valueOf(numbers);
          session.setAttribute("count",str);
      }
      // 更新 application 对象
      application.setAttribute(session.getId(),Integer.toString(numbers));
    %>
    <div>
    你的 sessionID 为<%=session.getId()%>
    你是第<%=(String)session.getAttribute("count")%>个访客。
    </div>
</body>
</html>
```

思考题

（1）JSP 内置对象是指什么？主要有哪些？

（2）request 对象的主要作用是什么？

（3）response 对象的主要作用是什么？

（4）session 对象的生命周期是什么样的？

（5）request 与 session 对象有何相同与不同点？

（6）JSP 中内置对象是如何产生的？

（7）JSP 页面中异常是如何处理的？

第 7 章　数据库操作 JDBC

数据库是业务系统中存储数据的重要组件。业务系统中，大多数功能操作主要围绕数据库中的数据读写访问展开，因此访问数据库也是 Java Web 中的核心功能。JDBC 是 Java EE 的关键技术之一，提供了数据库连接、数据增删改查、存储过程调用等访问技术，使得 Java Web 可按需自主访问数据库，实现各种业务功能。本章重点介绍 JDBC 的基本概念与主要组件、JDBC 访问数据库的总体过程与核心对象使用方法、JDBC 在实际中常用的分页与连接池原理和使用方法，以及综合案例——图书查询管理。

7.1　JDBC 简介

知识点视频 7-1
JDBC 简介

7.1.1　JDBC 概念

Java 数据库连接（Java DataBase Connectivity，JDBC）是一套 Java 语言编写的数据库连接标准的 Java API，用于 Java 程序访问数据库数据。从本质上看，JDBC 是一种规范，提供了一套完整的数据库访问接口，这些接口对程序员而言，无需了解具体实现细节即可访问数据库。

在 JDBC 之前，ODBC（Open DataBase Connectivity）是用于连接和执行数据库查询的数据库 API。但是，ODBC API 使用的是用 C 语言编写的 ODBC 驱动程序，依赖于平台且不安全。因此，Java 定义了专门的 JDBC API，使用 JDBC 驱动，进行数据库访问，使得 Java 程序不依赖于某个特定的平台，具有广泛的可移植性和兼容性。

7.1.2　JDBC 结构

JDBC 是连接数据库的一组套件，它有承上启下的作用，一方面，允许应用程序开发人员向数据库发送数据查询/操作语句（SQL 语句）；另一方面，连接不同厂商提供的数据库及驱动，允许数据库厂商提供自己的实现方式，将查询结果返回至上层应用程序。

JDBC API 支持两层和三层处理模型进行数据库访问，但一般的 JDBC 体系结构由两层组成。

1）JDBC API：提供了应用程序对 JDBC 的管理连接。

2）JDBC Driver API：支持 JDBC 管理到驱动器连接。

JDBC API 使用驱动程序管理器和数据库特定的驱动程序提供到不同数据库的透明连接。JDBC 驱动程序管理器可确保使用正确的驱动程序来访问每个数据源。该驱动程序管理器能够支持连接到多个异构数据库的多个并发的驱动程序。

JDBC 驱动结构如图 7-1 所示。

数据库厂商要支持 JDBC，必须在 JDBC 规范下实现其中规定的接口 API，使用自己的方式实现这些数据查询/操作接口，返回数据。这种具体的实现称为厂商的 JDBC 驱动程序。

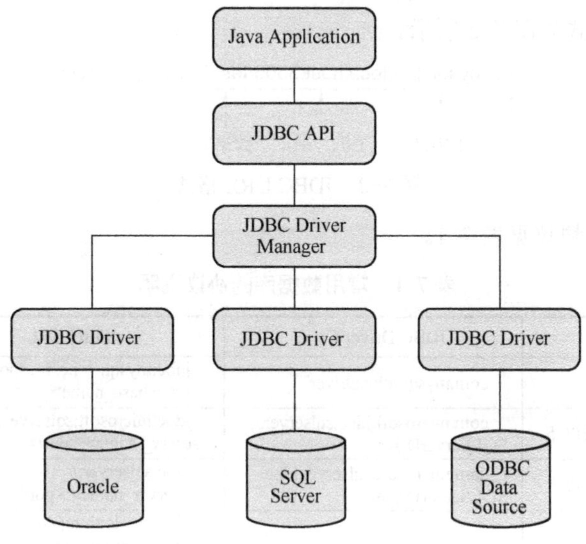

图 7-1　JDBC 驱动结构

7.1.3　JDBC API 主要组件

JDBC API 主要组件如下。

1．Driver 接口

Driver 接口由数据库厂商提供，对于 Java 应用开发人员，只需要使用 Driver 接口进行驱动的实例化。在编程中要连接数据库，必须先装载特定厂商的数据库驱动程序，不同的数据库有不同的装载方法。使用的语法格式如下。

```
class.forName("驱动器的主类完整名称");
```

参数说明：

驱动器的主类完整名称是指要使用的数据库厂商驱动程序主类名称。例如，class.forName("com.mysql.jdbc.Driver")，其中，com.mysql.jdbc.Driver 是 MySQL 数据库的驱动器主类名称。

常用的数据库及其驱动类名称见表 7-1。

需要注意的是，class.forName()方法是一种 Java 类实例化方法，与一般的 new 方法进行实例化不同的是，它是一种动态实例化方法，不需要预先导入这个主类，只需要在 classpath 中提供该类的 class 文件或 jar 包，然后由 JVM 在执行时动态地从 classpath 中加载该类并进行实例化，如果在 classpath 中找不到该类，则会抛出“ClassNotFoundException”异常。

2．DriverManager

DriverManager 类用来管理数据库驱动程序的列表。根据所提供的数据库连接协议 URL 以及初始化参数，建立与数据库的连接，如果操作成功，则返回 Connection 接口的一个实例，表明成功地建立了与指定数据库的连接。DriverManager 类使用的语法格式如下。

```
Connection DriverManager.getConnection(String url, String username, String password);
```

参数说明：

- url：与数据库连接的 URL，包含访问协议、数据库服务的地址与端口、连接参数等信息。
- username：用于数据库访问的用户名称。
- password：用于数据库访问的密码。

URL 协议的通常格式如图 7-2 所示。

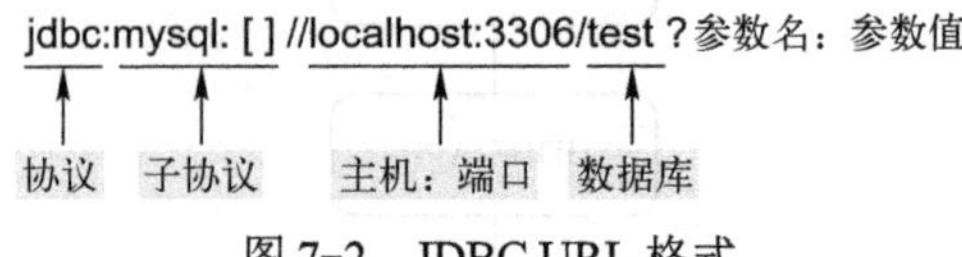

图 7-2　JDBC URL 格式

常用数据库的 URL 协议见表 7-1。

表 7-1　常用数据库的协议说明

数据库	JDBC Driver Class	JDBC URL	备注
MySQL Connector/J	com.mysql.jdbc.Driver	jdbc:mysql://<host>:<port>/<database_name>	默认端口 3306
Microsoft SQL Server 2000 及以下	com.microsoft.jdbc.sqlserver.SQLServerDriver	jdbc:microsoft:sqlserver://<server_name>:<port>	默认端口 1433
Microsoft SQL Server 2005 及以上	com.microsoft.sqlserver.jdbc.SQLServerDriver	jdbc:sqlserver://<server_name>:<port>	默认端口 1433
Oracle Thin JDBC	oracle.jdbc.driver.OracleDriver	jdbc:oracle:thin:@//<host>:<port>/ServiceName 或 jdbc:oracle:thin:@<host>:<port>:<SID>	—
IBM DB2	com.ibm.db2.jcc.DB2Driver	jdbc:db2://<host>[:<port>]/<database_name>	—
PostgreSQL	org.postgresql.Driver	jdbc:postgresql://<host>:<port>/<database_name>	默认端口 5432
H2	org.h2.Driver	jdbc:h2:~/<database_name>	—

7.2　JDBC 访问数据库

7.2.1　访问过程

通过 JDBC 访问数据库通常包含以下 6 个步骤。

（1）加载 JDBC 驱动程序

在连接数据库之前，首先要加载数据库驱动到 JVM 中，主要通过 java.lang.Class 类的静态方法 forName()实现。

例如：要访问 MySQL 数据库，加载其驱动类的代码如下。

```
try{//加载 MySQL 的驱动类
    Class.forName("com.mysql.jdbc.Driver");
    // 后续操作
}catch(ClassNotFoundException e){
    System.out.println("找不到驱动程序类，加载驱动失败！");
    e.printStackTrace() ;
}
```

（2）创建数据库的连接

成功加载 JDBC 驱动程序后，需要向 java.sql.DriverManager 请求并获得 Connection 对象，该对象就代表一个数据库的连接。

例如：访问 MySQL 数据库 testdb，用户名为 user，密码为 user666，创建连接的代码如下。

```
String url = "jdbc:mysql://localhost:3306/testdb" ;
String username = "user" ;
```

```
String password = "user666" ;
try{
    Connection con = DriverManager.getConnection(url , username , password ) ;
}catch(SQLException ex){
    System.out.println("数据库连接失败！");
    ex.printStackTrace() ;
}
```

（3）创建语句执行对象

创建数据库连接成功后，需要先创建一个 Statement 对象或其子类 PreparedStatement、CallableStatement，通过这个对象执行 SQL 语句。其中，Statement 类的对象用于执行静态 SQL 语句，PreparedStatement 类的对象用于执行动态 SQL 语句，CallableStatement 类的对象主要用于执行存储过程语句。详细的用法参见 7.2.3 节和 7.4 节。

例如，以 Statement 类为例，创建对象的代码如下。

```
Statement stmt = conn.createStatement();
```

（4）执行 SQL 语句

执行 SQL 语句主要通过 Statement 对象的 executeQuery()和 executeUpdate()方法，前者用于执行 select 的数据查询 SQL 语句，返回结果为符合查询条件的数据集 ResultSet 对象；后者用于执行 insert/update/delete 等数据操作 SQL 语句，返回结果为这些更新语句的影响行数。

例如，查询 order 表的 SQL 语句执行代码如下。

```
String sql = "select * from t_order order by id desc";
ResultSet rs = stmt.executeQuery(sql);
```

（5）访问结果集

对于数据查询的结果集对象，需要通过遍历的方法访问返回的结果。遍历主要通过 rs.next()方法，判断结果集是否有数据并继续向下移动，访问下一行数据。通过 rs.getxxx()方法获取具体字段值，其中“xxx”为要访问数据的类型名。

例如，输出订单表 t_order 的代码如下：

```
while (rs.next()) {
    System.out.println("id:" + rs.getInt("order_id"));
    System.out.println("address:" + rs.getString("address"));
    System.out.println("createTime:"+rs.getDate("create_time"));
    ......
}
```

（6）关闭连接资源

完成数据查询/更新操作以后，要关闭所有使用的 JDBC 对象，以释放 JDBC 资源。关闭的顺序和创建的顺序相反：先关闭 ResultSet，然后关闭 Statement 对象，最后关闭 Connection 对象。

例如，关闭连接资源的代码如下。

```
if(rs !=null){            // 关闭记录集对象
    try {
        rs.close();
    }catch (SQLException e) {
        e.printStackTrace();
```

```
            }
        }
        if(stmt !=null){          // 关闭语句执行对象
            try {
                stmt.close();
            }catch (SQLException e) {
                e.printStackTrace();
            }
        }
        if(conn !=null){          // 关闭连接对象
            try {
                conn.close();
            }catch (SQLException e) {
                e.printStackTrace();
            }
        }
```

上述写法是最完整的写法，因为关闭时都可能会抛出 SQLException 异常，导致中断，因此需要分别关闭，分别对每个关闭操作进行异常处理。因为 JSP 页面中自带异常处理对象，可以不需要显式地对这些关闭操作进行异常处理。

7.2.2 Connection

Connection 是一个接口，用于创建与特定数据库的连接（会话），连接成功后可在会话中访问和操作数据表。Connection 对象的常用方法见表 7-2。

表 7-2 Connection 对象的常用方法

方法	描述
void close()	立即释放此 Connection 对象的数据库和 JDBC 资源
void commit()	提交自上一次提交/回滚以来进行的所有更改，并释放此 Connection 对象当前保存的所有数据库锁定
Statement createStatement()	创建一个 Statement 对象
Statement createStatement(int resultSetType, int resultSetConcurrency)	用指定的参数创建一个 Statement 对象，resultSetType 表示数据集类型，枚举型变量，详细说明参见表 7-7；resultSetConcurrency 表示并发性，枚举型变量，详细说明参见表 7-8
Statement createStatement(int resultSetType, int resultSetConcurrency, int resultSetHoldability)	用指定的参数创建一个 Statement 对象，resultSetHoldability 表示在结果集提交后结果集是否保持打开，有两种取值：HOLD_CURSORS_OVER_COMMIT 表示保持打开，CLOSE_CURSORS_AT_COMMIT 表示会被关闭
DatabaseMetaData getMetaData()	获取 DatabaseMetaData 对象，该对象包含关于 Connection 对象连接到的数据库的元数据
boolean isClosed()	检索此 Connection 对象是否已经被关闭
boolean isReadOnly()	检索此 Connection 对象是否处于只读模式
CallableStatement prepareCall(String sql)	创建一个 CallableStatement 对象来调用数据库存储过程
CallableStatement prepareCall(String sql, int resultSetType, int resultSetConcurrency)	创建一个 CallableStatement 对象，该对象将生成具有给定类型和并发性的 ResultSet 对象
CallableStatement prepareCall(String sql, int resultSetType, int resultSetConcurrency, int resultSetHoldability)	创建一个 CallableStatement 对象，该对象将生成具有给定类型和并发性的 ResultSet 对象

（续）

方法	描述
PreparedStatement prepareStatement(String sql)	创建一个 PreparedStatement 对象来将参数化的 SQL 语句发送到数据库
PreparedStatement prepareStatement(String sql, int autoGeneratedKeys)	创建一个默认 PreparedStatement 对象，该对象能检索自动生成的键
PreparedStatement prepareStatement(String sql, int resultSetType, int resultSetConcurrency)	创建一个 PreparedStatement 对象，该对象将生成具有给定类型和并发性的 ResultSet 对象
PreparedStatement prepareStatement(String sql, int resultSetType, int resultSetConcurrency, int resultSetHoldability)	创建一个 PreparedStatement 对象，该对象将生成具有给定类型、并发性和可保存性的 ResultSet 对象
voidrollback()	取消在当前事务中进行的所有更改，并释放此 Connection 对象当前保存的所有数据库锁定
voidsetAutoCommit(boolean autoCommit)	将此连接的自动提交模式设置为给定状态
voidsetTransactionIsolation(int level)	将此 Connection 对象的事务隔离级别更改为给定的级别

默认情况下，Connection 对象处于自动提交模式，这意味着每个语句执行后都会自动提交更改。如果禁用自动提交模式，为了提交更改，必须显式调用 commit()方法，否则无法保存数据库更改。只有在手动模式下，才能使用事务的撤销 rollback()方法。

Connection 对象的常用方法是创建 Statement 类的对象，主要有 createStatement()、prepareStatement()与 prepareCall()三个方法，分别创建 Statement、PreparedStatement、CallableStatement 的对象，用于 SQL 语句的执行。

知识点视频 7-3
Statement

7.2.3 Statement

Statement 是 JDBC 用于执行 SQL 语句并返回它所生成结果的对象。Statement 本质上是一个接口，由各个数据库厂商负责具体的实现。考虑到不同的用途，Statement 额外有两个子接口：PreparedStatement 和 CallableStatement，分别负责执行动态 SQL 语句和存储过程语句。

1．Statement 接口

相比于 PreparedStatement 和 CallableStatement 接口，Statement 接口专门用于执行静态的 SQL 语句，即该语句在执行前已确定 SQL 语句，没有动态参数也无需动态传入。

Statement 接口常用的方法见表 7-3。

表 7-3　Statement 接口常用的方法

方法	描述
void addBatch(String sql)	将给定的 SQL 命令添加到此 Statement 对象的当前命令列表中
void clearBatch()	清空此 Statement 对象的当前 SQL 命令列表
void close()	立即释放此 Statement 对象的数据库和 JDBC 资源，而不是等待该对象自动关闭时发生此操作
boolean execute(String sql)	执行给定的 SQL 语句（该语句可能返回多个结果）
boolean execute(String sql, int autoGeneratedKeys)	执行给定的 SQL 语句（该语句可能返回多个结果），并通知驱动程序所有自动生成的键都应该可用于检索
int[] executeBatch()	将一批命令提交给数据库来执行，如果命令全部执行成功，则返回更新计数组成的数组
ResultSet executeQuery(String sql)	执行给定的 SQL 语句，该语句返回单个 ResultSet 对象
int executeUpdate(String sql)	执行给定的 SQL 语句，该语句可能为 INSERT、UPDATE 或 DELETE 语句，或者不返回任何内容的 SQL 语句（如 SQL DDL 语句）
void setQueryTimeout(int seconds)	将驱动程序等待 Statement 对象执行的秒数设置为给定秒数

在默认情况下，同一时间每个 Statement 对象只能打开一个 ResultSet 对象。因此，如果读取一个 ResultSet 对象与读取另一个 ResultSet 对象交叉，则这两个对象必须是由不同的 Statement 对象生成的。如果存在某个语句打开当前 ResultSet 对象，则 Statement 接口中的所有执行方法都会隐式关闭它。

2．PreparedStatement 接口

知识点视频 7-4 PreparedStatement 接口

PreparedStatement 表示预编译的 SQL 语句的对象，支持执行动态 SQL 语句，即 SQL 语句中的某些数据可以在执行时通过参数动态传入。

PreparedStatement 接口的实例化是通过 connection 对象的 prepareStatement(sql)方法实现的，其中 sql 为要执行的参数化 SQL 语句，参数可用“?”表示，支持多个参数，通过 PreparedStatement 对象的 setxxx(i, value)方法设置，“xxx”表示该参数的数据类型，这个数据类型必须与该字段数据库的数据类型一致；“i”表示第几个参数，从 1 开始计数；“value”表示要传入的数据。

一个简单的 PreparedStatement 使用示例代码如下。

```
try{
    String sql = "insert into t_order(user_id,count,total, address) values(?, ?, ?, ?)";
    PreparedStatement pstmt = conn.prepareStatement(sql);
    // obj 对象为传入的订单对象，已为每个属性赋予相应的值
    pstmt.setInt(1, obj.getUserId());              // 用户 ID(int)
    pstmt.setInt(2, obj.getCount());               // 订单物品数量(int)
    pstmt.setFloat(3, obj.getTotal());             // 订单总金额(float)
    pstmt.setString(4, obj.getAddress());          // 地址(varchar)
    int result = pstmt.executeUpdate();
    if (result > 0) {    // 如果插入成功
        ......
    }
}
```

由于 PreparedStatement 是 Statement 的子接口，因此会自动继承 Statement 接口的方法。此外，它还拥有一些独特的方法，具体见表 7-4。

表 7-4 PreparedStatement 的主要方法

方法	描述
ResultSet executeQuery()	在此 PreparedStatement 对象中执行 SQL 查询，并返回该查询生成的 ResultSet 对象
int executeUpdate()	在此 PreparedStatement 对象中执行 SQL 语句，该语句必须是一个 SQL INSERT、UPDATE 或 DELETE 语句；或者是什么都不返回的 SQL 语句，比如数据定义语句
void setBlob(int i, Blob x)	将指定参数设置为给定 Blob 对象
void setBoolean(int parameterIndex, boolean x)	将指定参数设置为给定 Java boolean 值
void setDate(int parameterIndex, Date x, Calendar cal)	使用给定的 Calendar 对象将指定参数设置为给定 java.sql.Date 值
void setDouble(int parameterIndex, double x)	将指定参数设置为给定 double 值
void setFloat(int parameterIndex, float x)	将指定参数设置为给定 float 值
void setInt(int parameterIndex, int x)	将指定参数设置为给定 int 值
void setLong(int parameterIndex, long x)	将指定参数设置为给定 long 值
void setShort(int parameterIndex, short x)	将指定参数设置为给定 short 值
void setString(int parameterIndex, String x)	将指定参数设置为给定 String 值
void setTimestamp(int parameterIndex, Timestamp x)	将指定参数设置为给定 sql.Timestamp 值

相比于 Statement，PreparedStatement 具有以下优势。

1）使用 PreparedStatement，代码的可读性和可维护性比 Statement 高。

2）PreparedStatement 能最大限度提高性能。DB 数据库引擎通常对预编译语句提供性能优化。因为预编译语句有可能被重复调用，所以可以把语句被 DBServer 的编译器编译后的执行代码缓存下来，在下次调用时遇到相同的预编译语句，只要将参数直接传入编译过的语句执行代码中就会得到执行。

3）PreparedStatement 能保证安全性，可以避免在使用 Statement 时 SQL 注入等安全问题。

3．CallableStatement 接口

CallableStatement 接口是专门用于访问数据库中的存储过程而设置的，通过创建该对象，传入存储过程的名称与所需参数，即可调用数据库中预先定义好的存储过程。如果使用结果参数，则必须将其注册为 OUT 型参数。其他参数可用于输入、输出或同时用于二者。参数是根据编号按顺序引用的，编号从 1 开始。

CallableStatement 接口继承了 PreparedStatement 接口中的方法，同时也包括从 Statement 接口中继承的方法。除此之外，CallableStatement 还包含了一些特有方法，主要是与存储过程参数相关的方法，具体见表 7-5。

表 7-5 CallableStatement 的主要方法

方法	描述
Blob getBlob(int i) Blob getBlob(String parameterName)	以 Blob 对象的形式检索 JDBC BLOB 参数的值
boolean getBoolean(int parameterIndex) boolean getBoolean(String parameterName)	以 boolean 值的形式检索指定的 JDBC BIT 参数的值
byte[] getBytes(int parameterIndex) byte[] getBytes(String parameterName)	以 byte 数组值的形式检索指定的 JDBC BINARY 或 VARBINARY 参数的值
Date getDate(int parameterIndex) Date getDate(int parameterIndex, Calendar cal)	以 java.sql.Date 对象的形式检索指定 JDBC DATE 参数的值
double getDouble(int parameterIndex) double getDouble(String parameterName)	以 double 值的形式检索指定的 JDBC DOUBLE 参数的值
float getFloat(int parameterIndex) float getFloat(String parameterName)	以 float 值的形式检索指定的 JDBC FLOAT 参数的值
int getInt(int parameterIndex) int getInt(String parameterName)	以 int 值的形式检索指定的 JDBC INTEGER 参数的值
long getLong(int parameterIndex) long getLong(String parameterName)	以 long 值的形式检索指定的 JDBC BIGINT 参数的值
String getString(int parameterIndex) String getString(String parameterName)	以 String 的形式检索指定的 JDBC CHAR、VARCHAR 或 LONGVARCHAR 参数的值
void registerOutParameter(int parameterIndex, int sqlType)	按顺序位置 parameterIndex 将 OUT 参数注册为 JDBC 类型 sqlType，sqlType 为枚举型 java.sql.Types

使用 CallableStatement 调用存储过程的示例代码如下。

```
// 示例代码片段，conn 为已建立的数据库连接对象
String sql = "{call sp_getBookNameById(?, ?)}";
CallableStatement cstmt = conn.prepareCall(sql);
// 图书 ID 为传入的 int 数据
cstmt.setInt(1, id);
// 图书名称为 out 参数
cstmt.registerOutParameter(2,java.sql.Types.VARCHAR); cstmt.execute();
// 按参数名称获取执行结果
String bookName = cstmt.getString("bookName");
......
```

7.2.4 ResultSet

ResultSet 接口表示查询数据库后返回的结果集，通过执行查询数据库的 SQL 语句生成。

1．结果集遍历

ResultSet 对象具有指向当前数据行的指针。最初，指针被置于第一行之前。next()方法将指针移动到下一行，在 ResultSet 对象中无下一行时返回 false，因此可以在 while 循环中使用它来迭代结果集。ResultSet 的结构示意如图 7-3 所示。

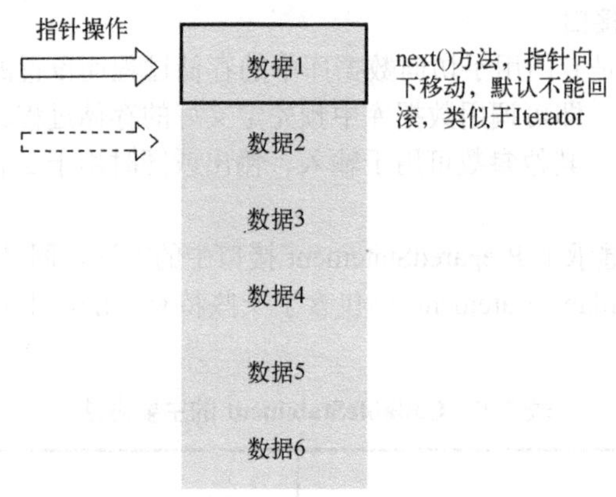

图 7-3 ResultSet 的结构

ResultSet 的典型遍历代码如下。

```
// 假设 Statement 对象 stmt 已成功创建
try {
    String sql = "select * from t_order";
    rs = stmt.executeQuery(sql);
    while (rs.next()) {
        // 循环处理 rs 中的每一行记录
    }
```

ResultSet 的常用遍历方法见表 7-6。

表 7-6 ResultSet 的常用遍历方法

方法	描述
boolean absolute(int row)	将指针移动到此 ResultSet 对象的给定行编号
void afterLast()	将指针移动到此 ResultSet 对象的末尾，正好位于最后一行之后
void beforeFirst()	将指针移动到此 ResultSet 对象的开头，正好位于第一行之前
boolean first()	将指针移动到此 ResultSet 对象的第一行
boolean last()	将指针移动到此 ResultSet 对象的最后一行
boolean next()	将指针从当前位置下移一行
boolean previous()	将指针移动到此 ResultSet 对象的上一行
boolean relative(int rows)	按相对行数（或正或负）移动指针

2．结果集特性

默认的 ResultSet 对象不可更新，仅有一个向前移动的指针。因此，只能迭代它一次，并且只能按从第一行到最后一行的顺序进行。可以生成可滚动（可向前或向后移动）或可更新的 ResultSet

对象，示例代码如下。

```
Statement stmt = con.createStatement(
    ResultSet.TYPE_SCROLL_INSENSITIVE;    // 可前后滚动访问记录
    ResultSet.CONCUR_UPDATABLE);          // 数据集可更新
    ResultSet rs = stmt.executeQuery("SELECT a, b FROM TABLE2");
```

参数 ResultSetType 和 ResultSetConcurrency 的取值见表 7-7 和表 7-8。

表 7-7　ResultSetType 的取值

值	描述
ResultSet.TYPE_FORWORD_ONLY	结果集的游标只能向下滚动
ResultSet.TYPE_SCROLL_INSENSITIVE	结果集的游标可以上下移动，当数据库发生变化时，当前结果集不变
ResultSet.TYPE_SCROLL_SENSITIVE	返回可滚动的结果集，当数据库发生变化时，当前结果集同步改变

表 7-8　ResultSetConcurrency 的取值

值	描述
ResultSet.CONCUR_READ_ONLY	结果集中的数据为只读，不能修改
ResultSet.CONCUR_UPDATETABLE	结果集中的数据可修改，会同步至数据库中

此外，ResultSet 还提供了一个修改提交设置的参数，见表 7-9。

表 7-9　ResultSet 的修改提交设置

值	描述
ResultSet.HOLD_CURSORS_OVER_COMMIT	表示修改提交时 ResultSet 不关闭
ResultSet.CLOSE_CURSORS_AT_COMMIT	表示修改提交时 ResultSet 关闭

3. ResultSet 数据检索

ResultSet 接口提供从当前行检索列值的方法（如 getBoolean、getLong 等），可以使用列的索引编号或列的名称检索值。一般情况下，使用列索引较为高效。列编号从 1 开始。为了获得最大的可移植性，应该按从左到右的顺序读取每行中的结果集列，而且每列只能读取一次。ResultSet 主要的读取方法见表 7-10。

表 7-10　ResultSet 主要的读取方法

值	描述
Blob getBlob(int i) Blob getBlob(String columnName)	以 Blob 对象的形式检索此 ResultSet 对象的当前行中指定列的值
bool eangetBoolean(int i) bool eangetBoolean(String columnName)	以 boolean 的形式检索此 ResultSet 对象的当前行中指定列的值
Date getDate(int i) Date getDate(String columnName)	以 java.sql.Date 对象的形式检索此 ResultSet 对象的当前行中指定列的值
double getDouble(int i) double getDouble(String columnName)	以 double 类型检索此 ResultSet 对象的当前行中指定列的值
float getFloat(int i) float getFloat(String columnName)	以 float 类型检索此 ResultSet 对象的当前行中指定列的值
int getInt(int i) int getInt(String columnName)	以 int 类型检索此 ResultSet 对象的当前行中指定列的值
long getLong(int i) long getLong(String columnName)	以 long 类型检索此 ResultSet 对象的当前行中指定列的值
Object getObject(String columnName)	以 Object 类型获取此 ResultSet 对象的当前行中指定列的值
short getShort(String columnName)	以 short 类型检索此 ResultSet 对象的当前行中指定列的值
ResultSet MetaDatagetMetaData()	检索此 ResultSet 对象的元数据，例如列的编号、类型和属性等

上表中，每种数据类型的字段值都可以通过对应的 get 方法获取，因此实际使用时，各个方法应根据具体的字段类型选择使用。另外，每种类型的 get 方法均有两种选项，一种是根据字段名称字符串来获取，另一种是根据其在结果集中的顺序号来获取。实际使用时，建议使用前者，因为按顺序号获取时，受查询语句和字段列表的顺序影响，而按名称获取则更可靠。使用 getxxx 方法访问数据的示例代码如下。

```
// 假设 Statement 对象 stmt 已成功创建
int orderId;
String address;
float total;
try {
    String sql = "select * from t_order";
    rs = stmt.executeQuery(sql);
    while (rs.next()) {
        // 通过 getxxx 方法读取相应字段的值
        orderId = rs.getInt("order_id");
        address = rs.getString("address");
        total = rs.getFloat("total");
        ......
}
```

7.3 JDBC 应用技术

JDBC 技术广泛应用于 Java Web 的应用系统中，实现数据的查询与操作，极大方便了业务数据的浏览、查询与编辑。除了这些基本应用外，JDBC 通常还有几个应用场景：业务数据的分页浏览、数据库连接池的使用。

7.3.1 数据分页浏览

数据分页浏览是一种将所有业务数据分成多页、每页以固定大小的方式展示给用户的技术。用户在选择浏览的数据后，根据设置的页大小以及当前的页数，浏览该页的数据。用户每次看到的不是全部数据，而是其中的一部分，如果在该页中没有找到想要的内容，可以通过前后翻页或是指定页码的方式切换到不同的页面，浏览该页的数据。

数据分页浏览在数据量巨大的应用中表现更为出色。在展示大量数据时，如果获取全部数据，则会带来非常大的资源消耗，然而实际上，用户的关注点有限，往往只关注当前页的数据。通过数据分页浏览，每次只需要获取当前页的数据，极大减少了系统资源的消耗。同时，也可以使用户更关注于当前页面的数据浏览，找到感兴趣的数据。

1．分页原理

在 JSP 中实现查询数据的分页浏览，需要先定义以下几个参数。

1）page_size：每页记录数的大小，通常为 10 或 20 等常数。

2）cur_page：当前第几页，表明当前请求的是第几页数据，默认为 1。

3）total_count：总记录行数，表明符合查询条件的记录行数。

4）page_count：总页数，按 page_size 分页后，总共有几页。

其中，page_size 一般有默认值，当然也接受用户的设置；cur_page 可以从页面上获取，进行页面跳转时，主要是修改这个值，再根据这个值获取要显示的记录起止位置。

页面的显示与分页的计算如图 7-4 所示。

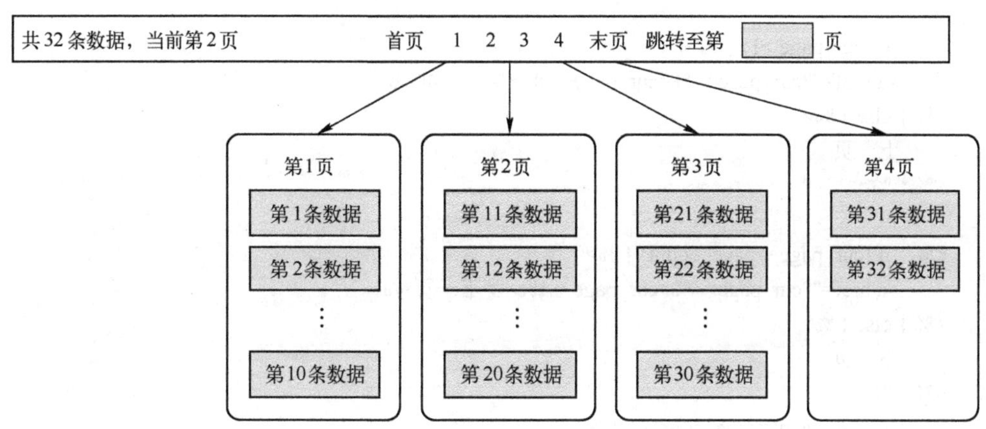

图 7-4　数据分页显示示例

结合上图，各参数的获取方式如下。

1）总记录数（total_count），从数据库中直接获取，一般做法是直接组装一条“select count(*)”的 SQL 语句，拼接上 where 中的查询关键字，得到的结果就是符合条件的记录总数。

2）每页大小（page_size），一般是默认值，可以允许用户选择，即页面上设置下拉框“每页大小”。

3）总页数（page_count），根据 total_count 和 page_size 计算，计算方法如下。

```
page_count =((total_count+page_size) - 1) / page_size
或者
if(total_count % page_size == 0)
    page_count = total_count / page_size;
else
    page_count = total_count / page_size + 1;
```

注意要确保 page_count 至少为 1。

4）当前页（cur_page），从页面上获取，如果未获取到，则默认为 1。用户单击上一页或下一页时，这个值相应增减；如果直接输入某页，则直接设置 cur_page 为该页码。

5）起始记录号（begin_index），当前页要显示的起始记录号，通过 total_count、page_size、cur_page 计算得到，计算方法如下。

```
begin_index = (cur_page  -  1) * page_size;
```

最后，页面上显示分页信息和页面导航链接，代码示例如下。

```
......
<div id="page_area">
    共<%=total_count%>条数据，当前第<%=cur_page%>页
    <span id="spacing"></span>
<%   if (cur_page >1) { %>
    <a href="?cur_page=1">首页</a>
<% } else { %>//如果当前为第 1 项，则不显示链接
    首页
```

```
<% } %>

<%  if (cur_page >1) { %>
    <a href="?cur_page=<%=cur_page - 1%>">上一页</a>
<% } else { %>
    上一页
<% } %>

<%  if (cur_page < page_count) { %>
    <a href="?cur_page=<%=cur_page + 1%>">下一页</a>
<% } else { %>
    下一页
<% } %>
<%  if (cur_page!=page_count) { %>
    <a href="?cur_page=<%=page_count%>">末页</a>
<% } else { %>//如果当前为最后 1 项，则不显示链接
    末页
<% } %>

</div>
```

2．常见分页方式的实现

分页主要的实现载体为 JSP，不借助任何 JavaBean 或 Servlet 技术，在单个 JSP 中实现分页。不过，采用 MVC 方式或 Ajax 方式也可以实现数据分页，详见后续章节或其他参考资料。

（1）先获取全部数据，再获取当页数据

这是一种最朴素的分页方式，即先获取符合条件的所有数据，然后在结果集遍历，根据请求页面的 begin_index 和 page_size，只显示相应范围内的数据。实现的代码如下。

```
......
begin_index = (cur_page  -  1) * page_size;
int index = -1;
// 遍历数据
while (rs.next()) {
    index ++;
    // 不在范围之内，则略过
    if (index <begin_index || index > (begin_index + page_size))
        continue;
    // 在范围之内，显示相关数据
    out.println("<tr><td>......");
    ......
}
```

这种方式实现简单，但缺点也较为明显，需要先获取所有数据，再进行处理，效率非常低。

（2）使用 SQL 语句实现分页

利用各个数据库自带的分页语法，先计算出 begin_index，再利用分页语句和 begin_index（或 cur_page）以及 page_size，获取所需要页的数据。这种方法的基础是数据库提供了相应的分页方法。几种常见数据库提供的分页语法，见表 7-11。

表 7-11　常见数据库提供的分页语法

数据库	语法及使用示例
MySQL	语法： select * from [table_name] limit begin_index, page_size;
	使用示例： select * from t_ book limit 10,10;　//查询第 2 页
Microsoft SQL Server(2005 以上版本)	语法： select top page_size * from (select row_number() over(order by [PK] asc) as rownumber,* from [table_name]) temp_row where rownumber>((cur_page-1)*page_size);
	使用示例： select top 10 * from (select row_number() over(order by id asc) as rownumber,* from t_book) temp_row where rownumber>10;　//查询第 2 页，其中 id 为主键
Oracle	语法： select * from (select a.*,ROWNUM rn from([sql]) a where ROWNUM<=(begin_index+page_size)) where rn>begin_index
	使用示例： select * from (select a.*, ROWNUM rn from (select * from t_book order by id asc) a where ROWNUM <=20) where rn > 10

各个数据库及版本的使用方法不尽相同，使用时参见相应数据库的具体说明。

（3）持久化框架实现分页

数据持久化框架是对 JDBC 的进一步封装，可以很大程度上简化 JDBC 编程，使程序开发人员专注于业务的实现，而不用关注具体的数据项读写。因此，使用数据持久化框架实现分页更加简单。目前较为常用的持久化框架是 Hibernate 与 MyBatis。以 Hibernate 为例展示如何实现分页，示例代码如下。

```
......
String hql="from Book";
Query q=session.createQuery(hql);
q.setFirstResult(begin_index);       // 设置起始编号
q.setMaxResults(page_count);         // 设置返回记录数
List l=q.list();                     // 获取数据
```

需要注意的是，采用这种方式时，需要事先设置好数据库表的持久化配置，包括表与类的映射、字段类型的定义等。

7.3.2　连接池技术

Web 应用中通常使用 JDBC 技术访问数据库，实现业务数据的管理。然而，传统的 JDBC 技术存在以下几个方面的问题。

1）建立连接耗费大量资源。传统方式使用 DriverManager 来建立连接，每次都要将 Connection 加载到内存中，再验证用户名和密码。每次需要数据库连接时，都创建一个新的连接，执行完成后再断开连接。通常建立连接与断开连接会耗费大量资源，这样的方式将会导致大量的资源和时间消耗。

2）建立的连接不能保证释放。传统方式建立的连接需要手动释放，即对于每一次数据库连接，使用完毕后都需要由开发人员主动释放。若开发人员未释放连接，或异常情况造成未释放连接，将会导致数据库的连接对象越来越多，占用的资源也逐渐增加，导致系统的内存泄漏。

3）无法控制连接对象数量。传统方式建立连接和释放连接均由应用申请，总体上无法控制连接对象的总数，也就无法针对物理资源使用情况进行优化。如果请求连接的对象过多，很容易造成服务器资源短缺，导致整个服务器崩溃。

为解决传统开发中的数据库连接问题，可以采用 JDBC 连接池技术。

1. 基本思想

连接池技术就是为数据库连接建立一个“缓冲池”。初始化时在缓冲池中放入一定数量的连接，当需要建立数据库连接时，只需从“缓冲池”中取出一个，使用完毕之后再将连接放回去。

数据库连接池负责分配、管理和释放数据库连接，它允许应用程序重复使用现有的数据库连接，无需每次重新建立。

数据库连接池在初始化时创建一定数量的数据库连接放到连接池中，这些数据库连接的数量是由最小数据库连接数来设定的。无论这些数据库连接是否被使用，连接池都将一直保证至少拥有最小连接数的连接对象。连接池的最大数据库连接数量限定了这个连接池能占有的最大连接数，当应用程序向连接池请求的连接数超过最大连接数量时，这些请求将被加入到等待队列中。连接池工作的示意图如图 7-5 所示。

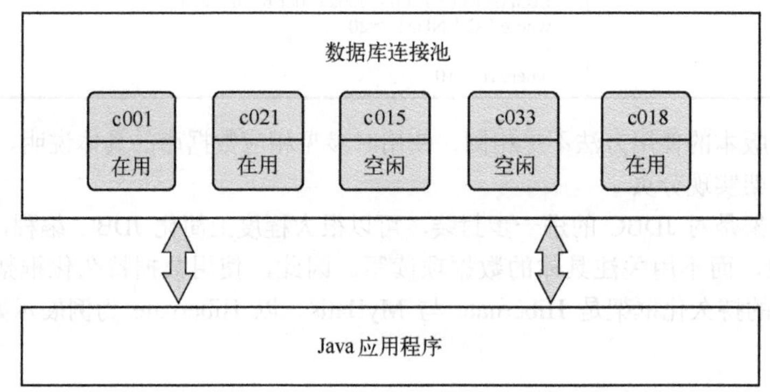

图 7-5　连接池工作的示意图

2. 工作原理

在服务器端一次性创建多个连接，将多个连接保存在一个连接池对象中。当应用程序的请求需要操作数据库时，不会为请求创建新的连接，而是直接从连接池中获得一个连接。操作数据库结束之后，并不需要真正关闭连接，而是将连接放回到连接池中。连接池的工作原理如图 7-6 所示。

主要步骤如下。

1）程序初始化时创建数据库连接池。服务器启动时建立数据库连接池对象，按照事先设定的参数创建初始数量的数据库连接，即空闲连接数。

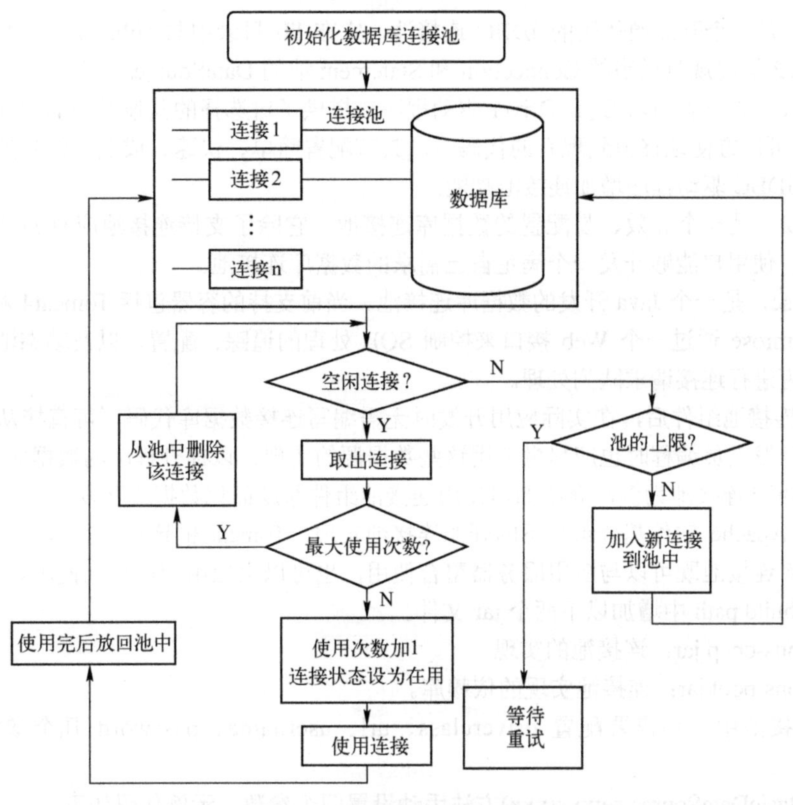

图 7-6　连接池的工作原理

2）使用时向连接池申请可用连接。对于一个数据库访问请求，直接从连接池中得到一个连接。如果数据库连接池对象中没有空闲的连接，而且连接数没有达到最大连接数，则创建一个新的数据库连接。

3）使用完毕后将连接返还给连接池。数据库存取后关闭，释放所有数据库连接，此时关闭数据库连接并非真正关闭，而是将其放入空闲队列中。如果实际空闲连接数大于初始空闲连接数，则释放连接。

4）程序退出时断开所有连接并释放资源。释放数据库连接池对象，服务器停止、维护期间释放数据库连接池对象并释放所有连接。

因此，连接池的主要优点如下。

1）减少连接创建时间。连接池中的连接是已准备好的、可重复使用的，获取后可以直接访问数据库，因此减少了连接创建的次数和时间。

2）简化编程模式。当使用连接池时，每一个单独的线程能够像创建一个自己的 JDBC 连接一样操作，允许用户直接使用 JDBC 编程技术。

3）控制资源的使用。如果不使用连接池，每次访问数据库都需要创建一个连接，这样系统的稳定性受系统连接需求影响很大，很容易产生资源浪费和高负载异常。连接池能够使性能最大化，将资源利用控制在一定的水平之下。连接池能控制池中的连接数量，增强了系统在大量用户应用时的稳定性。

3. 常用连接池及使用示例

目前已经有很多可用的第三方开源连接池组件，主要如下。

1）Apache DBCP，是一个依赖 Jakarta commons-pool 对象池机制的数据库连接池。DBCP 可以直接在应用程序中使用。

2）C3P0，是一个开放源代码的 JDBC 连接池，它在 lib 目录中与 Hibernate 一起发布，包括实现 jdbc3 和 jdbc2 扩展规范说明的 Connection 和 Statement 池的 DataSources 对象。

3）Proxool，是一个 Java SQL Driver 驱动程序，提供了对选择的其他类型的驱动程序的连接池封装。Proxool 可以方便地移植到现有的代码中，具有配置简单、快速、成熟、健壮的优点，可以透明地为现存的 JDBC 驱动程序增加连接池功能。

4）DBPool，是一个高效、易配置的数据库连接池。它除了支持连接池应有的功能之外，还包括一个对象池，使用户能够开发一个满足自己需求的数据库连接池。

5）Primrose，是一个 Java 开发的数据库连接池。当前支持的容器包括 Tomcat4 和 5、Resin3 以及 JBoss3。Primrose 通过一个 Web 接口来控制 SQL 处理的追踪、配置，以及动态池管理。在重负荷的情况下，可进行连接请求队列处理。

有了这些连接池组件后，在实际应用开发时无需编写连接数据库代码，可直接从数据源获得数据库的连接。开发人员编程时也应尽量使用这些数据源的实现，以提升程序的数据库访问性能。

下面以 DBCP 连接池为例，介绍如何使用连接池组件帮助简化数据库开发。

DBCP 是 Apache 软件基金组织下的开源连接池实现，Tomcat 的连接池正是采用该连接池来实现的。该数据库连接池既可以与应用服务器整合使用，也可以由应用程序独立使用。使用 DBCP 连接池，需要在 build path 中增加以下两个 jar 文件。

- Commons-dbcp.jar：连接池的实现。
- Commons-pool.jar：连接池实现的依赖库。

DBCP 连接池中，还需要配置 driverclass、url、username、password 几个参数，配置方式有两种：

1）使用 BasicDataSource.setxxx(xxx)方法手动设置四个参数，示例代码如下。

```
// 创建连接池 一次性创建多个连接池
BasicDataSource basicDataSource = new BasicDataSource();
// 设置连接需要的四个参数
basicDataSource.setDriverClassName("com.mysql.jdbc.Driver");
basicDataSource.setUrl("jdbc:mysql://localhost:3306/bookdb");
basicDataSource.setUsername("user");
basicDataSource.setPassword("user123");
```

2）编写 properties 配置文件，设置四个参数。该配置文件名为 dbcp.properties 文件，文件内容如下。

```
driverClassName=com.mysql.jdbc.Driver
url=jdbc:mysql://localhost:3306/bookdb
username=user
password=user123
```

设置完成后，完整的示例代码如下。

```
@Test
public void test_dbpool() throws SQLException {
    // 使用 BasicDataSource 创建连接池
    BasicDataSource basicDataSource = new BasicDataSource();
    // 设置连接池需要的四个参数
    basicDataSource.setDriverClassName("com.mysql.jdbc.Driver");
    basicDataSource.setUrl("jdbc:mysql://localhost:3306/bookdb");
```

```
        basicDataSource.setUsername("user");
        basicDataSource.setPassword("user123");

        // 从连接池中获取连接
        Connection conn = basicData
        Source.getConnection();
        String sql = "select * from t_book";
        PreparedStatement stmt = conn.prepareStatement(sql);
        ResultSet rs = stmt.executeQuery();
        while (rs.next()) {
            System.out.println(rs.getString("name"));
        }
        JDBCUtils.release(rs, stmt, conn);
    }
```

7.4 JDBC 综合案例——图书查询管理

案例操作视频 7-5
案例简介

1. 案例简介

本小节将介绍一个对数据库中基本表进行 JDBC 操作的综合案例。

假设 MySQL 数据库 book_db 中有一个图书表（t_book），主要存储网上商城中的图书基本信息，主要的字段及类型说明见表 7-12。

表 7-12　示例数据库表（t_book）说明

字段名	含义	数据类型	备注
id	ID	int	自增长 ID
book_name	图书名称	varchar(200)	—
book_type	图书类型	int	外键，参照 t_book_type 表
note	图书介绍	varchar(1000)	—
price	图书价格	float	—
publisher	出版社	varchar(200)	—
publish_date	出版日期	Date	—
isbn	ISBN 号	varchar(20)	—

2. 添加图书

案例操作视频 7-6
添加图书

添加图书功能主要是提供一个图书信息添加页面（book_add.jsp），该页面以表单和字段的形式提供用户编辑，填写完成后，将操作提交至图书信息保存页面（book_add_do.jsp），向数据库提交这些图书信息。

（1）功能需求

添加图书模块的主要功能需求为将用户输入的图书信息提交至数据库图书表（t_book）中。主要的操作流程如下。

1）在图书列表页面（book_list.jsp）中，单击“添加图书”按钮，跳转至图书信息添加页面（book_add.jsp）提供图书信息表单，包含图书信息的各个字段，等待用户填写。

2）填写完成后，单击“保存”按钮，将图书信息提交到图书信息保存页面（book_add_do.jsp）。

3）图书信息保存页面（book_add_do.jsp）首先读取提交的表单信息，进行基本业务规则的判断，不符合则返回至图书信息添加页面（book_add.jsp）。

4）数据符合业务规则后，进行数据库连接，组装数据插入语句，执行 SQL 语句，操作成功则返回至图书列表页面（book_list.jsp），不成功则返回图书信息添加页面（book_add.jsp）。

（2）功能设计

为实现上述功能需求，需要设计两个页面：图书信息添加页面（book_add.jsp）与图书信息保存页面（book_add_do.jsp）。

1）图书信息添加页面（book_add.jsp）。

该页面主要提供图书信息编辑表单，包含图书的 ISBN 号、图书名称、出版社、出版日期、图书介绍、图书价格等字段信息，表单提交至图书信息保存页面（book_add_do.jsp）。理论上，出版社信息应提供下拉列表框，使用户方便选取，这就需要页面提供从 t_book_publisher 表中读取的所有出版社信息。本小节在实现时简化处理，用户直接从页面上输入，不从下拉列表框中选取。详细的选取可参见 10.3 节中该模块的实现代码。

2）图书信息保存页面（book_add_do.jsp）。

该页面主要实现图书信息的获取、校验，并提交至数据库的表中。因此主要内容包括：图书信息的获取，通过 request.getParameter()方法获取提交的表单字段信息，并进行中文字符的处理；图书信息的校验，对提交的图书信息进行必要的校验，如非空项、最大最小长度，本案例中只对图书名称与 ISBN 做基本的非空校验，实际应用中根据业务需要进行相应的校验；图书信息保存至数据表，建立数据库连接，将校验后的图书信息组装为 SQL 语句，设置好相应的参数值，执行 SQL 语句，根据返回值跳转至不同的页面，插入成功跳转至图书列表页面（book_list.jsp），插入失败则跳转至图书信息添加页面（book_add.jsp），返回时页面上的数据应保留，并提示相应的信息。

（3）代码实现

1）图书信息添加页面（book_add.jsp），代码如下。

```
......
<form name="frmMain" action="book_add_do.jsp" method= "post">
  <table width="600" border="0">
    <caption><h2>填写图书信息</h2></caption>
    <tr>
       <td>ISBN 号：</td>
       <td><input type="text" name="isbn_code" placeholder ="ISBN"></td>
    </tr>
    <tr>
       <td>图书名称：</td>
       <td><input type="text" name="book_name"></td>
    </tr>
    <tr>
       <td>出版社：</td>
       <td><input type="text" name="publisher"></td>
    </tr>
    <tr>
       <td>出版日期：</td>
       <td><input type="text" name="publish_date" placeholder= "格式：yyyy-mm-dd"></td>
    </tr>
    <tr>
```

```
            <td>图书价格：</td>
            <td><input type="text" name="price" placeholder="最多两位小数"></td>
        </tr>
        <tr>
            <td>图书介绍：</td>
            <td><textarea name="note" cols="80" rows="10"> </textarea></td>
        </tr>
        <tr>
            <td></td>
            <td><input type="submit" value="保  存"> <input type= "reset" value="重置信息"></td>
        </tr>
    </table>
</form>
......
```

2）图书信息保存页面（book_add_do.jsp），代码如下。

```
<body>
<%
    // 获取表单提交的数据项,StringUtil.toCN 为自定义的中文字符处理函数
    String isbn = request.getParameter("isbn");
    String bookName = StringUtil.toCN ( request.getParameter    ("book_name"));
    String price = request.getParameter("price");
    String note = StringUtil.toCN(request.getParameter ("note"));
    String publisher = StringUtil.toCN (request.getParameter ("publisher"));
    String publishDate = request.getParameter ("publish_date");
    //判断字段值是否符合业务规则
    if(isbn == null || "".equals(isbn.trim())   // 如果 ISBN 为空
        // 或者 bookName 为空
        ||bookName == null || "".equals(bookName.trim())
    ) {
%>

<script type="text/javascript">
    window.alert("ISBN 号或图书名称不能为空！");
    history.back(-1);
</script>

<%
    }
    String sql = "insert into t_book(isbn, book_name, price, note, publisher, publish_date) values(?, ?, ?, ?, ?, ?)";
    java.util.SimpleDateFormat sdf = new java.util.SimpleDate Format("yyyy-MM-dd");
    // 连接数据库
    Class.forName("com.mysql.jdbc.Driver");
    String url = "jdbc:mysql://localhost:3306/book_db";
    Connection conn = DriverManager.getConnection(url, "user", "user123");
    PreparedStatement pstmt = conn.prepareStatement(sql);
    // 设置参数
```

```
            pstmt.setString(1, isbn);
            pstmt.setString(2, bookName);
            pstmt.setFloat(3, Float.parseFloat(price));
            pstmt.setString(4, note);
            pstmt.setString(5, publisher);
            pstmt.setDate(6, sdf.format(publish Date));
            int ret = pstmt.executeUpdate(); // 获取插入语句的影响记录数
            if (ret > 0) {
                // 插入成功
        %>
        <script type="text/javascript">
            window.alert("保存图书信息成功！");
            location.href = 'book_list.jsp';
        </script>
        <%
            } else { //插入失败
        %>
        <script type="text/javascript">
            window.alert("保存图书信息失败，请检查信息是否填写规范！");
            history.back(-1);
        </script>
        <%
            } // end if(ret>0)
        %>
        </body>
        </html>
```

思考题

（1）JDBC 是什么？它有什么作用？
（2）JDBC 的主要组件有哪些？分别承担什么职责？
（3）Statement 接口有几种？分别适用于何种应用场景？
（4）数据查询语句与数据更新语句的执行方法有何不同？
（5）数据库分页技术有几种？分别有什么特点？

第 8 章　JavaBean 技术

模块化开发是高质量程序设计的方法之一，可以提升程序的可复用性、可维护性与可扩展性。Java Web 中允许使用 JavaBean 技术将需要复用的程序模块封装为 JavaBean，在需要使用的页面或其他后台程序中调用，大幅提高了程序的设计质量。本章主要介绍 JavaBean 的基础概念、JSP 中访问 JavaBean 的方法、JavaBean 在应用开发中的分类与使用方法以及综合案例——查询图书。

8.1　JavaBean 简介

知识点视频 8-1
JavaBean 简介

JavaBean 是使用 Java 语言开发的一个可重用的组件。在 JSP 的开发中，可以使用 JavaBean 减少重复代码，使 JSP 代码开发更简洁，易于维护与扩展。

JavaBean 本质上是一个 Java 类，可提供功能函数、组织数据的单元等功能。其主要特征如下。

1）提供一个默认的无参构造函数。通常提供一个无参的构造函数，便于在其他程序以自动注入的方式对该 JavaBean 进行实例化。

2）需要被序列化并且实现了 Serializable 接口。大多情况下，JavaBean 可用于在不同应用或程序间传递数据对象。因此，让 JavaBean 实现 Serializable 接口有利于多种数据传输。

3）有一些可读写属性。实现业务系统时，JavaBean 往往对应某个具体的对象，其可读写属性对应该对象的特征。这些特征，有些允许进行修改，有些仅允许读取。

4）有一些 getter 方法或 setter 方法。这些方法对应上一条中的属性，某个属性会有对应的读取和写入方法，分别称为 getter 方法和 setter 方法。实际上，通过 getter 方法和 setter 方法比直接读写属性有更多的好处，如更安全、可扩展、支持反射机制等。

5）有一些业务方法，这些方法是为了实现特定功能而编写的代码，接收指定的参数，在相应功能的代码实现后，返回处理结果的数据。这些业务方法通常仅依赖于输入的参数，具有较强的可理解性、可维护性与可扩展性。

JavaBean 对象的属性可以是任意合法的 Java 数据类型，包括自定义 Java 类。一个 JavaBean 对象的属性可以是只读、只写或可读写。

JavaBean 属性的 getter 方法即 JavaBean 属性的读取器，该方法通常命名为 getPropertyName()，即对应属性名称前加上 get，属性名的每个单词首字母大写。例如，属性名称为 orderId，则 getter 方法命名为 getOrderId。

JavaBean 属性的 setter 方法即 JavaBean 属性的写入器，该方法通常命名为 setPropertyName()，即对应属性名称前加上 set，属性名称的每个单词首字母大写。假如属性名称为 orderId，则该 setter 方法命名为 setOrderId。

示例代码如下。

```
public class OrderItem implements java.io.Serializable {
......
    private long orderId;
    public long getOrderId() {                    // 读取器
        return orderId;
    }
```

```
        public void setOrderId(long orderId) {     // 写入器
            this.orderId = orderId;
        }
    }
```

如果该对象的属性是 boolean，则 getPropertyName()方法通常会写成 isPropertyName()，目的是具有更好的可读性。

JavaBean 的典型优点如下。

（1）可以实现代码的重复利用

JavaBean 中的代码都是封装在函数中的，这些代码可以方便地被其他类使用，重用时只需要实例化该 JavaBean，调用相应方法即可。因此，JavaBean 代码的重用非常方便。

（2）易编写、易维护、易使用

JavaBean 的使用目标明确，都是为了具体的应用而编写的，其中各个属性与方法均是为实现特定功能需要而设计的，因此模块化好，可访问性清晰，模块的内聚性好，模块之间的耦合性较为松散，易于维护与使用。

（3）可移植性好

JavaBean 的目标功能明确，编译后生成相应的 class，就可以在任何安装了 Java 运行环境的平台上使用，而不需要重新编译，方便移植到其他应用中。

8.2 JSP 中访问 JavaBean

JSP 编程中，由于将 Java 代码嵌入 HTML 页面会导致页面中多种语言代码混杂，如 Java、HTML、JavaScript、CSS 等，使得页面代码不易理解、难以维护。因此，可以将 JSP 中业务逻辑代码提取出来，形成单独的 JavaBean，以减轻页面代码的混杂现象，这种模式通常称为 Model1，即 JSP+JavaBean 模式。

JSP 搭配 JavaBean 使用，有以下优点。

1）可将 HTML 和 Java 代码分离，提高后期系统维护的便利性。如果把所有的程序代码（HTML 和 Java）写到 JSP 页面中，会使整个页面代码臃肿又复杂，造成维护上的困难。

2）JavaBean 代码可重用，易于扩展。将日常用到的程序写成 JavaBean 组件，当在 JSP 中使用时，只需要调用相同功能的 JavaBean 组件来执行用户所要的功能，不需要再重复编写相同的程序。

为方便 JSP 中访问 JavaBean，JSP 标签库提供了三个特定的动作标签用于访问 JavaBean，分别为<jsp:useBean>、<jsp:getProperty>与<jsp:setProperty>。

8.2.1 读取 JavaBean 属性值

JSP 页面中可使用<jsp:useBean>与<jsp:getProperty>标签，实现对 JavaBean 属性值的读取。

（1）<jsp:useBean>标签

<jsp:useBean>标签声明了要访问的 JavaBean 类名、对象名以及范围。<jsp:useBean>标签的使用语法格式如下。

```
<jsp:useBean id="对象名" class="完整类名" scope="范围"/>
```

参数说明：

1）对象名是该 JavaBean 声明的名称，相当于 Java 中实例化对象的名称。

2）完整类名是该 JavaBean 的完整类名，包括路径名与类名称，使得 Web 容器能访问到该类。

3）范围是指该 JavaBean 实例的作用范围，可以是 request、page、session、application，具体范

围含义如下。

- request 在请求的生命周期内有效，一旦请求被 JSP 页面处理完，该 JaveBean 就不可以被访问。
- page 只在当前 JSP 页面中有效，跳转到其他 URL 后无效。
- session 在用户会话的生命周期内有效，会话超时或手动注销后无效。
- application 在各种情况下都有效，除非服务器重启或关闭，相当于局部变量。

（2）<jsp:getProperty>标签

<jsp:getProperty>标签用来从指定的 JavaBean 中读取指定的属性值，并输出到页面中。注意，要使用该标签，则要求该 JavaBean 必须具有 getxxx()方法。<jsp:getProperty>标签的使用语法格式如下。

```
<jsp:getProperty name="javabean 对象名" property="属性名称"/>
```

参数说明：

1）javabean 对象名用来指定一个在某 JSP 范围中的 JavaBean 实例名。<jsp:getProperty>标签将会按照 page、request、session 和 application 的顺序来查找这个 JavaBean 实例，直到找出第一个实例。若在上述范围内不存在这个 JavaBean 实例，则会抛出异常“Attempted a bean operation on a null object”。

2）属性名称用来指定要获取属性值的名称，即由 name 属性指定的 JavaBean 中的属性名称。若指定的值为“username”，则 JavaBean 中必须存在 getUserName()方法，否则会抛出异常“Cannot find any information on property 'userName' in a bean of type '此处为类名'”。

另外，如果指定的 JavaBean 属性是一个对象，那么将调用该对象的 toString()方法，并输出执行结果。

从一个 JavaBean 中获取月份属性值的示例代码如下。

```
<div class="listitem">
  <div class="item_title">生产月份：</div>
  <div class="item_content">
    <jsp:useBean id="pro_date" class="java.util.Date">
    <jsp:getProperty name="pro_date" property="month"/>
    </jsp:useBean>
  </div>
</div>
```

其中，<jsp:getProperty>访问 pro_date 对象中的 month 属性，相当于调用 pro_date.getMonth()方法，这个方法是 java.util.Date 类的对象方法，返回对象的月份属性值。

8.2.2 修改 JavaBean 属性值

JSP 页面中经常需要修改 JavaBean 的属性值，可通过<jsp:setProperty>标签来设置。

使用<jsp:setProperty>标签设置 JavaBean 属性值可以分为四种情况。

（1）直接对 JavaBean 属性赋常量值

对 JavaBean 的某个属性赋某个指定的值，使用的语法格式如下。

```
<jsp:setProperty name="javabean 实例名" property=" javabean 属性名" value="值"/>
```

参数说明：

1）javabean 实例名，要赋值的 JavaBean 实例名称，通常在<jsp:useBean>中指定。

2）javabean 属性名，JavaBean 要赋值的属性名称，该属性需要通过 setPropertyName()方法定义。

3）值，要赋给属性的值，通常是常量，这里通过字符串指定，JavaBean 会自动根据属性的数据类型，通过 valueOf()方法进行相应的转换。

例如，将 order 对象的 count 属性赋值为 1，示例代码如下。

```
<jsp:setProperty name="order" property="count" value="1"/>
```

（2）使用 request 中的某个参数对 JavaBean 赋值

这种方式是使用 request 对象中的某个参数值对 JavaBean 属性进行赋值，使用的语法格式如下。

```
<jsp:setProperty name="javabean 实例名" property="javabean 属性名"param="参数名称"/>
```

参数说明：

1）javabean 实例名，要赋值的 JavaBean 实例名称，通常在<jsp:useBean>中指定。

2）javabean 属性名，JavaBean 要赋值的属性名称，该属性需要通过 setPropertyName()方法定义。

3）参数名称，request 对象中参数的名称，即使用 request 中该参数的值对 JavaBean 属性赋值。

例如，要使用 request 请求中的参数 str 的值对 order 实例的 message 属性赋值，示例代码如下。

```
<jsp:setProperty name="order" property="message" param="str"/>
```

（3）使用 request 中的同名参数对 JavaBean 属性赋值

这种方式允许使用 request 中与 JavaBean 某个属性同名的参数对该属性赋值，使用的语法格式如下。

```
<jsp:setProperty name="Javabean 实例名" property="Javabean 属性名" />
```

参数说明：

1）Javabean 实例名，要赋值的 JavaBean 实例名称，通常在<jsp:useBean>中指定。

2）Javabean 属性名，JavaBean 要赋值的属性名称，该属性需要通过 setPropertyName()方法定义。

此时，不需要 param 参数，默认会使用 property 中的名称，从 request 对象的参数列表中查找同名参数。

例如，要使用 request 请求中的 message 对 order bean 的 message 属性赋值，示例代码如下。

```
<jsp:setProperty name="order" property="message" />
```

（4）使用 request 对象中的参数列表对 JavaBean 中多个属性赋值

这种方式允许使用 request 中的参数为 JavaBean 所有的同名属性赋值，只要名称能匹配，都会赋值。使用的语法格式如下。

```
<jsp:setProperty name="javabean 实例名" property="*" />
```

参数说明：

1）javabean 实例名，要赋值的 JavaBean 实例名称，通常在<jsp:useBean>中指定。

2）property 的“*”，表示只要 request 中的参数名称与 property 的属性名称一致，均自动赋值。

8.3 JavaBean 的应用

实际开发中，JavaBean 可根据需要应用于多种场景中。因此，JavaBean 又可具体分为三类：数据 JavaBean、业务 JavaBean 以及辅助工具 JavaBean。

8.3.1　数据 JavaBean

数据 JavaBean 是用于表示数据的 JavaBean，这种 JavaBean 通常只具有属性以及属性的 getter 和 setter 方法，用于在 Java Web 开发的不同层之间传递数据。

本质上，这种数据 JavaBean 是对数据对象的封装，即数据表中的某行记录。JavaBean 声明时，属性名称和数据类型与数据表中的字段逐一对应。读取数据时，将表中的一行记录转换为 JavaBean 的一个实例，向数据库写入数据时，将一个 JavaBean 实例插入或更新至相应的数据表中，这个过程通常也称为对象关系映射（ORM）。此处用到的 Java 对象通常有以下几种形式。

1）普通简单 Java 对象（Plain Ordinary Java Object，POJO），是一个简单的 Java 对象，只包含属性以及 getter 和 setter 方法，不包含任何业务逻辑或持久逻辑，通常用于表示数据。因此，POJO 也称为数据对象，根据业务场景和承担职责不同，又称为 VO、PO 和 DTO。

2）值对象（Value Object，VO），通常用于业务层之间的数据传递，通过 new 方法创建，主要体现在视图层。例如，Web 页面需要展示某个对象的信息或者将对象数据提交至控制层时，可以用一个 VO 在控制层与视图层进行传输交换。

3）持久层对象（Persistent Object，PO），通常用于持久层处理数据单位，属性对应数据库中表的字段，也是数据库表中的记录在 Java 对象中的显示状态，最形象的理解就是一个 PO 对应于数据库中的一条记录数据。这样做的好处是可以把一条记录作为一个对象进行处理，方便 Java 程序中的业务处理。VO 和 PO 在语法上都是属性加上 getter 和 setter 方法，但表示的含义是完全不一样的。

4）数据传输对象（Data Transfer Object，DTO），定义传输用的数据对象，数据传输目标往往是数据访问对象从数据库中检索数据，也就是接口之间传递的数据封装。例如，表里有十几个字段，而页面需要展示六个字段，可以只用 DTO 封装这六个字段，这样做的好处一是能提高数据传输的速度（减少了传输字段），二是能隐藏后端表结构。

在简单的业务系统中，表与表之间的关联不复杂，表的字段也不是特别多，这些 POJO 对象可以简化为一个，即数据存储、传输和表示均采用一个数据对象。如果系统表间关联较复杂，有些表的字段较多，展示时只展示某一部分即可，可以分别使用 PO、VO 和 DTO 来实现对应的功能。

例如，订单 VO 对象包含订单 ID、创建时间、订单物品数量、订单总金额、订单地址几项信息，示例代码如下。

```
public class OrderVo {
    private long orderId;           // 订单 ID
    private Date createDate;        // 创建时间
    private int count;              // 订单物品数量
    private long userId;            // 订单客户 ID
    private float total;            // 订单总金额
    private String address;         // 订单地址

    public long getOrderId() {
        return orderId;
    }
    public void setOrderId(long orderId) {
        this.orderId = orderId;
    }
    public Date getCreateDate() {
        return createDate;
```

```
        }
        public void setCreateDate(Date createDate) {
            this.createDate = createDate;
        }
        /* 其他属性的 getter 与 setter 方法 */
    }
```

8.3.2 业务 JavaBean

业务 JavaBean 指业务处理用的 JavaBean，这种 JavaBean 通常负责系统中的业务处理、操作数据等。根据任务细分的需要，又可进一步分为业务逻辑对象和数据访问对象。

1．数据访问对象

数据访问对象（Data Access Object，DAO）主要负责与数据存储间的访问操作，包括数据查询、插入、更新、删除等操作。

例如，订单表（t_order）的数据访问对象包括 list()、getOrder()、insert()、update()、delete()方法，示例代码如下。

```
    public class OrderDao {
        /* 查询所有订单列表数据 */
        public List<OrderVo> list() {
            ......
        }

        /* 根据订单 ID 获取订单对象信息 */
        public OrderVo getOrder(long id) {
            ......
        }

        /* 将订单数据对象插入到数据表中 */
        public int insert(OrderVo obj) {
            ......
        }

        /* 根据主键（订单 ID）修改订单数据对象 */
        public int update(OrderVo obj) {
            ......
        }

        /* 根据订单号删除订单信息 */
        public int delete(long orderId) {
            ......
        }
    }
```

2．业务逻辑对象

业务逻辑对象（Business Object，BO）是封装业务逻辑的 Java 对象，通过调用 DAO 方法，结合 POJO 进行业务操作。

BO 与 DAO 的主要区别在于，BO 重点关注功能需求的业务逻辑处理过程，强调数据处理的逻辑、规则的校验、异常情况处理等。而 DAO 重点关注对象数据的持久化操作，即从数据存储中读取数据或向数据存储中写入数据。

例如，在新增订单的业务逻辑中需要判断上一订单的创建时间是否在 1 分钟以前，若不在，则认为是重复下单或下单操作太频繁。可以在 BO 的新增订单中处理该业务逻辑，示例代码如下。

```
public class OrderBo {
    private OrderDao dao = null;            // 要使用的 DAO
    public OrderBo() {                      // 默认构造方法，创建 DAO
        dao = new OrderDao();
    }
    public OrderBo(OrderDao dao) {          // 构造方法中传入 DAO
        this.dao = dao;
    }
    /* 插入订单 */
    public int insert(OrderVo vo) {
        OrderVo lastOrderVo = dao.getLastOrder(vo.getUserId());
        Long diff = vo.getCreateTime() - lastOrderVo. getCreateTime();
        if (diff <= 1000 * 60) {            // 如果时间差小于 60s
            return -1;
        } else {
            dao.insert(vo);                 // 调用 DAO 向数据表中插入
            return 1;
        }
    }
    /* 其他业务方法 */
    ......
}
```

8.3.3 辅助工具 JavaBean

辅助工具 JavaBean 主要指特殊的 Java 工具类，用于提供辅助计算、处理公用 JavaBean，通常只含有方法和常量，类名中多以 Util 结尾。辅助工具通常是应用开发中一些通用方法聚合成的工具类，方便重用和维护。例如，开发过程中的字符串处理、数据库连接管理、国际化编码转换、特定文件的读取写入等工作均可写成辅助工具类，便于应用开发者的调用，以及工具的升级扩展。

下面以数据库连接管理为例，应用开发过程中经常需要建立与数据库的连接，在使用完成后需要释放连接，这些管理工作的实现方法可以集成到数据库管理类 DbUtil 中，示例代码如下。

```
public class DbUtil {
    /* 建立 MySQL 的 JDBC 连接 */
    public Connection getConnection() {
        // 驱动程序的类名
        Class.forName("com.mysql.jdbc.Driver");
        // 连接协议字符串
        String url = "jdbc:mysql://localhost:3306/book_db";
        Connection conn = null;
        try {
```

```
                //建立连接
                conn = DriverManager.getConnection(url, username, password);
            } catch (SQLException ex) {
                ex.printStackTrace();
            }
            return conn;
        }

        /* 释放连接 */
        public void freeConnection(Connection conn) {
            if (conn == null)  // 如果 conn 为空，直接返回
                return;
            if (conn.isOpen()){  // 如果 conn 是打开的状态，则释放
                try {
                    conn.close();
                } catch (SQLException ex) {
                    ex.printStackTrace();
                }
            }
        }
    }
```

上述代码中，DbUtil 的两个辅助方法均为对象方法，需要先创建 DbUtil 类的对象实例才可调用方法。当然，这些辅助方法也可声明为静态方法，直接通过类名进行调用。

8.4 JavaBean 综合案例——查询图书

案例操作视频 8-2 查询图书

本书以查询图书为例，展示 JSP 与 JavaBean 之间的交互，在 JSP 中访问 JavaBean。

假设 MySQL 数据库 book_db 中有一个图书表（t_book）和一个图书类型表（t_book_type），主要存储网上商城中的图书基本信息，主要的字段及类型说明见表 8-1。

表 8-1 示例数据库表（t_book）说明

字段名	含义	数据类型	备注
id	ID	int	自增长 ID
barcode	条形码	varchar(20)	—
book_name	图书名称	varchar(20)	—
price	图书价格	float	—
publisher	出版社	varchar(20)	—
publish_date	出版日期	Date	—

需要实现的功能如下。

（1）一个完整的图书信息列表页面（book_list.jsp），显示图书资料的信息列表。

（2）页面上方有一个搜索区，可以输入图书名称、出版社、出版年份等条件查询图书信息。

参照以上功能需求，可将需要实现的功能分为以下几部分：图书信息显示结果、查询条件表单、从数据库中获取符合条件的图书数据、连接数据库获取数据库连接。前两个部分主要是在 JSP

页面上实现，后两个部分考虑到均是对数据的操作，且可能会重复利用，因此使用 JavaBean 来实现。各模块间的调用关系如图 8-1 所示。

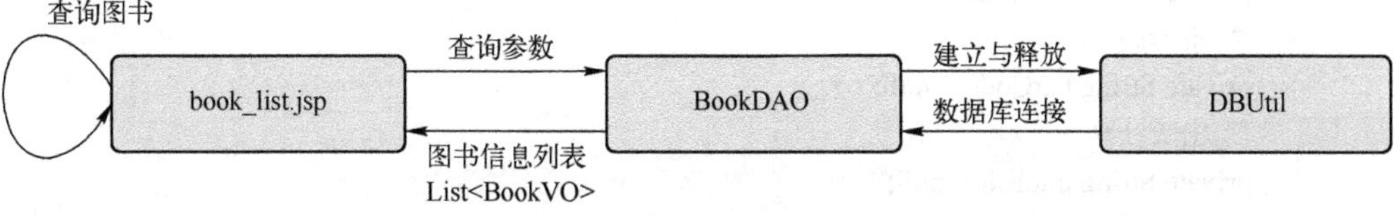

图 8-1　各模块间的调用关系

1）DBUtil.java，建立与释放数据库连接，该项功能会在多个页面上被复用，通过构建 DBUtil 类的两个方法进行实现，具体代码如下。

```
package cn.nchu.ss.util;
import java.sql.Connection;
import java.sql.DriverManager;
import java.sql.SQLException;
public class DbUtil {
    private static String username = "root";
    private static String password = "123456";
    private static String url = "jdbc:mysql://localhost:3306/ user_db?"+
                                "useUnicode=true&characterEncoding=utf-8&allowMultiQueries=true&"+
                                "useSSL=false&serverTimezone= GMT%2B8";
    /**
     * 建立数据库连接
     * @return
     */
    public static Connection getConnection() {
        Connection conn = null;
        try {
            Class.forName("com.mysql.cj.jdbc.Driver");
            conn = DriverManager.getConnection(url, username, password);
        } catch (ClassNotFoundException e) {
            e.printStackTrace();
        } catch (SQLException e) {
            e.printStackTrace();
        }
        return conn;
    }
    ......
}
```

2）BookVO.java，图书数据 JavaBean，用于封装查询的图书结果，每本图书对应一个对象。具体代码如下。

```
package cn.nchu.ss.book;
import java.util.Date;
public class BookVO {
    /* 自增长 ID */
```

```
    private int id;
    /* 图书名称 */
    private String bookName = null;
    /* 条形码 */
    private String barCode = null;
    /* 出版社*/
    private String publish = null;
    /* 出版日期*/
    private Date publishDate = null;
    /* 图书价格 */
    private float price;

    /* 构造方法 */
    public BookVO() {
    }

    /* 各属性的 getter 和 setter 方法 */
    ......

    @Override
    public String toString() {
        StringBuilder str = new StringBuilder("Book Object===>");
        str.append("id:").append(id).append("\tbookName:").append(bookName)
            .append("\tbarCode:").append(barCode).append("\tpublish:").append(publish)
            .append("\tpublishDate:").append(publishDate).append("\tprice:").append(price)
            .append("\tcount:").append(count);
        return str.toString();

    }
}
```

3）BookDAO.java，访问查询数据库获取数据，编写查询方法，根据从页面获取的图书名称、出版社和出版年份进行查询，将查询的结果封装为列表返回。具体代码如下。

```
......
public class BookDAO {

/**
 * 根据条件查询图书信息
 * @param params 参数列表，Map 的 key 为参数名称（pName|pBarCode|pPublish），value 为参数的值
 * @return 返回符合条件的图书信息列表
 */
    public List<BookVO> listBook(String pName, String pPublish, int pYear) {
        Connection conn = DbUtil.getConnection();
        String sql = "select * from t_book where 1 = 1 ";
        PreparedStatement pstmt = null;
        ResultSet rs = null;
        List<BookVO> list = new Vector<BookVO>();
```

```
        try {
            //形成参数化的 SQL 语句
            if (pName != null && !"".equals(pName)) {
                sql += " and book_name like ? ";
            }
            if (pPublish!= null && !"".equals(pPublish)){
                sql += " and publisher like ? ";
            }
            if (pYear > 0) {
                sql += " and year(publish_date) =  ? "
            }
            pstmt = conn.prepareStatement(sql);

            // 插入参数值
            int index = 0;
            if (pName != null && !"".equals(pName)) {
                index ++;
                pstmt.setString(index, "%"+ pName + "%");
            }
            if (pPublish!= null && !"".equals(pPublish)) {
                index ++;
                pstmt.setString(index,"%"+ pPublish + "%");
            }
            if (pYear > 0) {
                index ++;
                pstmt.setInt(index, pYear);
            }
            rs = pstmt.executeQuery();

            while(rs.next()) {
                BookVO obj = new BookVO();
                obj.setId(rs.getInt("id"));
                obj.setBookName(rs.getString("book_name"));
                obj.setBarCode(rs.getString("barcode"));
                obj.setPublish(rs.getString("publisher"));
                obj.setPublishDate(rs.getDate("publish_date"));
                obj.setPrice(rs.getFloat("price"));
                list.add(obj);
            }// end for while(rs.next())
        } catch (SQLException e) {
            ......
        }
        return list;
    }
}
```

4）book_list.jsp，图书信息列表页面，由两部分组成，分别为查询检索表单和查询结果展示页面。在查询检索表单中输入条件后，单击“检索”按钮提交到本页面，执行调用 BookDAO 的查询方法，接收到返回结果后，显示符合条件的图书信息列表。具体代码如下。

```
......
<%
    String pYear= (String) request.getParameter("pYear");
    String pName = (String) request.getParameter("pName");
    String pPublish = (String) request.getParameter("pPublish");
%>
<div id="container">
    <div id="location">
        当前位置：图书模块》查询图书信息
    </div>
    <div id="queryArea">
        <form name="frmMain" action="book_list.jsp" method="post">
        <span>图书名称：<input type="text" name="pName" value="<%=(pName= =null?"":pName)%>">
</span>
        <span>出版社：<input type="text" name="pPublish" value="<%=(pPublish= =null?"":pPublish)%>">
</span>
        <span>出版年份：<input type="text" name="pYear" value="<%=(pYear= =null?"":pYear)%>">
</span>
        <span><input type="submit" value=" 查 询 "><input type="reset" value=" 清 空 "></span>
        </form>
    </div>
<%
    // 将年份转换为 int 类型
    int year = 0;
    try {
        year = Integer.parseInt(pYear);
    } catch (Exception ex) {
        year = -1; // 转为不成功的情况
    }
    BookDAO dao = new BookDAO();
    List<BookVO> bookList = dao.listBook(pName, pPublish, year);
%>
<div>
    <table width="100%" border="1" cellspacing=" 0 " cellpadding=" 3">
        <caption><h2>图书信息列表</h2></caption>
        <tr>
            <th>图书编号</th>
            <th>图书名称</th>
            <th>出版社</th>
            <th>出版日期</th>
            <th>图书价格</th>
        </tr>
        <%
            // 遍历的方式展示符合条件的图书数据列表
            for (BookVO obj : list){
            %>
```

```
            <tr>
                <td><%=obj.getBarCode() %></td>
                <td><%=obj.getBookName() %></td>
                <td><%=obj.getPublish() %></td>
                <td><%=obj.getPublishDate() %></td>
                <td><%=obj.getPrice()%></td>
            </tr>
            <%    }    %>
        </table>
    </div>
    </div>
```

思考题

（1）JavaBean 是什么？有什么特点？

（2）JSP 中使用 JavaBean 有什么优点？

（3）JavaBean 主要有哪几种？各自的作用分别是什么？

（4）在综合案例中，如果需要传递的查询参数更多，应如何修改参数传递方式，才能使程序具有更好的兼容性？

第 9 章　Servlet 技术

Servlet 是 Java EE 的核心技术之一，也是 JSP 页面的核心原理与实现支撑，既支持输出内容到客户端，也支持请求数据处理与业务逻辑调度，具有广泛的适用性与灵活性。本章主要介绍 Servlet 的基本概念、生命周期与工作过程，还重点介绍了 JSP 页面与 Servlet 之间的交互，以及综合案例——登录跳转。

9.1　Servlet 基础

知识点视频 9-1
Servlet 基础

9.1.1　Servlet 概念

Servlet 全称 Java Servlet，是 Java EE 的核心技术之一。它是用 Java 编写的服务器端程序，是用于开发动态 Web 资源的技术。其主要功能在于交互式地浏览和修改数据，生成动态 Web 内容。

Servlet 没有 main 方法，不能独立运行，它的运行需要容器的支持，Tomcat 是最常用的 JSP/Servlet 容器。Servlet 运行在 Servlet 容器中，并由容器管理从创建到销毁的整个过程。

Servlet 是一个 API，它提供了许多接口和类（包括文档）。开发具体的应用时，会调用这些 Servlet 相关的接口和类的方法 API，实现前后端之间的数据交换以及数据处理。

Servlet 是一个必须实现的接口，创建任何 Servlet 类必须要实现该接口。由于 HttpServlet 已经实现了 Servlet 和 ServletConfig 接口，所以创建自定义 Servlet 类时可继承 HttpServlet 或重新实现 Servlet 接口。

Servlet 是一个扩展服务器功能并响应传入请求的类，可以响应包括 Get、Post 在内的 HTTP 中定义的任何类型请求。

相比于传统的 JSP 技术，Servlet 的技术特点如下。

（1）高效

在服务器上仅有一个 Java 虚拟机在运行，当多个来自客户端的请求进行访问时，Servlet 为每个请求分配一个线程而不是进程。

（2）方便

Servlet 提供了大量的实用工具方法，例如处理带有附件的复合 HTML 表单数据、读取和设置 HTTP 头、处理 cookie 和跟踪会话等。

（3）跨平台

Servlet 是用 Java 类编写的，可以在不同的操作系统平台和应用服务器平台运行，只需要安装 Java 运行环境即可。

（4）灵活性和可扩展性

采用 Servlet 开发的 Web 应用程序，由于其中的 Servlet、JavaBean 等 Java 类具备的封装、继承、多态特性，使得其应用灵活，可根据应用需要、并行计算、展示设备等要求任意扩展。

（5）共享数据

Servlet 之间通过共享数据可以很容易地实现数据库连接池，能方便地实现管理用户请求、简化 Session 和获取前一页面信息的操作。

（6）安全

Java 定义有完整的安全机制，包括 SSL/CA 认证、安全政策等规范，保证 Servlet 自身的运行安全和数据访问安全。

9.1.2　Servlet 规范解析

创建 Servlet 需要继承自 HttpServlet 或 GenericServlet 类，这是 Servlet 的规范定义的。具体的 Servlet 类如图 9-1 所示。

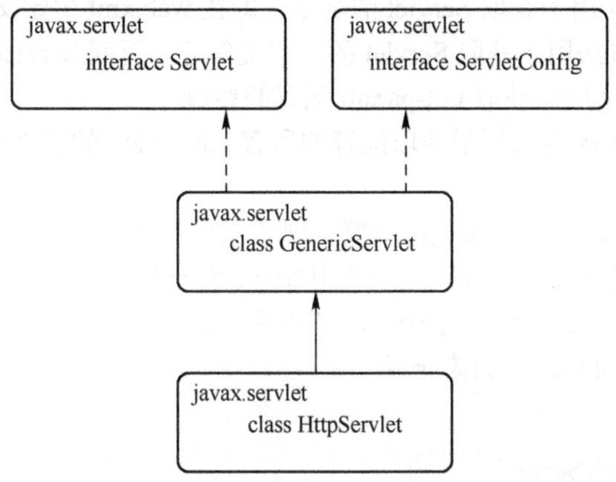

图 9-1　Servlet 的继承关系

各个接口与类的主要代码和具体说明如下。

1．Servlet 接口

以 Servlet 3.1 规范为例，代码如下。

```
// javax.servlet.Servlet
public interface Servlet {
    public void init(ServletConfig config) throws ServletException;
    public ServletConfig getServletConfig();
    public void service(ServletRequest req, ServletResponse res) throws ServletException, IOException;
    public String getServletInfo();
    public void destroy();
}
```

- init 方法在容器启动时被容器调用（若 load-on-startup 设置为负数或者不设置，在 Servlet 第一次用到时才被调用），且只会调用一次。
- getServletConfig 方法用于获取 ServletConfig 对象。
- service 方法用于具体处理一个请求。
- getServletInfo 方法可以获取一些 Servlet 相关的信息，如作者、版权等，这个方法需要自己实现，默认返回空字符串。
- destroy 方法主要用于在 Servlet 销毁（一般指关闭服务器）时释放一些资源，且只会调用一次。

2．ServletConfig 接口

ServletConfig 是指 Servlet 的配置信息，可以读取在 web.xml 中定义 Servlet 时通过 init-param 标签配置的参数，这些参数和值都是用 ServletConfig 来保存的，代码如下。

```
package javax.servlet;
```

```
import java.util.Enumeration;
public interface ServletConfig {
    public String getServletName();
    public ServletContext getServletContext();
    public String getInitParameter(String name);
    public Enumeration<String> getInitParameterNames();
}
```

- getServletName 方法用于获取 Servlet 的名字，即在 web.xml 中定义的 servlet-name。
- getServletContext 方法用于获取 Servlet 的上下文信息，返回 ServletContext 对象。
- getInitParameter 方法用于获取 init-param 配置的参数。
- getInitParameterNames 方法用于获取配置的所有 init-param 的名字集合。

3．GenericServlet

GenericServlet 是 Servlet 的默认实现，主要实现了三个方法。

1）实现了 ServletConfig 接口，可以直接调用 ServletConfig 的方法。

2）提供了无参的 init 方法，即空的 Servlet 初始化方法。

3）提供了 log 方法，可以进行日志记录。

代码如下所示。

```
// javax.servlet.GenericServlet
public ServletContext getServletContext() {
    ServletConfig sc = getServletConfig();
    if (sc == null) {
        throw new IllegalStateException(
        lStrings.getString("err.servlet_config_not_initialized"));
    }
    return sc.getServletContext();
}
public void init(ServletConfig config) throws ServletException {
    this.config = config;
    this.init();
}
public void init() throws ServletException {

}
public void log(String msg) {
    getServletContext().log(getServletName() + ": " + msg);
}
public void log(String message, Throwable t) {
    getServletContext().log(getServletName() + ": " + message, t);
}
```

- getServletContext 方法实际上是调用 ServletConfig 对象的方法，但是在调用前进行了判断，确保该对象不为空。
- init 方法有两个实现，分别是无参的初始化和带 ServletConfig 参数的初始化。
- log 方法有两个实现，分别是只带基本消息参数的输出和带消息参数加异常对象的输出，本质上也是调用 ServletContext 对象的 log 方法。

需要注意的是，GenericServlet 与具体协议无关，即不依赖于具体的协议（如 HTTP）。

4．HttpServlet

HttpServlet 是用 HTTP 实现的 Servlet 的基类，编写 Servlet 时可以直接继承，不需要再重新实现 Servlet 接口。

HttpServlet 最主要的工作是重写了 service 方法。在 service 方法中，首先将 ServletRequest 和 ServletResponse 转换为 HttpServletRequest 和 HttpServletResponse，然后根据 HTTP 不同的请求类型，将请求转发到不同的处理方法，代码如下。

```
// javax.servlet.http.HttpServlet
public void service(ServletRequest req, ServletResponse res)throws ServletException, IOException{
    HttpServletRequest request;
    HttpServletResponse response;
    //如果请求类型不相符，则抛出异常
    if (!(req instanceof HttpServletRequest &&res instanceof HttpServletResponse)) {
        throw new ServletException("non-HTTP request or response");
    }
    //转换 request 和 response 的类型
    request = (HttpServletRequest) req;
    response = (HttpServletResponse) res;
    //调用 HTTP 的处理方法
    service(request, response);
}

protected void service(HttpServletRequest req,HttpServletResponse resp)throws ServletException, IOException{
    //获取请求类型
    String method = req.getMethod();
    //将不同的请求类型转发到不同的处理方法
    if (method.equals(METHOD_GET)) {
        long lastModified = getLastModified(req);
        if (lastModified == -1) {
            doGet(req, resp);
        } else {
            long ifModifiedSince = req.getDateHeader(HEADER_ IFMODSINCE);
            if (ifModifiedSince < lastModified) {
                maybeSetLastModified(resp, lastModified);
                doGet(req, resp);
            } else {
                resp.setStatus(HttpServletResponse.SC_NOT_MODIFIED);
            }
        }
    } else if (method.equals(METHOD_HEAD)) {
        long lastModified = getLastModified(req);
        maybeSetLastModified(resp, lastModified);
        doHead(req, resp);
    } else if (method.equals(METHOD_POST)) {
        doPost(req, resp);
    } else if (method.equals(METHOD_PUT)) {
```

```
                doPut(req, resp);
            } else if (method.equals(METHOD_DELETE)) {
                doDelete(req, resp);
            } else if (method.equals(METHOD_OPTIONS)) {
                doOptions(req,resp);
            } else if (method.equals(METHOD_TRACE)) {
                doTrace(req,resp);
            } else {
                String errMsg = lStrings.getString("http.method_not_implemented");
                Object[] errArgs = new Object[1];
                errArgs[0] = method;
                errMsg = MessageFormat.format(errMsg, errArgs);
                resp.sendError(HttpServletResponse.SC_NOT_IMPLEMENTED, errMsg);
            }
        }
```

具体处理方法是 doxxx 的结构，如最常用的 doGet 和 doPost 就是在这里定义的。doGet、doPost、doPut 和 doDelete 方法都是模板方法，如果子类没有实现，将抛出异常。

- doGet 方法在调用前会对是否过期进行检查，如果没有过期则直接返回 304 状态码，即使用缓存中的内容。
- doPost 方法不做任何预处理，直接调用自定义的 doPost 方法。
- doHead 方法调用了 doGet 方法的请求，然后返回 body 为空的 Response。
- doOptions 和 doTrace 方法正常情况下可以禁用，主要是用来做一些调试工作。doOptions 方法返回所有支持的处理类型的集合，正常情况下可以禁用。doTrace 方法用来远程诊断服务器，它会将接收到的 header 原封不动地返回，这种做法很可能会存在安全漏洞，所以如果不是必须使用，最好禁用。由于 doOptions 和 doTrace 方法的功能非常固定，所以 HttpServlet 有默认实现。

9.1.3 Servlet 的创建与运行

根据前文介绍的 Servlet 规范，创建 Servlet 时只需要继承 HttpServlet 类，实现其中的 doGet 与 doPost 方法，其他方法采用 HttpServlet 中的默认实现即可。

1. 创建简单的 Servlet

此处创建一个示例 Servlet，返回 Servlet 的请求头、协议和描述信息，代码如下。

```
/** 简单输出 Servlet，编写 doGet 方法即可,采用注解方式 */
@WebServlet("/firstServlet")
public class FirstServlet extends HttpServlet {
    private final int ID = -1;

    protected void doGet(HttpServletRequest request,HttpServlet Response response)throws ServletException,
            IOException {
        response.setContentType("text/html;charset=utf-8");
        PrintWriter out = response.getWriter();
        //获取请求头的相关信息
        out.println("getMethod:" + request.getMethod() + "<br/>");
        out.println("getQueryString:" + request.getQueryString() + "<br/>");
```

```
            out.println("getProtocol:" + request.getProtocol() + "<br/>");
            out.println("getContextPath" + request.getContextPath() + "<br/>");
            out.println("getRemoteAddr:" + request.getRemoteAddr() + "<br/>");
            out.println("getRemoteHost:" + request.getRemoteHost() + "<br/>");
            out.println("getRemotePort:" + request.getRemotePort() + "<br/>");
            out.println("getServerName:" + request.getServerName() + "<br/>");
            out.println("getServerPort:" + request.getServerPort() + "<br/>");
            out.println("getRequestURL:" + request.getRequestURL() + "<br/>");
        }
    }
```

2．运行 Servlet

上例代码中，Servlet 的路径采用注解的方式定义，即@WebServlet(“/firstServlet”)。假设当前应用的名称为 myweb，访问时，直接在浏览器中输入地址 http://localhost:8080/myweb/firstServlet。其中，localhost 是本机名称；8080 是 Web 服务器的端口；myweb 是当前应用的名称；firstServlet 是通过注解定义的 Servlet 访问路径。

在这种请求方式下，默认采用 get 方式访问 Servlet，直接由 Servlet 的 doGet 方法进行处理，运行后返回的页面如图 9-2 所示。

```
getMethod:GET
getQueryString:null
getProtocol:HTTP/1.1
getContextPath
getRemoteAddr:0:0:0:0:0:0:0:1
getRemoteHost:0:0:0:0:0:0:0:1
getRemotePort:56404
getServerName:localhost
getServerPort:8080
getRequestURL:http://localhost:8080/firstServlet
```

图 9-2　Servlet 方法使用示例

9.1.4　Servlet 映射配置

Servlet 映射是指 Servlet 的 mapping，即所处理的 URL 与 Servlet class 之间关系，也就是什么 URL 由哪个 Servlet 进行处理。这个映射需要在 Servlet 容器工作之前先进行注册，声明其 URL 与对应的 Servlet class 之后，才能被 Web 服务器正确地解析与分发请求。目前，Servlet 映射的配置方式有两种，一种是 web.xml 方式，另一种是注解方式。

1．web.xml

web.xml 是 Web 应用的配置信息文件，用于存储整个 Web 应用的基础参数、Servlet 映射关系以及初始参数等信息。在 web.xml 中可以详细配置 Servlet 映射关系。

web.xml 文件中使用<servlet>元素和<servlet-mapping>元素配置 Servlet。<servlet>元素用于注册 Servlet，它包含两个主要的子元素，即<servlet-name>和<servlet-class>，分别用于设置 Servlet 的注册名称和 Servlet 的完整类名。一个<servlet-mapping>元素用于映射已注册 Servlet 的一个对外访问路径，它包含两个子元素，即<servlet-name>和<url-pattern>，分别用于指定 Servlet 的注册名称和 Servlet 的对外访问路径，代码如下。

```
    <servlet>
```

```
        <servlet-name>MyFirstServlet</servlet-name>
        <servlet-class>nchu.ss.servlet.FirstServlet</servlet-class>
    </servlet>
    <servlet-mapping>
        <servlet-name> MyFirstServlet </servlet-name>
        <url-pattern>/firstServlet</url-pattern>
    </servlet-mapping>
```

两个块不存在包含关系，因此在位置上可以分开，不必相邻。不过，通常建议放在一起，方便维护。

另外，同一个 Servlet 可以被映射到多个 URL 上，即多个<servlet-mapping>元素的<servlet-name>子元素的设置值可以是同一个 Servlet 的注册名称，代码如下。

```
    <servlet>
        <servlet-name>MyFirstServlet</servlet-name>
        <servlet-class>nchu.ss.servlet.FirstServlet</servlet-class>
    </servlet>
    <servlet-mapping>
        <servlet-name> MyFirstServlet </servlet-name>
        <url-pattern>/firstServlet</url-pattern>
    </servlet-mapping>
    <servlet-mapping>
        <servlet-name> MyFirstServlet </servlet-name>
        <url-pattern>/test</url-pattern>
    </servlet-mapping>
```

需要注意的是，web.xml 一旦修改，则需要重启当前应用，这次修改的内容才会生效。不过，也可以修改 Tomcat 的服务器配置文件 conf/context.xml，将其设置为自动重启，当 web.xml 被监测到有任何修改时，自动重启当前应用，设置的内容如图 9-3 所示。

```
<Context>

    <!-- Default set of monitored resources. If one of these changes, the    -->
    <!-- web application will be reloaded.                                    -->
    <WatchedResource>WEB-INF/web.xml</WatchedResource>
    <WatchedResource>${catalina.base}/conf/web.xml</WatchedResource>

    <!-- Uncomment this to disable session persistence across Tomcat restarts -->
    <!--
    <Manager pathname="" />
    -->
</Context>
```

图 9-3 Tomcat 配置文件示例

使用 web.xml 方式进行 Servlet 映射配置，其优势在于可以为 Servlet 定义多种不同的映射，甚至可以是一个特定的 URL，使用非常灵活。

2．注解（Annotation）

从 Servlet 3.0 开始支持使用注解方式配置 Servlet 映射，即使用@WebServlet 注解，在所定义的 Servlet 类的声明语句上方添加该注解，代码如下。

```
    @WebServlet("URL-Pattern")
    public class xxxServlet extends HttpServlet {
```

```
    ......
}
```

URL-Pattern 与 web.xml 声明方式一致，必须是以“/”开头的路径，即相对于当前应用的根目录。以这种方式重新定义 9.1.3 节中的示例，代码如下。

```
@WebServlet("/firstServlet")
public class FirstServlet extends HttpServlet {
    ///具体代码
}
或者
@WebServlet(urlPatterns="/firstServlet")
public class FirstServlet extends HttpServlet {
    ///具体代码
}
```

使用注解方式进行 Servlet 映射配置，其优势在于将程序员的焦点转回到业务代码的编写，配置非常简单。

WebServlet 注解具有一些常用的属性，具体见表 9-1。

表 9-1　WebServlet 注解的常用属性

属性名	类型	标签	描述	是否必需
name	String	<servlet-name>	指定 Servlet 的 name 属性，如果没有显式指定，则取值为该 Servlet 的完全限定名，即包名+类名	否
value	String[ ]	<url-pattern>	该属性等价于 urlPatterns 属性，两者不能同时指定，如果同时指定，通常是忽略 value 的取值	是
urlPatterns	String[ ]	<url-pattern>	指定一组 Servlet 的 URL 匹配模式	是
loadOnStartup	int	<load-on-startup>	指定 Servlet 的加载顺序	否
initParams	WebInitParam[ ]	<init-param>	指定一组 Servlet 的初始化参数	否
asyncSupported	boolean	<async-supported>	声明 Servlet 是否支持异步操作模式	否
description	String	<description>	指定该 Servlet 的描述信息	否
displayName	String	<display-name>	指定该 Servlet 的显示名	否

除了@WebServlet 注解外，Servlet 3.0 还支持@WebInitParm、@WebFilter 和@WebListener 等注解，这就使得 web.xml 从 Servlet 3.0 开始不再是必选项。

3．URL-Pattern

URL-Pattern 是服务器决定某个客户端请求由哪个 Servlet 进行处理的依据，服务器在接收到某个客户端请求的完整 URL 后，将其中的主机号、IP 和应用名称去除后，进行 URL-Pattern 的匹配。如果匹配成功，就将请求交给该 URL-Pattern 映射的 Servlet 进行处理；否则，会产生找不到资源错误。这里，.html、.css、.js、.png 等静态文件会被自动定位到相应目录中，.jsp 文件也会被转发到相应的处理对象上。

假如客户端的 URL 是 http://localhost:8080/app/index.html，其应用上下文是 app，容器会将 http://localhost:8080/app 去掉，用剩下的/index.html 部分与 Servlet 的映射进行匹配。

URL-Pattern 匹配时有三种类型的匹配：精确匹配、路径匹配、扩展名匹配。

（1）精确匹配

精确匹配定义的 URL 是一个完整的 URL 地址，不含任何通配符。

例如，web.xml 中有以下配置定义。

```
<servlet-mapping>
    <servlet-name>MyServlet</servlet-name>
    <url-pattern>/user/users.html</url-pattern>
    <url-pattern>/index.html</url-pattern>
    <url-pattern>/user/addUser.action</url-pattern>
</servlet-mapping>
```

假设当前应用的完整路径为 http://localhost:8080/appDemo，则以上三个 url-pattern 将严格匹配以下三个 URL。

```
http://localhost:8080/appDemo/user/users.html
http://localhost:8080/appDemo/index.html
http://localhost:8080/appDemo/user/addUser.action
```

（2）路径匹配

路径匹配是指匹配规则定义为以“/”字符开头并以“/*”结尾的字符串。

例如，web.xml 中有以下配置定义。

```
<servlet-mapping>
    <servlet-name>MyServlet</servlet-name>
    <url-pattern>/user/*</url-pattern>
</servlet-mapping>
```

上述代码表示，路径以/user/开始，后面的路径可以任意。

假设当前应用的完整路径为 http://localhost:8080/appDemo，则下面的 URL 都会被匹配。

```
http://localhost:8080/appDemo/user/users.html
http://localhost:8080/appDemo/user/addUser.action
http://localhost:8080/appDemo/user/updateUser.actionl
```

（3）扩展名匹配

扩展名匹配是指匹配规则定义为以“*.”开头的字符串，这个规则将自动用于扩展名匹配。

例如，web.xml 中有以下配置定义。

```
<servlet-mapping>
<servlet-name>MyServlet</servlet-name>
<url-pattern>*.jsp</url-pattern>
<url-pattern>*.action</url-pattern>
</servlet-mapping>
```

假设当前应用的完整路径为 http://localhost:8080/appDemo，则任何扩展名为.jsp 或.action 的 URL 请求都会匹配，比如下面的 URL 都会被匹配。

```
http://localhost:8080/appDemo/user/users.jsp
http://localhost:8080/appDemo/toHome.action
```

需要注意的是，URL-Pattern 映射匹配过程具有优先顺序：精确匹配>路径匹配>扩展名匹配。当有一个规则匹配成功以后，将不再匹配剩下的 Servlet 映射规则。

9.2　Servlet 原理

9.2.1　Servlet 对象的生命周期

对象从创建到销毁的过程称为对象的生命周期。Servlet 类的对象从创建到销毁的过程称为 Servlet 对象的生命周期。

通常，Servlet 对象的生命周期可分为以下几个阶段。

（1）加载和实例化

Servlet 容器负责加载和实例化 Servlet，创建出该 Servlet 类的一个实例。该过程在整个生命周期中只会执行一次。

（2）初始化

在 Servlet 实例化完成之后，Servlet 容器负责调用该 Servlet 实例的 init()方法，在处理用户请求之前做一些设定的初始化工作。该方法在整个生命周期中只会执行一次。

（3）处理请求

在实例化和初始化阶段完成后，Servlet 实例进入可以处理业务请求的状态。当 Servlet 容器接收到一个请求时，会运行与之对应的 Servlet 实例的 service()方法，service()方法再根据请求的方式（get/post）分派相对应的 doGet/doPost 方法来处理用户请求。该方法在整个生命周期中会执行多次，根据收到的请求而定。

（4）销毁

当 Servlet 容器决定将一个 Servlet 实例从服务器中移除时（如 Servlet 类文件被更新），会调用该 Servlet 实例的 destroy()方法，在销毁该 Servlet 实例之前会执行一些清理的工作。该方法在整个生命周期中只会执行一次。

9.2.2　Servlet 工作过程

Servlet 容器负责各个 Servlet 对象的实例化，Servlet 实例负责响应客户端提交的请求，执行相应的 doGet 和 doPost 方法并返回结果。Servlet 容器对 Servlet 对象进行管理的工作过程如图 9-4 所示。

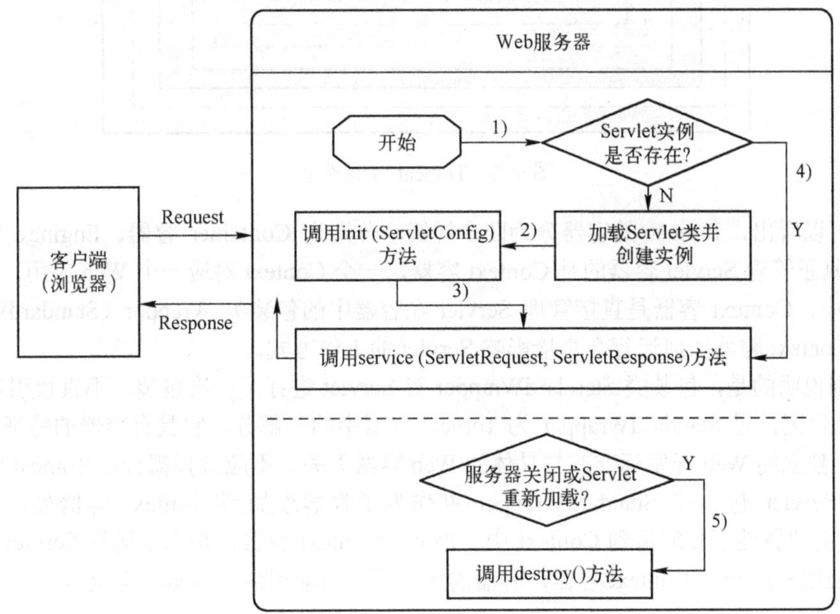

图 9-4　Servlet 工作过程

具体的过程说明如下。

1）当客户端浏览器向服务器请求一个 Servlet 时，服务器收到该请求后，首先到容器中检索与请求匹配的 Servlet 实例是否已经存在。若不存在，则 Servlet 容器负责加载并实例化出该 Servlet 类的一个实例对象。

2）随后，Servlet 容器负责调用该实例的 init()方法，对创建的实例做一些初始化工作。

3）然后 Servlet 容器调用该实例的 service()方法。

4）若 Servlet 实例已经存在，则容器框架直接调用该实例的 service()方法，service()方法在运行时，根据请求的方式自动运行与用户请求相对应的 doxxx()方法来响应用户请求。

5）若接收到服务器关闭或某个 Servlet 重新加载的消息，则调用该 Servlet 实例的 destroy()方法。

通常，每个 Servlet 类在容器中只存在一个实例，每当客户端有请求时，容器会分配一个线程来处理该请求。

9.2.3　Tomcat 的容器模型

Tomcat 是一种经典的 Web 容器，提供了 JSP 和 Servlet 的容器管理功能。Tomcat 的容器模型如图 9-5 所示。

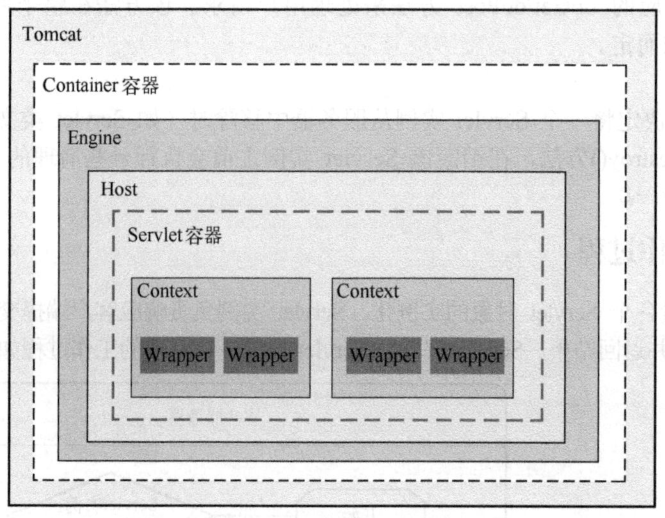

图 9-5　Tomcat 容器模型

从图中可以看出，Tomcat 的容器分为四个等级，分别为 Container 容器、Engine、Servlet 容器和 Context。真正管理 Servlet 容器的是 Context 容器，一个 Context 对应一个 Web 应用。

Tomcat 中，Context 容器是直接管理 Servlet 在容器中的包装类 Wrapper（StandardWrapper）的容器，所以 Context 容器如何运行会直接影响 Servlet 的工作方式。

需要特别说明的是，包装类 StandardWrapper 对 Servlet 进行了一次包装。不直接引用 Servlet 对象而加包装的原因，是 StandardWrapper 为 Tomcat 容器中的一部分，它具有容器的特征；而 Servlet 本身作为一个独立的 Web 开发标准，与具体的 Web 容器无关，不应该强耦合在 Tomcat 中。

除了将 Servlet 包装成 StandardWrapper 并作为子容器添加到 Context 容器外，其他的所有 web.xml 中定义的属性都被解析到 Context 中。因此，Context 容器才是真正运行 Servlet 的容器。通常一个 Web 应用对应一个 Context 容器，容器的配置属性由应用的 web.xml 指定。

9.3 JSP 页面与 Servlet 交互

在 Java EE 的体系中，JSP 与 Servlet 是两个主要的组件。其中，JSP 主要负责页面内容结构、数据展示和用户交互，Servlet 负责请求响应、调度转发和业务逻辑处理，两者的有机结合形成了 Web 应用的基本实现。

JSP 与 Servlet 的交互形式有两大类，分别为 JSP 转向至 Servlet 以及 Servlet 转向至 JSP，根据传递数据的方式和大小，又可以进一步细分。

9.3.1 JSP 转向至 Servlet

JSP 转向至 Servlet 通常分为两种情况，一是 JSP 将表单数据提交至 Servlet 端进行数据和业务处理；二是 JSP 端直接通过超链接跳转至 Servlet 响应的 URL 上，可能携带一定的参数数据。本质上，JSP 转向至 Servlet 可看成 JSP 提交数据至 Servlet 进行处理，提交的方式主要有两种，即 get 和 post。两种方式的区别见表 9-2。

表 9-2 get 与 post 区别

	get 方式	post 方式
操作方式	直接在地址栏中输入 URL、打开网页中的超链接、form 提交时 method 为 get 或空时（默认是 get 提交）	form 中 method 属性为 post
数据传送方式	表单数据存放在 URL 地址后面，所有 get 方式提交时 HTTP 中没有消息体	表单数据存放在 HTTP 的消息体中，以实体的方式传送到服务器
传送的数据量	数据量长度有限制，一般不超过 2KB，因为是参数传递，且在地址栏中，故数据量有限制	适合大规模的数据传送，因为是以实体的方式传送的
安全性	安全性差，因为是直接将数据显示在地址栏中，浏览器有缓冲，可记录用户信息	安全性高，因为采用的是 HTTP post 机制，是将表单中的字段与值放置在 HTTP header 内一起传送到 action 所指的 URL 中，用户不可见
在用户刷新时	不会有任何提示	会弹出提示框，询问用户是否重新提交

对于客户端提交的 get/post 请求，Servlet 实例将使用相应的 doGet/doPost 方法进行响应。这两个方法的函数声明代码如下。

```
protected void doGet(HttpServletRequest req, HttpServletResponse res) throws ServletException,
                        IOException {
    ......
}
protected void doPost(HttpServletRequest req, HttpServletResponse res) throws ServletException,
                        IOException {
    ......
}
```

可以看出，两个方法的原型完全一致，只是方法名称不同。这也说明两个方法的实际工作是一致的，只是对应处理的请求方式不同。因此，在实际开发过程中，如果没有限制请求方式，两个处理方法可以重用相同的业务代码。

9.3.2 Servlet 转向至 JSP

Servlet 转向至 JSP 主要用于 Servlet 处理完业务逻辑后，跳转至 JSP 页进行结果展示。此时，

Servlet 的跳转方式有两种，即重定向与转发请求。

1. 重定向

使用重定向方式时，Servlet 在完成需要处理的业务逻辑后，将页面重定向至某个 JSP 页面，不需要传递大量或复杂的数据。重定向主要使用 response 对象的 sendRedirect 方法来实现。该方法的语法格式如下。

```
public void sendRedirect(String url)
```

url 参数是要跳转的页面，可以是相对 URL 地址，也可以是绝对 URL 地址。

例如，当前 URL 为 http://localhost:8080/myweb/user/listServlet，当使用以下跳转时：

1）response.sendRedirect("login.jsp")，使用的是相对地址，将当前的 path 作为基础 path，即将跳转至 http://localhost:8080/myweb/user/login.jsp。

2）response.sendRedirect("../error.jsp")，使用的是相对地址，当前基础 path 为/myweb/user/，“..”表示上一级，因此将跳转至 http://localhost:8080/myweb/error.jsp。

3）resonse.sendRedirect("/index.jsp")，使用的是相对地址，需要注意的是，由于是浏览器端跳转，此处的“/”表示的是 Web 服务（即 Tomcat 服务器）的基础地址 http://localhost:8080/，因此将跳转至 http://localhost:8080/index.jsp。

4）response.sendRedirect("www.nchu.edu.cn/zsw/index.html")，使用的是绝对地址，将直接跳转至 http://www.nchu.edu.cn/zsw/index.html。

如果需要传递少量参数，可以通过在 URL 上附加 queryString 来完成，代码如下。

```
response.sendRedirect("login.jsp?failtype=2&msg=invalid_code");
```

通过上述代码，Servlet 向 login.jsp 页面跳转时，附加了 failtype 和 msg 两个参数，在 login.jsp 中可以解析到这两个参数。

从原理上来看，使用 response.sendRedirect 转向的本质是向浏览器发送一个特殊的 Header，然后由浏览器来执行转向，转到 URL 参数指定的页面，所以用 sendRedirect 时，在浏览器的地址栏上可以看到地址的变化。

由于 response.sendRedirect 本质上是浏览器进行的转向，所以在参数数值上，新的 JSP 页面将不能再共享原来 Servlet 对象中的 request 和 response 对象。

另外，如果在 Servlet 中使用了 response.sendRedirect，代码中的输出语句 out.println()或 out.writeln()将可能会产生冲突，代码如下。

```
public void doGet(HttpServletRequest resquest,HttpServletResponse response) throws ServletException,
            IOException{
    response.setContentType("text/;html");
    PrintWriter out=response.getWriter();
    out.println("<h2>标题</h2>");
    out.println("</p>这是返回信息</p>");
    response.sendRedirct("xxx.html");
    out.flush;
    out.close();
}
```

上述代码中，response.sendRedirect()方法在 out.flush()之前，将会导致之前的两行 out.println()无输出。这是因为使用 out 对象输出是先将所有要输出的内容放到缓冲区中，直到 out.flush()或

out.close()时，才会将这些内容送到客户端。如果在 out.flush()之前已经执行了 response.sendRedirect()，将会清空缓冲区内容，因此不会输出任何内容，而会直接转向至 xxx.html 页面。

如果 response.sendRedirect("xxx.html")放在 out.flush()或 out.close()之后，将会导致页面直接显示 HTML 内容，从而忽略 response.sendRedirect 的跳转指令，所以跳转无效。

2．转发请求

使用转发请求方式时，Servlet 在完成需要处理的业务逻辑后，将结果转发至某个 JSP 页面，此时会将相关的数据对象一起转发至新页面，可以在新页面中使用这些数据对象。

转发请求使用了 RequestDispatcher 对象的 forward 方法，相当于 JSP 页面中的<jsp:forward>标签，具体的语法格式如下。

```
public void forward(ServletRequest request, ServletResponse response) throws ServletException,
                    IOException;
```

在 Servlet 中使用这个方法的示例代码如下。

```
request.getRequestDispatcher(url).forward(request, response);
```

通过 request.getRequestDispatcher(url)方法获取到 RequestDispatcher 的实例，其中 url 是当前应用下的 Servlet、JSP 或 HTML。再调用其 forward 方法，同时将当前 Servlet 中的 request 和 response 对象作为参数，传递到新的 URL 中。因此，转发请求方式可以通过 request 对象的 setAttribute 方法传递大量的对象数据。

与 response.sendRedirect 方法不同的是，这种方式转发请求后，地址栏中的 URL 不会发生变化，依然是之前请求的那个 URL。例如，用户从客户端请求的是目标资源 A，A 接收到请求后，使用 forward 方法将请求转发给 B，B 进行相应的业务处理和数据展示。此时，浏览器的地址栏不会发生变化，依然是 A 的 URL。

url 参数是要跳转的页面，只能是当前应用下的某个资源 URL，即这种方式不能跳出当前应用跳转至其他应用的资源。

例如，当前 URL 为 http://localhost:8080/myweb/user/listServlet，当使用以下跳转时：

1）request.getRequestDispatcher("user_list.jsp").forward(req, res)，当前基础路径为/myweb/user/，要跳转的 URL 为 http://localhost:8080/myweb/user/ user_list.jsp。

2）request.getRequestDispatcher("../login").forward(req, res)，当前基础路径为/myweb/user/，“../”表示上一级目录，要跳转的 URL 为 http://localhost:8080/myweb/login。

需要注意的是，如果使用了 forward 语句，则不应该再使用 out.println()或 out.writeln()进行内容输出，原因与 resonse.sendRedirect 类似，即如果进行页面显示，则 forward 方法失效。如果先执行了 forward 语句，则页面输出缓冲区的内容被清空，out.println 等输出语句将无效。

forward()一般用于 MVC 模式中，Servlet 调用 JavaBean 进行业务处理和数据操作，将计算的结果返回至 JSP 视图中进行数据展示，使用 forward 对象将计算的结果通过参数对象传递至 JSP 页面中。

例如，UserListServlet 实现用户信息列表的展示，通过 UserDao 查询符合条件的数据，将结果封装后传递至 user_list.jsp 页面进行展示，代码如下。

```
/// UserListServlet 代码片段
......
protected void doPost(HttpServletRequest request,HttpServlet Response response) throws ServletException,
                    IOException {
```

```
            String keyword = request.getParameter("key"); // 获取参数 key
            UserDao dao = new UserDao();
            // 通过 key 查询符合条件的 user
            List<UserVo> userlist = dao.listUserByKey(keyword);
            // 将 userlist 放到 request 对象中进行传递
            request.setAttribute("user_list", userlist);
            request.getRequestDispatcher("user_list.jsp").forward(request, response);
    }
    ......
    <%-- user_list.jsp 代码片段 --%>
    ......
    <%
            // 从 request 中取出对象
            List<UserVo> list = (List<UserVo>)request.getAttribute ("user_list");
            for(UserVo user : list) { // 对 list 进行遍历
                // 显示每个 user 信息
                ......
            }
    ......
    %>
```

9.3.3 JSP 的本质

JSP 本质上是一种 Servlet 技术。如果客户端请求的是一个 JSP，则该 JSP 文件会被传递给 JSP 引擎，JSP 引擎将 JSP 文件转译为 Servlet 的 Java 文件，其实质就是使用这个 Servlet 来处理客户端的请求。具体过程如图 9-6 所示。

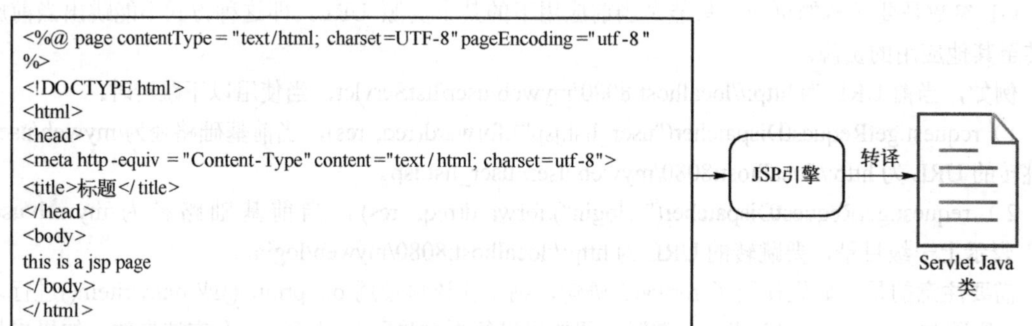

图 9-6 JSP 解析过程

JSP 转换成的 Servlet 的命名规则是“jsp 文件名_jsp.java”，然后它会被容器的 JVM 编译为“jsp 文件名_jsp.class”，再执行。以 Tomcat 服务器为例，打开目录%Tomcat%/work/[工程文件目录]，会看到里面有 3 个子目录：org、apache、jsp，若没有这 3 个子目录，说明项目的 JSP 文件还没有被访问过。进入 jsp 目录，会看到一些 *_jsp.java 和*_jsp.class 文件，这就是 JSP 文件被转换成 Servlet Java 类的源文件和字节码文件。示例如图 9-7 所示。

› demo › org › apache › jsp
名称
jsp9_002d1_jsp.class
jsp9_002d1_jsp.java
jsp9_002d2_jsp.class
jsp9_002d2_jsp.java
jsp9_002d3_jsp.class
jsp9_002d3_jsp.java

图 9-7 JSP 文件编译示例

从图 9-7 可以看出，应用 demo 中有 3 个 JSP 页面，即 jsp9_1.jsp、

jsp9_2.jsp、jsp9_3.jsp，它们分别被 JSP 引擎转换为 jsp9_002d1_jsp.java、jsp9_002d2_jsp.java、jsp9_002d3_jsp.java，再由 JVM 编译成相应的 class 文件。

JSP 转换为 Servlet 的规则如下。

1）所有的非 JSP 文本（如 HTML 代码、XML 代码）都会在生成的_jspService 方法中以字符串的形式使用 out 对象输出。

2）所有的<%　%>和<%=　%>脚本会以原本的 Java 代码直接插入_jspService 方法中原来的位置。

3）所有的<%!　%>中声明的变量和方法都会成为 Servlet 的类级别成员，因此<%!　%>可以写在 JSP 页面代码的任何地方。

4）<%--　--%>写的 JSP 注释只会保留在 JSP 代码中，不会保存在转换后的 Servlet 代码中。

一个 JSP 代码转换示例如图 9-8 所示。

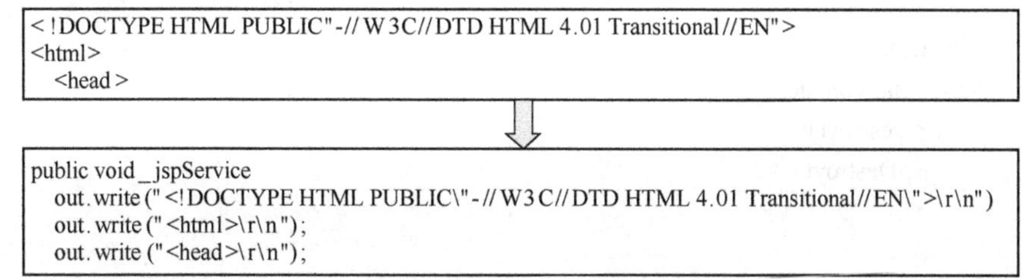

<!DOCTYPE HTML PUBLIC"-//W3C//DTD HTML 4.01 Transitional//EN">
<html>
<head>
public void _jspService
out.write("<!DOCTYPE HTML PUBLIC\"-//W3C//DTD HTML 4.01 Transitional//EN\">\r\n")
out.write("<html>\r\n");
out.write("<head>\r\n");

图 9-8　JSP 代码转换示例

转换后的 JSP Servlet 类均继承自 HttpJspBase 类，其继承结构如图 9-9 所示。

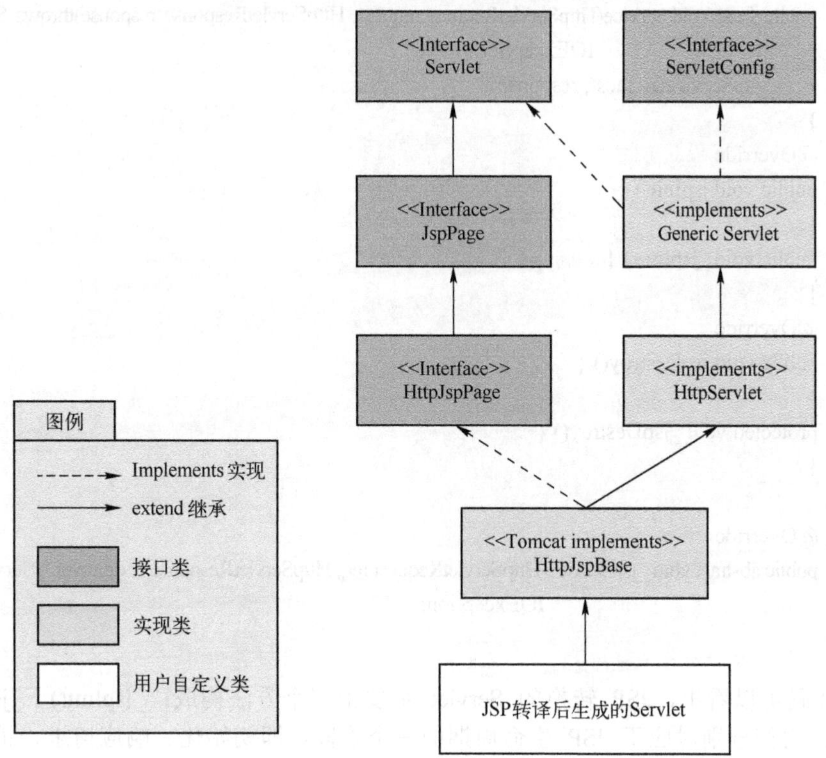

图 9-9　JSP Servlet 类结构

HttpJspBase 类的代码如下。

```
public abstract class HttpJspBase extends HttpServlet implements HttpJspPage {
    private static final long serialVersionUID = 1L;
    protected HttpJspBase() {    }

    @Override
    public final void init(ServletConfig config)
        throws ServletException{
        super.init(config);
        jspInit();
        _jspInit();
    }

    @Override
    public final void destroy() {
        jspDestroy();
        _jspDestroy();
    }

    /**
     * Entry point into service.
    */
    @Override
    public final void service(HttpServletRequest request, HttpServletResponse response)throws ServletException,
                      IOException{
        _jspService(request, response);
    }
    @Override
    public void jspInit() {
    }
    public void _jspInit() {
    }
    @Override
    public void jspDestroy() {
    }
    protected void _jspDestroy() {
    }

    @Override
    public abstract void _jspService(HttpServletRequest req, HttpServletResponse res)throws   ServletException,
                      IOException;
}
```

从上述代码可以看出，JSP 转换的 Servlet 主要由三个方法构成：_jspInit()、_jspService()、_jspDestroy()，它们分别对应于 JSP 生命周期的三个阶段，即初始化、响应请求、销毁阶段，与 Servlet 的生命周期类似。不同的是，JSP 中不区分 get 和 post 方式，因此，响应全部由_jspService()完成，JSP 转换后的主要代码都在_jspService()方法中。

Servlet 容器处理 JSP 页面的具体流程如图 9-10 所示。

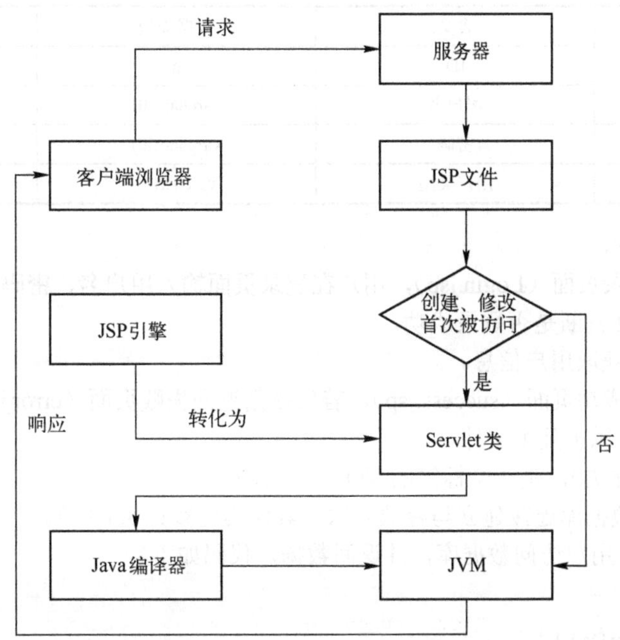

图 9-10　Servlet 容器处理 JSP 页面的流程

具体过程如下。

1）客户端浏览器向服务器请求一个 JSP 页面。

2）服务器先检查所请求的 JSP 文件（代码）是否被修改，或者 JSP 文件是否为创建后首次被访问。

3）如果是，这个 JSP 文件就会在服务器端的 JSP 引擎作用下转化为一个 Servlet 类的 Java 源代码文件。

4）然后，这个 Servlet 类会被 Java 编译器编译成字节码文件，并被装载到 JVM 解释执行，剩下的过程与 Servlet 的过程一致。

5）如果被请求的 JSP 文件（代码）没有被修改，那么处理过程等同于 Servlet 的处理过程。

由于 Servlet 实质上是一个 Java 类，因此非常适合用来处理业务逻辑。但如果 Servlet 要展示网页内容，就必须通过输出对象将 View 层内容以字符串的形式输出，这样编写非常复杂，且不易理解和维护。而在 JSP 中可以直接编写 View 层的内容（如 HTML、JavaScript），因此 JSP 主要用来展示网页内容。

因此，可以认为 JSP 与 Servlet 本质上是相同的，只是二者的特点不同，因此在实际工作中的使用方式不同。

9.4 Servlet 综合案例——登录跳转

案例操作视频 9-3
登录跳转

本节以完整的用户登录功能为例，展示 JSP 与 Servlet 及 JavaBean 之间的交互。

假设 MySQL 数据库 user_db 中有一个用户表（user），主要存储用户账号的基本信息，主要的字段及类型说明见表 9-3。

表 9-3 示例数据库表（user）说明

字段名	含义	数据类型	备注
user_id	ID	int	自增长 ID
username	用户名	varchar(50)	—
password	密码	varchar(50)	—
type	用户类型	varchar(2)	—

要实现的功能如下。

1）一个完整的登录页面（Login.jsp），用户在登录页面输入用户名、密码和用户类型。

2）在 LoginServlet 判断是否登录成功。

3）在 UserDao 中获取用户信息。

4）若成功则返回成功页面（success.jsp），若失败则返回失败页面（error.jsp）。

实现的代码主要有以下几个文件。

1）User.java（实体类），是一个标签的 VO 类，代码略。

2）DbUtil.java，数据库连接建立与释放方法，具体实现参见 8.3.3 节。

3）UserDao.java，用户访问数据库，并返回数据，代码如下。

```
......
public class UserDao {
    /**
     * 用户登录验证
     */
    public String userLogin(String username,String password,String type) throws SQLException{
        /*连接数据库*/
        Connection conn = DbUtil.getConnection();
        String sql = "select * from user where username = ?";
        PreparedStatement pst = conn.prepareStatement(sql);
        pst.setString(1,username);
        ResultSet rs = pst.executeQuery();
        User user = null;
        if(rs==null){
            return "1";// 用户名不存在
        }else{//查到用户
            /*将查询到的数据实例化为对象*/
            while (rs.next()){
                user = new User();
                user.setUsername(rs.getString("username"));
                user.setPassword(rs.getString("password"));
                user.setType(rs.getString("type"));
            }
            /*验证是否成功*/
            if(password.equals(user.getPassword())
                &&type.equals(user.getType())){
              return "0";//登录成功
            }else{
```

```
                return "2";//登录失败
            }
            DbUtil.closeConnection(conn); // 关闭连接
        }
    }
}
```

4）Login.jsp，登录页面，单击“登录”按钮后跳转到表单 action 对应的 Servlet 地址，代码如下。

```
......
<h2>欢迎使用 xxx 管理信息系统</h2>
<form name="form1" action="userLogin" method="post">
    用户名：<input type="text" name="username"><br/>
    密码：<input type="password" name="password"><br/>
    用户类型：
    <select name="utype">
        <option value="1">用户</option>
        <option value="2">管理员</option>
    </select><br/>
    <input type="submit" value="提交">
    <div id="info">
        <%
            String infoType = request.getParameter("info");
            if (infoType == null || "".equals(infoType)) {
                // 第一次进入页面，即正常登录，不显示
            }else if ("1".equals(infoType)) { // 返回的信息类型为 1
                out.println("用户名不存在，请核对！");
            }else if ("2".equals(infoType)) { // 返回的信息类型为 2
                out.println("密码不正确，请重新输入！");
            } else {
                out.println("未知错误！");
            }
        %>
    </div>
</form>
......
```

5）LoginServlet.java，用户访问数据库后得到的数据经过 Servlet 处理，以判定是否登录成功，代码如下。

```
......

@WebServlet("/userLogin")
public class LoginServlet extends HttpServlet {
    protected void doGet(HttpServletRequest request, HttpServlet Response response) throws IOException {
        /*获取上个页面的值*/
```

```
            String username = request.getParameter("username");
            String password = request.getParameter("password");
            String type = request.getParameter("utype");

            /*实例化 Dao 对象*/
            UserDao userDao = new UserDao();
            /*调用 Dao 中的方法*/
            String num = null;
            try {
                num = userDao.userLogin(username,password,type);
            } catch (SQLException e) {
                e.printStackTrace();
            }

            //根据返回值来判断是否登录成功
            if ("0".equals(num)) { // 登录成功
                response.sendRedirect("index.jsp");
            } else if ("1".equals(num)) { // 用户名不存在
                response.sendRedirect("error/error.jsp?info=1");
            } else if ("2".equals(num)) { // 密码不正确
                response.sendRedirect("error/error.jsp?info=2");
            }
        }
        ......
    }
```

6）error.jsp，登录失败，进入登录错误的页面，并显示错误信息，代码如下。

```
    ......
        <style>
            #info {color: red;}
        </style>
    ......
    <div id="info">
        <%
            String infoType = request.getParameter("info");
            if ("1".equals(infoType)) { // 返回的信息类型为 1
                out.println("用户名不存在，请核对！");
            } else if ("2".equals(infoType)) { // 返回的信息类型为 2
                out.println("密码不正确，请重新输入！");
            } else {
                out.println("未知错误！");
            }
        %>
    </div>
    ......
```

思考题

（1）Servlet 是什么？有什么特点？
（2）Servlet 对象的生命周期有几个阶段？
（3）Servlet 处理请求的主要方法有哪些？
（4）Servlet 跳转至 JSP 的主要方法有哪些？
（5）Servlet 向 JSP 传递数据的方法有几种？有什么特点？

第 10 章　MVC 模式及实现

随着 Web 系统的规模及业务逻辑的复杂性不断增长，对 Web 项目开发的规范性、可复用性与可扩展性提出了更高的要求，Web 开发的模块应能适应需求的灵活变化及应用的快速升级。为此，本章介绍 Web 的典型开发模式，重点介绍 MVC 模式的基本原理、工作过程、在 Java Web 中的详细实现方式，以及综合案例——编辑图书。

10.1　Web 开发模式

知识点视频 10-1
Web 开发模式

10.1.1　开发模式

在软件开发的历史中，模式的产生与特定的背景和需求紧密相关。随着软件系统的日益复杂化，开发者面临着越来越多设计和实现上的挑战。在这些挑战中，某些问题会反复出现，而解决这些问题的传统方法往往效率低下，难以适应快速变化的需求。为了应对这些反复出现的问题，开发者开始寻找更为高效、可维护的解决方案，因而开始思考解决问题的模式。

模式的产生是为了解决软件开发中的共性问题，这些问题可能包括但不限于系统的可扩展性、可维护性、性能优化、资源管理等。在没有模式的情况下，开发者可能会针对每个问题独立寻找解决方案，这不仅耗时耗力，而且可能导致解决方案的质量参差不齐。模式的出现，使得开发者能够借鉴前人以及之前项目的经验，采用经过实践检验的方法来解决问题，从而提高开发效率和软件质量。

因此，模式（Pattern）可以定义为：一种在特定上下文和问题领域中，经过反复使用并证明有效的解决方案。它通常包括问题描述、解决方案的组成以及如何实现这些解决方案的指导原则。

由上述定义可知，模式的内涵体现在以下几个方面。

1）可复用性，模式提供了一种可以跨项目、跨团队复用的解决方案。开发者可以在面对类似问题时，重用这些经过验证的解决方案，而不必从头开始开发。

2）通用性，模式通常不是针对特定问题的一次性解决方案，而是可以广泛应用于多种相似场景的通用解决方案。

3）抽象性，模式提供了一种高层次的抽象，描述了解决方案的结构和组件之间的关系，而不是具体的实现细节，这使得模式可以在不同的上下文中灵活应用。

4）指导性，模式不仅提供了解决方案，还提供了如何应用这些解决方案的指导，包括模式的使用场景、如何实现、可能的变体以及使用时的注意事项。

10.1.2　JSP 开发模式

JSP 作为一种动态网页编程技术，既可以有效地融合 HTML、CSS 等前端编程技术，还可以通过嵌入 Java 代码实现所需的业务逻辑。因此，就 JSP 本身而言，可以独立、完整地实现任何实际业务模块。

然而，在进行实际业务模块开发时，JSP 本身的缺点也是显而易见的。

1）JSP 代码可读性差，既包含 HTML、CSS、JavaScript 等前端技术代码，又包含 Java 代码、

JSP 标签等服务器端代码，容易造成页面代码冗长，代码可读性差。一些业务功能复杂的页面，代码可能会达上千行。

2）JSP 代码可维护性差，由于各种代码混杂在一起，各种前后端语言的注释方式不一致，容易使得后期维护时代码不易理解；代码之间的关联性大，页面前后代码间的耦合不易察觉，容易在维护时带来很多新的漏洞，降低系统的可用性和用户体验。

3）JSP 代码可重用性差，JSP 中的 Java 代码与 JSP 标签库，在业务逻辑近似或相同的情况下，代码重用只能通过复制、粘贴等简单方式实现，在维护时极为不便。

4）JSP 代码可扩展性差，JSP 页面的功能具体由 Java、HTML、JSP 标签等元素共同完成，因此，在系统扩展功能时，需要先找到相应位置（可能会有多个）再分别插入扩展功能的代码，不仅容易造成遗漏，还可能带来潜在的漏洞。

由于 JSP 技术在开发中存在上述问题，人们也在不断地探索 JSP 开发的新模式。

较为典型的 JSP 开发模式有两种，一种是 Model1 模式，使用 JSP+JavaBean 技术；另一种是 Model2 模式，即 MVC 模式，使用 JSP+JavaBean+Servlet 技术。

Model1 模式将页面显示和业务逻辑处理分开，JSP 用来实现页面显示，JavaBean 对象用来保存数据和实现业务逻辑。在 JSP 中使用 JavaBean 来实现相应业务逻辑，模式实现结构如图 10-1 所示。

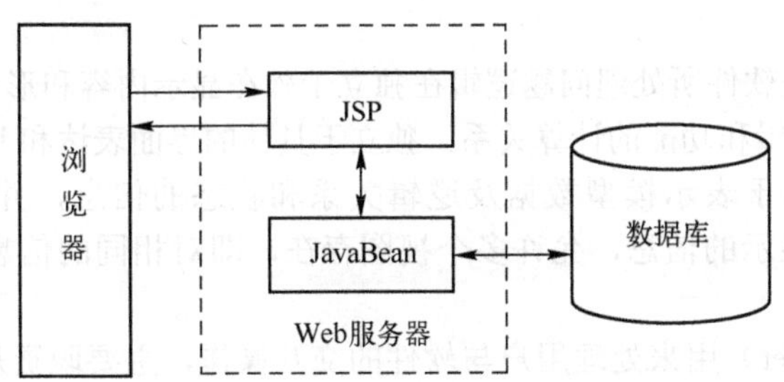

图 10-1　Model1 模式实现结构图

各模块间的业务过程时序图如图 10-2 所示。

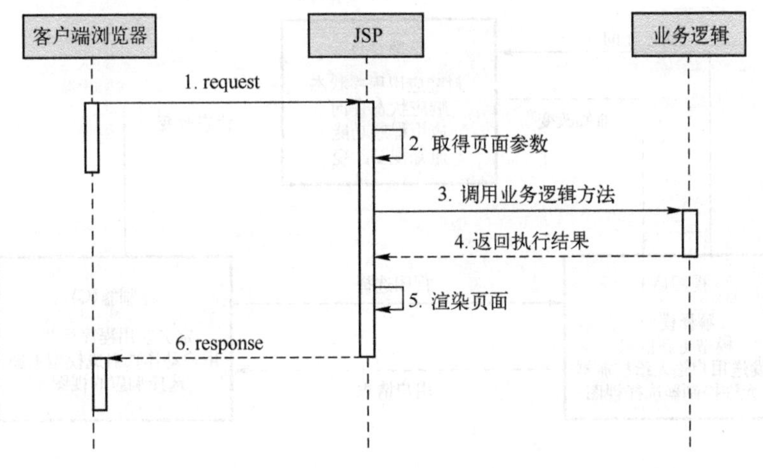

图 10-2　业务过程时序图

业务过程说明如下。

- 用户通过客户端浏览器请求服务器。
- 服务器接收到用户请求后，调用相应的 JSP 页面。

- 在 JSP 页面中，首先获取 request 相关的页面参数，调用处理的 JavaBean。
- 在 JavaBean 中访问数据库，实现所需的业务逻辑。
- JavaBean 将业务逻辑执行的结果返回 JSP 页面。
- 服务器读取 JSP 页面中的内容，对页面进行渲染。
- 服务器将最终页面以 response 方式返回给客户端浏览器进行显示。

综合而言，Model1 模式的优缺点如下。

1）优点：架构较为简单，容易上手，比较适合小型项目开发。

2）缺点：JSP 的职责过多，承担工作复杂，不利于维护与扩展。

10.2　MVC 模式

10.2.1　MVC 简介

MVC 是一种经典的设计模式，把交互系统分解成模型（Model）、视图（View）、控制器（Controller）三种组件。三种组件分别完成相应的职责，通过三者之间的交互来实现业务系统。这种模式强制性地使应用程序的输入、处理和输出分开，拥有系统间组件解耦、模块代码复用以及可扩展易维护等特性。

1）模型（Model）是软件所处理问题逻辑在独立于外在显示内容和形式情况下的内在抽象，封装了问题的核心数据、逻辑和功能的计算关系，独立于具体的界面表达和 I/O 操作。

2）视图（View）用于表示模型数据及逻辑关系和状态的信息，并以特定的形式展示给用户。它从模型获得需要显示的信息，允许多个视图存在，即对相同的信息可以有多个不同的显示形式。

3）控制器（Controller）用来处理用户与软件的交互操作，主要职责是控制提供模型中任何变化的传播，确保用户界面及时展示模型的结果信息。它接受用户的输入，将输入反馈给模型，进而实现对模型的计算控制，是使模型和视图协调工作的组件。通常一个视图对应一个控制器。

MVC 模式的组件结构如图 10-3 所示。

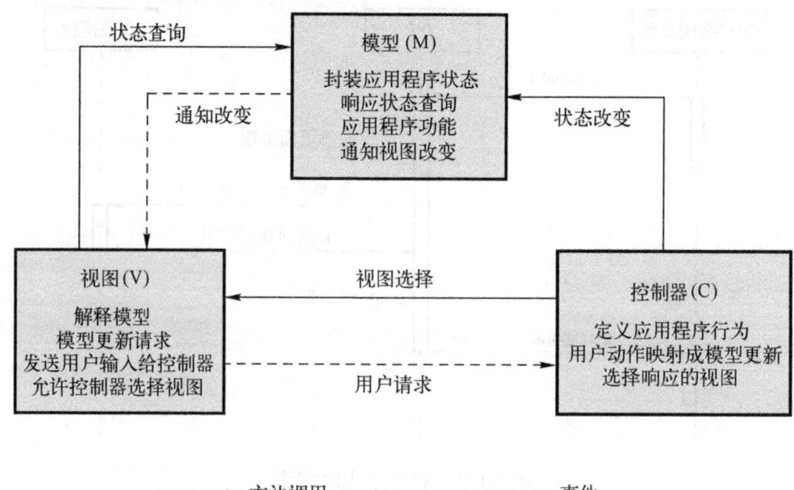

图 10-3　MVC 模式组件结构图

10.2.2　MVC 模式工作过程

对于 MVC 的设计模式而言，其主要工作过程如下。

1）Controller 接收用户在 View 上发送的请求，解析请求的路径、参数以及表达的意图，找到处理该请求的具体 Controller。

2）Controller 根据请求的意图和参数，向 Model 层调用相关的业务逻辑模块，并将参数传递给这个模块。

3）Model 层接收 Controller 层的调用以及传递的参数，访问数据库或计算数据，返回结果给 Controller 层。

4）Controller 层接收到 Model 层返回的相关数据结果，组装数据和表示形成 View。

5）View 层根据 Controller 层返回的数据视图，解析数据和内容，将这些结果以特定的形式展示给用户。

MVC 模式的优点如下。

1）Model、View、Controller 每层负责各自的事情，符合单一职责原则，使得代码更加易于维护和优化。

2）通过 Controller 层将视图和业务逻辑进行解耦，将数据展示和数据生成放到了不同的模块中，易于维护与扩展。

需要注意的是，在实际工程中，如果采用 MVC 模式但没有统一的开发框架，可能导致项目的开发周期变长。建议采用 SpringMVC、SSM 或类似的典型开发框架，从而提高开发效率、加速项目进度。

10.2.3　JSP+JavaBean+Servlet 实现 MVC

在 JSP 开发模式中，MVC 模式也称为 Model2 模式，主要由 JSP+ JavaBean+Servlet 实现。模式实现结构如图 10-4 所示。

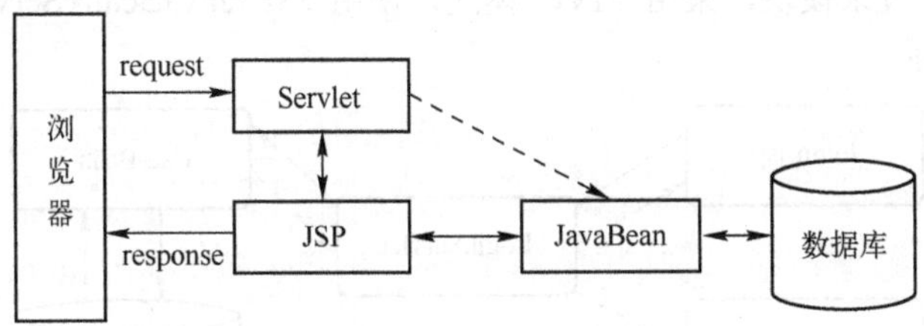

图 10-4　JSP+JavaBean+Servlet 结构图

由上图可以看到，Servlet 主要实现了 Controller 的职责，负责接收用户在浏览器上的请求，根据这些请求调用相应的 JavaBean 进行处理，采用 JSP 进行结果的展示；JavaBean 主要实现了 Model 的职责，根据 Controller 传递的参数进行数据操作，与数据库连接，并将计算结果返回给 Servlet；JSP 主要实现了 View 的职责，将 Controller 返回的数据结果结合页面格式进行组装，最终展示在浏览器的页面上。整个交互过程时序图如图 10-5 所示。

主要的操作步骤说明如下。

1）用户通过客户端浏览器向服务器发送访问请求。

2）服务器接收用户请求后调用相应的 Servlet 进行响应。

3）Servlet 根据用户请求的 URL 与参数，调用相应的 JavaBean 进行业务处理。

4）JavaBean 中可连接及操作数据库或进行数据计算，以实现相应的业务逻辑。

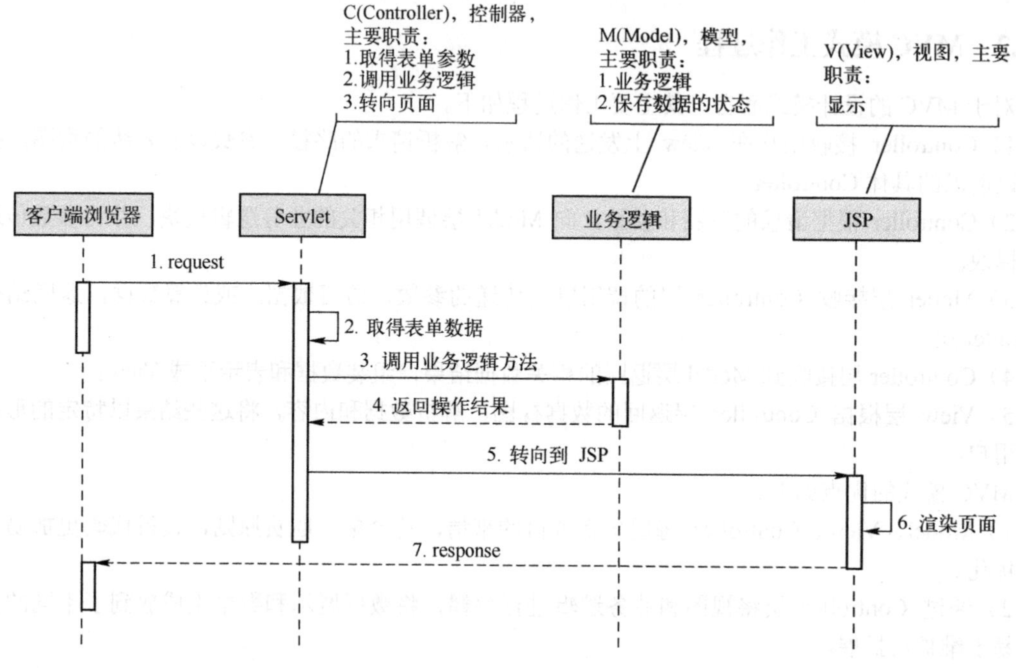

图 10-5 交互过程时序图

5）JavaBean 将操作结果返回给 Servlet。

6）由 Servlet 转向至相应的 JSP 页面，同时将结果一并转发。

7）JSP 页面中对数据内容和页面格式进行渲染，即将页面中的静态内容与动态内容结合，生成最终前端展示页面。

8）服务器将最终页面返回给客户端浏览器进行显示。

例如，要实现一个登录模块，采用 MVC 模式，使用 JSP+JavaBean+Servlet 进行实现，主要的交互流程如图 10-6 所示。

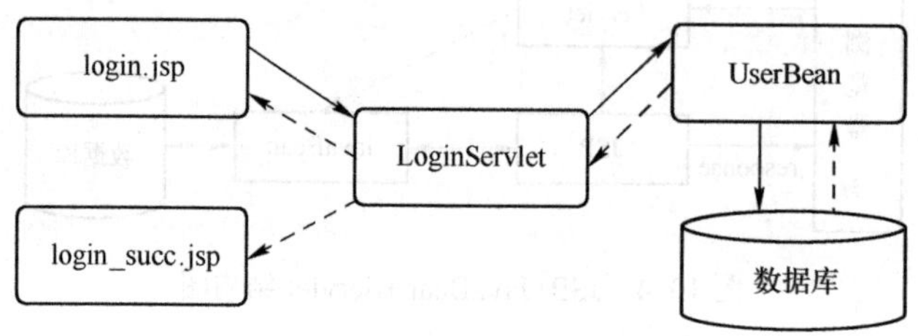

图 10-6 MVC 模式交互流程示例

实现的主要文件如下。

（1）login.jsp（View）

用户登录页面，收集用户登录请求参数，发送至 LoginServlet，代码如下。

```
<!-- 代码片段 -->
......
<form action="Login">
    用户名：<input type="text" name="username" /><br/>
    密码：   <input type="password" name="password"/><br/>
    <input type="submit" value="登录"/>
```

```
</form>
......
```

（2）LoginServlet（Controller）

用于登录验证操作的控制器，接收用户填写的用户名和密码信息，调用 UserBean 的方法来验证登录信息是否正确，根据结果返回至成功页面（login_succ.jsp）或失败页面（login.jsp），代码如下。

```
/// 代码片段
......
public void doPost(HttpServletRequest req, HttpServletResponse resp) {
    String user = req.getParameter("username");
    String pass = req.getParameter("password");
    UserBean bean = new UserBean();
    boolean succ = bean.checkUser(user, pass);
    if (succ == = true) { // 如果验证通过，转向 login_succ.jsp 页面
        req.getRequestDispatcher("login_succ.jsp").forward(req, resp);
    }
    else { // 如果验证失败，转回 login.jsp 页面
        resp.sendRedirect("login.jsp");
    }
}
......
```

（3）UserBean（Model）

用于操作用户信息的 JavaBean，包含多个方法，其中的 checkUser 方法用于验证用户名和密码是否能成功登录，成功返回 true，失败返回 false，代码如下。

```
......
/*
 * 检验用户名和密码是否正确
 * @user 用户名
 * @pass 密码
 * @return true-如果用户名、密码正确  false-不正确
 */
public boolean checkUser(String user, String pass) {
    boolean result = false; // 默认为 false
......
    try {
        pstmt = conn.prepareStatement("select * from t_user where name = ? and pass = ?");
        pstmt.setString(1, user);
        pstmt.setString(2, pass);
        rs = pstmt.executeQuery();
        if (rs.next()) {  // 如果存在，返回 true
            result = true;
        }
    } catch (SQLException ex) {
        ex.printStackTrace();
    }
    return result;
```

```
    }
```

MVC 模式在 Web 开发中的优点是显而易见的，规避了 JSP 与 Servlet 各自的短板，Servlet 只负责业务逻辑而不处理任何展示内容，不负责动态生成 HTML 代码，完全交给 JSP 进行显示；JSP 中也不会充斥着大量的业务代码，只负责数据结果的显示；业务代码中只负责对数据进行处理，而不用考虑请求来源、如何进行展示等问题。这样对系统各模块进行了深度的解耦，极大提升了代码的可读性、模块的可维护性和功能的可扩展性。

10.3 MVC 模式综合案例——编辑图书

案例操作视频 10-2
案例简介

1. 案例简介

假设 MySQL 数据库 book_db 中有一个图书表（t_book）和一个图书类型表（t_book_type），主要存储网上商城中的图书基本信息，主要的字段及类型说明见表 10-1 和表 10-2。

表 10-1 示例数据库表（t_book）说明

字段名	含义	数据类型	备注
id	ID	int	自增长 ID
barcode	条形码	varchar(20)	—
book_name	图书名称	varchar(20)	—
book_type	图书类型	int(11)	外键，参考 t_book_type 表
price	图书价格	float	—
count	数量	int(11)	—
publisher	出版社	varchar(20)	—
publish_date	出版日期	Date	—
cover_pie	封面图片	varchar(20)	—

表 10-2 示例数据库表（t_book_type）说明

字段名	含义	数据类型	备注
type_id	ID	int(11)	自增长 ID
type_name	类型名称	varchar(255)	—
parent_id	父类 ID	varchar(11)	—

2. 编辑图书

编辑图书主要分为添加图书、修改图书和删除图书。其功能主要是提供一个共用的图书编辑页面（book_edit.jsp），该页面以表单和字段的形式提供用户编辑，填写完成后，将操作提交到 BookEditServlet.java，由控制器向数据库提交这些图书信息。

案例操作视频 10-3
编辑图书

（1）功能需求

编辑图书模块的主要功能需求如下。

1）单击“添加图书”按钮，将用户输入的图书信息提交至数据库 t_book 表中。

2）单击“修改”按钮，将用户修改的图书信息提交至数据库 t_book 表中。

3）单击“删除”按钮，将数据库 t_book 表中的图书信息删除。

主要的操作流程如下。

1）在图书信息列表页面（book_list.jsp）中，单击“添加图书”按钮或者单击“修改”按钮，跳转至图书编辑页面（book_edit.jsp）；单击“删除”按钮直接进入步骤 3）的控制器中。

2）提供图书信息表单，包含图书信息的各个字段。若单击“添加图书”按钮，则表单为空；若单击“修改”按钮，则表单保留所编辑图书的信息，等待用户编辑并保存。

3）将图书信息提交到图书信息修改控制器（BookEditServlet.java）中。

4）控制器首先读取提交的表单信息。若是添加操作，进入数据访问层进行数据库连接，执行数据插入语句，执行添加的 SQL 语句；若是修改操作，进入数据访问层进行数据库连接，执行修改的 SQL 语句；若是删除操作，进入数据访问层进行数据库连接，执行删除的 SQL 语句。

5）操作成功则返回至图书信息列表页面（book_list.jsp），添加修改不成功则返回图书编辑页面（book_edit.jsp）。

（2）功能设计

为实现上述功能需求，需要设计一个视图，一个控制器，以及图书编辑页面（book_edit.jsp）与图书信息修改控制器（BookEditServlet.java）。

1）图书编辑页面（book_edit.jsp）。主要提供图书信息编辑表单，包含图书的条形码、图书名称、出版社、图书类型、图书数量、图书价格等字段信息，表单提交至 BookEditServlet.java。出版社信息应提供下拉列表框，使用户方便选取。图书类型分为一级分类和二级分类，如工业技术一级分类下设二级分类“计算机类”“电子技术”等，这就需要设计一个字段 parentId，parentId 的编号就是一级分类的 ID 号。设计两个下拉列表框分别显示一级分类和二级分类，选择一级分类之后才会出现二级分类。将操作发送至 BookTypeListServlet.java 控制器，控制器操作数据访问层连接数据库后将结果返回页面，再显示一级分类下的二级分类并选择。

2）图书信息修改控制器（BookEditServlet.java）。该控制器主要实现获取上个页面的操作及信息，判断用户操作并将操作提交至数据访问层中，由数据访问层再连接数据库修改数据库数据。因此，主要内容包括三个部分。

① 图书信息的获取。通过 request.getParameter()方法获取提交的表单字段信息，并进行中文字符的处理。

② 判断用户操作。在按钮所绑定的链接上增加一个参数 optype，若 optype=="add"，则为添加操作；若 optype=="mod"，则为修改操作；若 optype=="del"，则为删除操作。

③ 图书信息保存至数据表。建立数据库连接，将校验后的图书信息与 SQL 插入语句组装为最终的 SQL 语句，设置好相应的参数值，执行 SQL 语句，根据返回值跳转至不同的页面。操作成功则跳转至图书列表页面，操作失败则跳转至图书编辑页面（book_edit.jsp）。返回时页面上的数据应保留，并提示相应的信息，因此，拟采用 JavaScript 方式跳转。

（3）代码实现

1）BookTypeVO.java（实体类），代码如下。

```
package cn.nchu.ss.booktype;

public class BookTypeVO {
    /* 图书类型 ID */
    private int typeId;
    /* 图书类型名称 */
    private String typeName = null;
    /* 上级分类 ID */
    private int parentId;

    /* 各属性的 getter 与 setter 方法 */
```

```
    ......
}
```

2）BookTypeDAO.java，数据访问层，连接数据库，获取数据一级分类和二级分类，代码如下。

```
public class BookTypeDAO {

/**
 * 查询符合条件的图书类型
 * @param parentId 一级分类 ID，0-表示查询一级分类，非 0 表示查询二级分类
 * @return 所有符合条件的分类
 */
    public List<BookTypeVO> listBookType(String parentId) {
        Connection conn = DbUtil.getConnection();
        String sql = "select * from t_book_type where 1 = 1 ";
        PreparedStatement pstmt = null;
        ResultSet rs = null;
        List<BookTypeVO> list = new Vector<BookTypeVO>();
        try {
            // 如果 parentId 为空，则表示查询一级分类，否则查询二级分类
            if (StringUtil.isNullOrEmpty(parentId))
                parentId = "0";
            sql += " and parent_id = ? ";
            pstmt = conn.prepareStatement(sql);
            pstmt.setString(1, parentId);
            rs = pstmt.executeQuery();

            while(rs.next()) {
                BookTypeVO obj = new BookTypeVO();
                obj.setTypeId(rs.getInt("type_id"));
                obj.setTypeName(rs.getString("type_name"));
                obj.setParentId(rs.getInt("parent_id"));
                list.add(obj);
            }
        } catch (SQLException e) {
            e.printStackTrace();
        }
        return list;
    }
}
```

3）BookTypeListServlet.java，代码如下。

```
@WebServlet("/booktype/listtype")
public class BookTypeListServlet extends HttpServlet {
    ......
    protected void doGet(HttpServletRequest request, HttpServletResponse response) throws Servlet
Exception, IOException {
        String pid = request.getParameter("pid");
```

```
        BookTypeDAO dao = new BookTypeDAO();
        List<BookTypeVO> typeList = dao.listBookType(pid);

        StringBuilder str = new StringBuilder("[");
        for(BookTypeVO t : typeList) {
            if (str.length() > 1)
                str.append(",");
            str.append("{\"id\":\"").append(t.getTypeId()).append("\",");
            str.append("\"name\":\"").append(t.getTypeName()). append("\"}");
        }
        str.append("]");

        response.setContentType("text/html;charset=utf-8");
        PrintWriter out = response.getWriter();
        out.println(str.toString());
        out.flush();
        out.close();
    }
    ......
}
```

4）book_edit.jsp，图书编辑页面，代码如下。

```
......
<div id="container">
    <%
    // 获取参数
    BookVO book = (BookVO) request.getAttribute("book");
    %>
    <form name="frmMain" action="/book/save" method="post">
    <table width="600" border="0">
    <caption>
        <h2>填写图书信息</h2>
    </caption>
    <tr>
        <td>图书名称：</td>
        <td><input type="text" name="book_name"
        value="<%=book.getBookName() == null ? "" : book.getBookName ()%>"></td>
    </tr>
    <tr>
        <td>图书条形码：</td>
        <td><input type="text" name="bar_code"
        value="<%=book.getBarCode() == null ? "" : book.getBarCode ()%>"></td>
    </tr>
    <tr>
        <td>图书类型：</td>
        <td>
        <select name="parentType" onchange="changeType()">
```

```
                <option value="">==选择一级分类==</option>
                <%
                    List<BookTypeVO> typeList = (List<BookTypeVO>) request.getAttribute ("typeList");
                    for(BookTypeVO type : typeList) {
                %>
                    <option value="<%=type.getTypeId()%>"> <%=type. getTypeName() %> </option>
                <%
                }
                %>
                </select>
                <select name="bookType">
                    <option value="">==选择二级分类==</option>
                </select>
            </td>
            </tr>

            ......

            <tr>
                <td><input type="hidden" name="id" value= "<%=book.getId() %>"></td>
                <td><input type="submit" value="保存图书"> <input
                type="reset" value="重置信息"></td>
            </tr>
            </table>
            </form>
            </div>
    </div>
    </body>
    </html>
```

5）BookDAO.java，数据访问层，在上文中的代码中增加删除、修改、添加功能，代码如下。

```
    /**
     * 更新图书信息
     * @param book 待更新的图书信息对象
     * @return true-成功，false-失败
     */
    public boolean update(BookVO book) {
        Connection conn = DbUtil.getConnection();
        String sql = "update t_book set book_name = ?, "
                + "barcode = ?, publish = ?, "
                + "publish_date = ?, price = ?, "
                + "count = ? where id = ? ";
        PreparedStatement pstmt = null;
        int result = -1;
        try {
            pstmt = conn.prepareStatement(sql);
            pstmt.setString(1, book.getBookName());
```

```
            pstmt.setString(2, book.getBarCode());
            pstmt.setString(3, book.getPublish());
            pstmt.setDate(4, new java.sql.Date (book.getPublishDate().getTime()));
            pstmt.setFloat(5, book.getPrice());
            pstmt.setInt(6, book.getCount());
            pstmt.setInt(7, book.getId());
            result = pstmt.executeUpdate();
        } catch (SQLException ex) {
            ex.printStackTrace();
        }
        return result > 0;
    }
    /* 其他方法 */
    ......
}
```

6）BookEditServlet.java，代码如下。

```
......
    @WebServlet("/book/edit")
    public class BookEditServlet extends HttpServlet {
    ......
        protected void doGet(HttpServletRequest request, HttpServletResponse response)
                throws ServletException, IOException {
            //String id = request.getParameter("id");
            String optype = request.getParameter("optype");
            BookVO book = null;

            //根据 optype 判断是否为新增
            if ("add".equals(optype)) { // 新增图书操作
                ......

            } else if ("mod".equals(optype)) { //修改图书操作
                BookDAO dao = new BookDAO();
                String id = request.getParameter("id");
                book = dao.getBookById(id);
                request.setAttribute("book", book);

                //查询图书类型的列表
                BookTypeDAO tdao = new BookTypeDAO();
                List<BookTypeVO> typeList = tdao.listBookType("0");
                request.setAttribute("typeList", typeList);
                request.getRequestDispatcher("book_edit.jsp").for ward(request, response);
            } else if ("del".equals(optype)) { // 删除图书操作
                ......
            }
              response.setContentType("text/html;charset=utf-8");
```

```
                PrintWriter out = response.getWriter();
                if (result == true) {
                    out.println("<script type='text/javascript'>");
                    out.println("window.alert('编辑图书资料成功！');");
                    out.println("location.href='/book/list';");
                    out.println("</script>");
                } else {
                    out.println("<script type='text/javascript'>");
                    out.println("window.alert('编辑图书资料失败，请检查信息！');");
                    out.println("history.back(-1);");
                    out.println("</script>");
                }
            } else { // optype 错误
                throw new IllegalArgumentException("出错了，非法操作！");
            }
        }
    ......
    }
```

思考题

（1）MVC 是什么？其主要角色和职责分别是什么？

（2）相比于传统方式，MVC 的优势主要在哪？

（3）采用 Java EE 如何实现 MVC 模式？

第 11 章　其他 Web 常用技术

随着互联网的快速发展，多样化的应用场景不断涌现，对 Web 技术的互动性、兼容性与扩展性提出了新的要求，也涌现出很多 Web 新技术。本章重点介绍在 Web 应用开发中常用的其他技术，如面向更强互动的 Ajax 技术，面向附件、图片、视频管理的文件上传与下载技术，面向简洁规范 Web 页面开发的 EL 和 JSTL 标签库等，最后介绍了综合案例——图书查询展示。

11.1　Ajax

知识点视频 11-1
Ajax

11.1.1　Ajax 简介

随着 Web 2.0 概念的普及，追求更人性化、更美观的页面效果成了网站开发的新趋势，Ajax 在其中充当着重要角色。由于 Ajax 是一种与服务器端无关的客户端技术，所以无论使用哪种服务器技术（如 JSP、PHP、ASP.NET 等）都可以使用 Ajax。相对于传统的 Web 应用开发，Ajax 运用的是更加先进、标准化、高效的 Web 开发技术体系。

Ajax 的全称是 Asynchronous Java and XML，是一种创建交互式网页应用的网页开发技术。传统的网页（不使用 Ajax）如果需要更新内容，必须重新加载整个网页。而 Ajax 通过在后台与服务器进行少量数据交换，可以使网页实现异步更新，这意味着可以在不重新加载整个网页的情况下，对网页的某部分进行更新。

传统开发模式下与 Ajax 开发模式下 Web 请求过程对比如下。

1）传统开发模式：在传统的 Web 应用模式中，页面中用户的每一次操作都会触发一次返回 Web 服务器的 HTTP 请求，服务器进行相应的处理（获得数据、运行与不同的系统会话）后，返回一个 HTML 页面给客户端。其关系结构如图 11-1 所示。

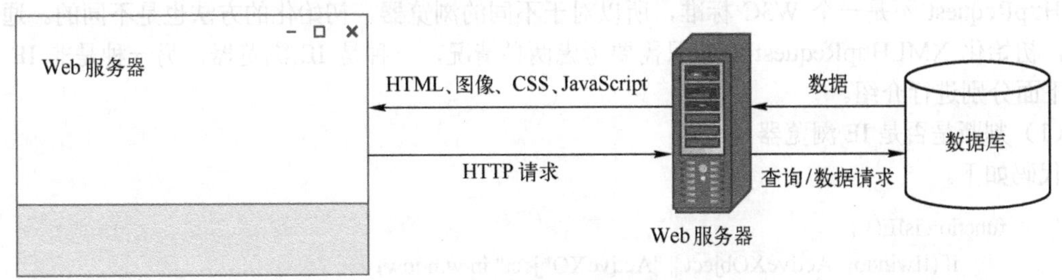

图 11-1　传统 Web 请求过程示意图

2）Ajax 开发模式：在 Ajax 应用中，页面中用户的操作将通过 Ajax 引擎与服务器进行通信，然后将返回结果提交给客户端页面的 Ajax 引擎，再由 Ajax 引擎将这些数据插入到页面的指定位置。其关系结构如图 11-2 所示。

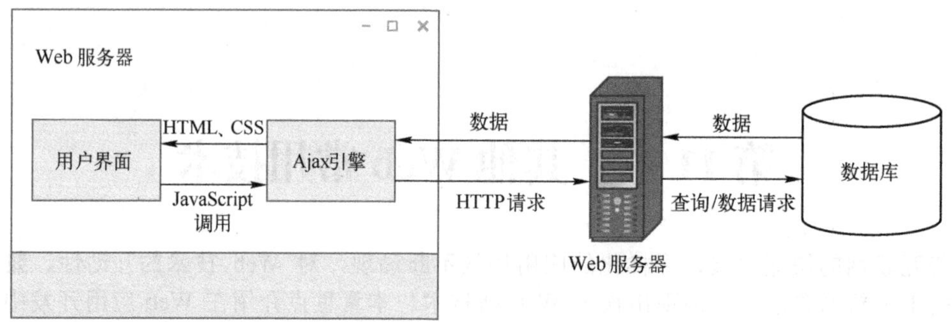

图 11-2 Ajax 请求过程示意图

Ajax 的优点如下。

1）Ajax 最大的优点是页面无刷新，在页面内与服务器通信，给用户的体验非常好。

2）Ajax 使用异步方式与服务器通信，不需要打断用户的操作，具有更加迅速的响应能力。

3）Ajax 可以把以前的一些服务器负担的工作转移到客户端，利用客户端闲置的能力来处理，从而减轻服务器和带宽的负担，节约空间和宽带租用成本。Ajax 的原则是“按需取数据”，可以最大限度地减少冗余请求，从而降低响应对服务器造成的负担。

4）Ajax 基于标准化并被广泛支持的技术，不需要下载插件或者小程序。

11.1.2 XMLHttpRequest 对象

Ajax 是 XMLHttpRequest 对象和 JavaScript、XML、CSS、DOM 等多种技术的组合。Ajax 最核心的技术就是 XMLHttpRequest，它是一个具有应用程序接口的 JavaScript 对象，能够使用超文本传输协议（HTTP）连接一个服务器，是微软公司为了满足开发者的需求，于 1999 年在 IE5.0 浏览器中率先推出的。现在许多浏览器都支持 XMLHttpRequest，不过实现方式与 IE 有所不同。在 Ajax 应用中，通过 JavaScript 操作 DOM，可以达到在不刷新页面的情况下实时修改用户界面的目的。

通过 XMLHttpRequest 对象，Ajax 可以像桌面应用程序一样只与服务器进行数据层面的交换，而不用每次都刷新页面，也不用每次都将数据处理的工作交给服务器来完成。这样既减轻了服务器的负担，又加快了响应速度，缩短了用户等待的时间。

在使用 XMLHttpRequest 对象发送请求和处理响应之前，首先需要初始化该对象。由于 XMLHttpRequest 不是一个 W3C 标准，所以对于不同的浏览器，初始化的方法也是不同的。通常情况下，初始化 XMLHttpRequest 对象只需要考虑两种情况，一种是 IE 浏览器，另一种是非 IE 浏览器，下面分别进行介绍。

（1）判断是否是 IE 浏览器

代码如下。

```
function isIE() {
    if (!!window.ActiveXObject || "ActiveXObject" in window)
    {
        return true;
    }
    else {
        return false;
    }
}
```

函数说明如下。

1）IE 早些版本（IE10 及以下）中，window.ActiveXObject 返回一个对象，!window.ActiveXObject 则变为 false，!!window.ActiveXObject 则为 true，因为或（||）符号后续无需再判断，返回 true。

2）IE11 中，window.ActiveXObject 返回 undefine，!window.ActiveXObject 则变成了 true，!!window.ActiveXObject 则变成 false，进入 "window.ActiveXObject" in window 判断，该判断条件在 IE11 中返回 true。

3）其他非 IE 浏览器（如 chrome、firefox），window.ActiveXObject 都是 undefine，!!window.ActiveXObject 都是返回的 false，而"window.ActiveXObject" in window 也是返回 false，因此上述判断函数在非 IE 浏览器中返回的都是 false。

（2）IE 浏览器创建对象

将 XMLHttpRequest 实例化为一个 ActiveX 对象，创建代码如下。

```
var http_request = new ActiveXObject("Msxml2.XMLHTTP");
//或
var http_request = new ActiveXObject("Microsoft.XMLHTTP");
```

在上述代码中，Msxml2.XMLHTTP 和 Microsoft.XMLHTTP 是针对 IE 浏览器的不同版本而进行设置的，目前比较常用的是这两种。

（3）非 IE 浏览器创建对象

将 XMLHttpRequest 实例化为一个本地 JavaScript 对象，创建代码如下。

```
var http_request = new XMLHttpRequest();
```

例如，为提高兼容性，可以创建一个跨浏览器的 XMLHttpRequest 对象，代码如下。

```
<script type="text/javascript">
    function getHttpObj() {
        var http_request = false;
        if (window.XMLHttpRequest) { //非 IE 浏览器
            http_request = new XMLHttpRequest();
        } else if (window.ActiveXObject) { //IE 浏览器
            try {
                http_request = new ActiveXObject("Msxml2.XMLHTTP"); //使用第一种方式初始化
            } catch (e) {//第一种方式错误，使用第二种方式初始化

                    http_request=new ActiveXObject ("Microsoft.XMLHTTP");

            }
        }
    }
</script>
```

11.1.3　XMLHttpRequest 对象的常用方法与属性

1. 常用方法

XMLHttpRequest 对象提供了一些常用方法，通常这些方法可以对请求进行操作。

（1）open()方法

open()方法用于设置进行异步请求目标的 URL、请求方法以及其他参数信息。其语法格式如下。

```
open("method","URL"[,asyncFlag[,"userName"[,"password"]]])
```

参数说明：

1）method 用于指定请求的类型，一般为 get 或 post。

2）URL 用于指定请求地址，可以使用绝对地址或者相对地址，并且可以传递查询字符串。

3）asyncFlag 为可选参数，用于指定请求方式，异步请求为 true，同步请求为 false，默认情况下为 true。

4）userName 为可选参数，用于指定请求用户名，没有时可省略。

5）password 为可选参数，用于指定请求密码，没有时可省略。

（2）send()方法

send()方法用于向服务器发送请求。如果请求声明为异步，该方法立即返回，否则将等到接收响应为止，其语法格式如下。

```
send(content)
```

参数说明：

content：用于指定发送的数据，可以是 DOM 对象的实例、输入流或字符串。如果没有参数需要传递，可以设置为 null。

（3）setRequestHeader()方法

setRequestHeader()方法用于为请求的 HTTP 头设置值，其语法格式如下。

```
setRequestHeader("header","value")
```

参数说明：

1）header 用于指定 HTTP 头。

2）value 用于为指定的 HTTP 头设置值。

注意：该方法必须在调用 open()方法之后才能调用。

（4）abort()方法

abort()方法用于停止或放弃当前异步请求，其语法格式如下。

```
abort()
```

（5）getResponseHeader()方法

getResponseHeader()方法用于以字符串形式返回指定的 HTTP 头信息，其语法格式如下。

```
getResponseHeader("headerLabel")
```

（6）getAllResponseHeaders()方法

getAllResponseHeaders()方法用于以字符串形式返回完整的 HTTP 头信息，其中包括 Server、Date、Content-Type 和 Content-Length，其语法格式如下。

```
getAllResponseHeader()
```

2．常用属性

XMLHttpRequest 对象提供了一些常用属性，通过这些属性可以获取服务器的响应状态及响应内容。

（1）onreadystatechange 属性

onreadystatechange 属性用于指定状态改变时所触发的事件处理器。在 Ajax 中，每个状态改变时都会触发这个事件处理器，通常会调用一个 JavaScript 函数。

（2）readyState 属性

readyState 属性用于获取请求的状态。该属性共包括 5 个属性值，见表 11-1。

表 11-1　readyState 属性值

值	意义	值	意义
0	未初始化	3	交互中
1	正在加载	4	完成
2	已加载		

（3）responseText 属性

responseText 属性用于获取服务器的响应，表示为字符串。

（4）responseXML 属性

responseXML 属性用于获取服务器的响应，表示为 XML。这个对象可以解析为一个 DOM 对象。

（5）status 属性

status 属性用于返回服务器的 HTTP 状态码，常见的状态码如下。

1）200：成功。

2）202：请求被接受，但未成功。

3）400：错误的请求。

4）404：文件未找到。

5）500：内部服务器错误。

（6）statusText 属性

statusText 属性用于返回 HTTP 状态码对应的文本，例如 OK 或 Not Found（未找到）等。

11.1.4　Ajax 解决中文乱码问题

Ajax 不支持多种字符集，它默认的字符集是 utf-8，所以在应用 Ajax 技术的程序中应及时进行编码转换，否则程序中出现的中文字符将变成乱码。

当发送请求时出现中文乱码，可采用以下方法解决。

1）当接收使用 get 方法提交的数据时，要将编码转换为 GBK 或 utf-8。

```
String selProvince = request.getParameter("parProvince"); //获取选择的省份
selProvince = new String(selProvince.getBytes ("ISO-8859-1"), "utf-8");
```

2）由于应用 post 方法提交数据时，默认的字符编码是 utf-8，所以当接收使用 post 方法提交的数据时，要将编码转换为 utf-8。

```
String username = request.getParameter("user"); //获取用户名
username = new String(username.getBytes("ISO-8859-1"),"utf-8");
```

当获取服务器的响应结果出现中文乱码时，可采用以下方法解决。

由于 Ajax 在接收 responseText 或 responseXML 的值时是按照 utf-8 的编码格式进行解码的，所以如果服务器端传递的数据不是 utf-8 格式，在接收 responseText 或 responseXML 的值时就可能产生乱码。解决办法是保证从服务器端传递的数据采用 utf-8 的编码格式。

11.1.5　使用示例

本示例包括发送请求与处理响应两个部分。

1．发送请求

Ajax 可以通过 XMLHttpRequest 对象采用异步方式在后台发送请求。通常情况下，Ajax 发送的请求方式有两种，一种是发送 get 请求，另一种是发送 post 请求。但是无论发送哪种请求，都需要经过以下 4 个步骤。

1）初始化 XMLHttpRequest 对象。

2）指定返回结果处理函数（回调函数），用于对返回结果进行处理。

3）创建与服务器的连接，指定发送请求的方式，以及是否采用异步方式发送请求。

4）向服务器发送请求。

2．处理响应

当向服务器发送请求后，接下来需要处理服务器响应。在向服务器发送请求时，需要通过 XMLHttpRequest 对象的 onreadystatechange 属性指定一个回调函数，用于处理服务器响应。在这个回调函数中，首先需要判断服务器的请求状态，保证请求已完成。然后根据服务器的 HTTP 状态码判断服务器对请求的响应是否成功，如果成功，则获取服务器的响应反馈给客户端。

XMLHttpRequest 对象提供了两个用来访问服务器响应的属性，一个是 responseText 属性，返回字符串响应；另一个是 responseXML 属性，返回 XML 响应。

（1）示例 1：局部刷新改变标签内容

abc.xml 文件代码如下。

```
<?xml version="1.0" encoding="utf-8"?>
<musics>
    <music>
        <name>歌手 1</name>
        <title>歌曲名称 1</title>
    </music>
    <music>
        <name>歌手 2</name>
        <title>歌曲名称 2</title>
    </music>
</musics>
```

index.jsp 页面用来显示格式化后的 XML 文件信息，代码如下。

```
<%@ page language="java" contentType="text/html; charset=utf-8" pageEncoding="utf-8"%>
<%@taglib uri="http://java.sun.com/jsp/jstl/core" prefix="c"%>
<!DOCTYPE html PUBLIC "-//W3C//DTD HTML 4.01 Transitional//EN" "http://www.w3.org/TR/html4/loose.dtd">
<html>
<head>
<meta http-equiv="Content-Type" content="text/html; charset=utf-8">
<title>根据是否登录显示不同的内容</title>
</head>
<script language="javascript">
    function createRequest(url) {// 初始化 XMLHttpRequest 对象
        httpreq = false;
        if (window.XMLHttpRequest) { // 非 IE 浏览器
            httpreq = new XMLHttpRequest(); // 创建 XMLHttpRequest 对象
        } else if (window.ActiveXObject) { // IE 浏览器
```

```
                try {
                    httpreq = new ActiveXObject("Msxml2.XMLHTTP"); // 创建 XMLHttpRequest 对象
                } catch (e) {
                    try {
                      httpreq =newActiveXObject("Microsoft.XMLHTTP");
                    } catch (e) {
                    }
                }
            }
            if (!httpreq) {
                alert("不能创建 XMLHttpRequest 对象实例！");
                return false;
            }
            //指定返回结果处理函数（回调函数），用于对返回结果进行处理
            httpreq.onreadystatechange=getResult;
            //创建与服务器的连接，指定发送请求的方式，以及是否采用异步方式发送请求 httpreq.
open("GET", url, true);
            httpreq.send(null); //向服务器发送请求
        }
        function getResult() {
            if (httpreq.readyState == 4) { // 判断请求状态
                if (httpreq.status == 200) {
                    // 请求成功，开始处理返回结果
                    var xmldoc = httpreq.responseXML;
                    var str = "";
                    for (i = 0; i < xmldoc.getElementsByTagName ("music").length; i++) {
                        var music = xmldoc.getElementsByTagName ("music")[i];
                        str = str+ "《"+ music.getElementsByTagName ("title")[0].firstChild.data
                                + "》由“" + music.getElementsByTagName("name")[0].firstChild.data
                                + "”演唱<br>";
                    }
                    document.getElementById("music").innerHTML = str;
                } else { // 请求页面有错误
                    alert("您所请求的页面有错误！");
                }
            }
        }
        function checkUser() {
            createRequest("abc.xml");
        }
    </script>
    <body>
        <b onclick="checkUser()">请求</b>
        <div id="music"></div>
    </body>
    </html>
```

（2）示例 2：检测用户名是否已注册

index.jsp 页面用于添加收集用户信息的表单元素，调用检测用户名是否唯一的方法，代码如下。

```
<%@ page language="java" contentType="text/html; charset=utf-8" pageEncoding="utf-8"%>
<!DOCTYPE html PUBLIC "-//W3C//DTD HTML 4.01 Transitional//EN" "http://www.w3.org/TR/html4/
loose.dtd">
<html>
<head>
<meta http-equiv="Content-Type" content="text/html; charset=utf-8">
<title>检测用户名是否唯一</title>
<script language="javascript">
    function createRequest(url) {// 初始化 XMLHttpRequest 对象
        http_request = false;
        if (window.XMLHttpRequest) { // 非 IE 浏览器
            // 创建 XMLHttpRequest 对象
            http_request = new XMLHttpRequest();
        } else if (window.ActiveXObject) { // IE 浏览器
            try {
                // 创建 XMLHttpRequest 对象
                http_request = new ActiveXObject ("Msxml2.XMLHTTP");
            } catch (e) {
                try {
                    http_request = new ActiveXObject("Microsoft. XMLHTTP");
                } catch (e) {
                }
            }
        }
        if (!http_request) {
            alert("不能创建 XMLHttpRequest 对象实例！");
            return false;
        }
        // 指定返回结果处理函数（回调函数），用于对返回结果进行处理
        http_request.onreadystatechange = getResult;
        // 创建与服务器的连接，指定发送请求的方式，以及是否采用异步方式发送请求
        http_request.open('GET', url, true);
        http_request.send(null); //向服务器发送请求
    }
    function getResult() {
        if (http_request.readyState == 4) { // 判断请求状态
            // 请求成功，开始处理返回结果
            if (http_request.status == 200) {
                document.getElementById("toolTip").innerHTML =
                http_request.responseText; // 设置提示内容
                document.getElementById("toolTip").style.display =
                "block"; // 显示提示框（ID 为 toolTip 的 div 层）
            } else { // 请求页面有错误
                alert("您所请求的页面有错误！");
            }
```

```
                }
            }
            function checkUser(userName) {
                if (userName.value == "") {
                    alert("请输入用户名！");
                    userName.focus();
                    return;
                } else {
                    createRequest("checkUser.jsp?user="+ userName.value);
                }
            }
        </script>
        <!--  检测用户名是否唯一，返回结果的显示位置-->
        <style type="text/css">
        #toolTip {
            position: absolute;
            left: 331px;
            top: 39px;
            width: 98px;
            height: 55px;
            padding-top: 45px;
            padding-left: 22px;
            padding-right: 58px;
            z-index: 1;
            display: none;
            color: red;
        }
        </style>
        </head>
        <body style="margin: 0px;">
            <form method="post" action="" name="form1">
                <table width="509" height="352" border="0" align="center"
                    cellpadding="0" cellspacing="0">
                    <tr>
                        <td height="54"> </td>
                    </tr>
                    <tr>
                        <td height="253" valign="top">
                            <div style="position: absolute;">
                                <table width="100%" height="250" border="0" cellpadding="0" cellspacing="0">
                                    <tr>
                                        <td width="18%" height="54" align="right"style="color: #8e6723">
<b>用户名：</b></td>
                                        <td width="49%"><input name="username"type="text" id="username"
size="25"></td>
                                        <td width="33%" onClick="checkUser
                                       (form1.username);">检测用户名</td>
```

```
                            </tr>
                            <tr>
                                <td height="51" align="right" style="color: #8e6723"><b>密码：
</b></td>
                                <td><input name="pwd1" type="password" id="pwd1" size="25">
</td>
                                <td rowspan="2">
                                    <div id="toolTip"></div>
                                </td>
                            </tr>
                            <tr>
                                <td height="56" align="right" style="color: #8e6723">
                                    <b>确认密码：</b></td>
                                <td><input name="pwd2" type="password" id="pwd2" size="25">
</td>
                            </tr>
                            <tr>
                                <td height="55" align="right" style= "color: #8e6723"><b>E-
mail：</b></td>
                                <td colspan="2"><input name="email" type="text" id="email"
                                    size="45"></td>
                            </tr>
                            <tr>
                                <td> </td>
                                <td colspan="2">注册</td>
                            </tr>
                        </table>
                    </div>
                </td>
            </tr>
            <tr>
                <td> </td>
            </tr>
        </table>
    </form>
</body>
</html>
```

checkUser.jsp 页面用来判断输入的用户名是否注册，并输出判断结果，代码如下。

```
<%@ page language="java" import="java.util.*" pageEncoding= "utf-8"%>
<%
    //创建一个一维数组
    String[] userList = { "全心全意", "zq", "root", "qxqy" };
    String user = new String(request.getParameter ("user").getBytes("ISO-8859-1"), "utf-8"); //获取用户名
    Arrays.sort(userList); //对数组排序
    int result = Arrays.binarySearch(userList, user); //搜索数组
    if (result > -1) {
```

```
            out.println("很抱歉，该用户名已经被注册！"); //输出检测结果
        } else {
            out.println("恭喜您，该用户名没有被注册！"); //输出检测结果
        }
    %>
```

11.2　文件上传与下载

在 Web 应用系统开发中，文件上传与下载功能是较为常用的功能。

对于文件上传，浏览器在上传的过程中将文件以流的形式提交到服务器端，通常上传时除了文件之外，还会有表单数据和其他参数。服务器端解析与一般的表单数据上传解析不同，需要采用 multipart-formdata 方式，将数据打包成整体上传，再由服务器分块解析。

11.2.1　文件上传过程

要实现 Web 开发的上传功能，通常需要完成两步操作，一是在 Web 页面中添加上传输入项；二是在 Servlet 中读取上传文件的数据，并保存到本地硬盘中。

（1）在 Web 页面中添加上传输入项

上传在大多数情况下是通过表单的形式提交给服务器，此时需要使用<input type=" file" >标签。使用<input type="file">标签需要注意以下两点。

1）必须设置 name 属性，否则浏览器不会发送上传文件的数据。

2）必须将 method 属性设置为 post，将 enctype 属性设置为 multipart/form-data。

（2）在 Servlet 中读取上传文件

由于在 Servlet 中直接读取上传数据并且解析出相应文件数据是一项非常麻烦的工作，为了方便处理上传数据，通常可以采用第三方的组件。目前有以下几种主流的第三方组件。

1）Commons-FileUpload，Apache 组织提供的开源组件，已广泛使用。

2）JspSmartUpload，早期的一种免费文件上传与下载组件，使用较为简单。

这些第三方组件都可以将 multipart/form-data 类型请求的各种表单域解析出来，并实现一个或多个文件上传，同时也可以限制上传文件的类型和大小等。

上传文件的流程如图 11-3 所示。

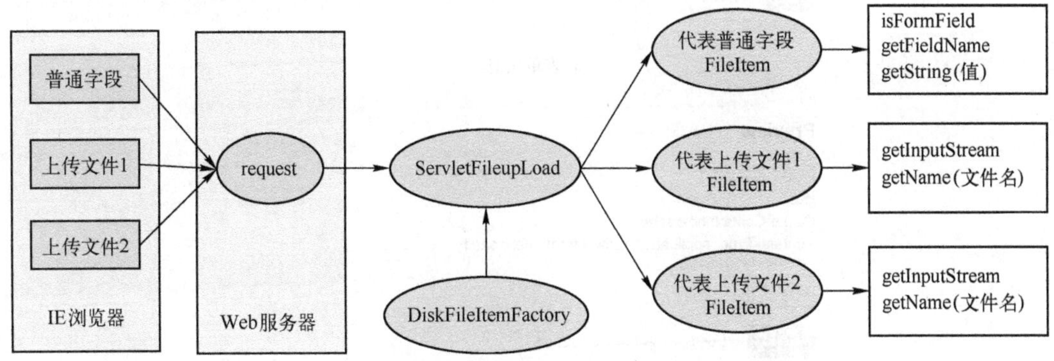

图 11-3　上传文件的流程

上图中，主要步骤如下。

1）Web 页面上设置表单，包含普通的数据字段和文件字段（可以有多个），表单提交方式必须

设置为 post，enctype 设置为 multipart/form-data。

2）表单提交至服务器端的 Servlet，通过 request 对象获取该表单的全部数据流。

3）通过第三方上传组件（本示例为 Commons-FileUpload 组件），解析出该数据流中的普通字段项和上传文件项，分别用不同的方法进行提取。

4）将文件项保存至服务器的某个文件夹下。

这样，就完成了文件的上传过程。

11.2.2 enctype 属性

JSP 中，上传文件时通常将表单的 enctype 属性设置为 multipart/form-data，让表单以二进制编码方式提交数据。表单的 enctype 属性表示表单的编码方式，决定了表单数据提交至服务器端的处理方式，通常有以下三种取值。

1. application/x-www-form-urlencoded

application/x-www-form-urlencoded 是默认编码方式，只处理表单域里的 value 属性值，采用这种编码方式的表单会使用 key-value 方式，即将表单域的名称和值组装成 URL 编码方式。

例如，有以下表单，包含两个表单元素 name1 和 name2，分别填写“value1”和“value2”后提交表单，采用默认编码方式，代码如下。

```
<form name="frm" action="save_stu.jsp">
    姓名：<input type="text" name="name1"><br>
    学号：<input type="text" name="name2"><br>
    <input type="submit" value="提交">
</form>
```

当表单向服务器发送请求时，表单信息与请求头信息如图 11-4 所示。

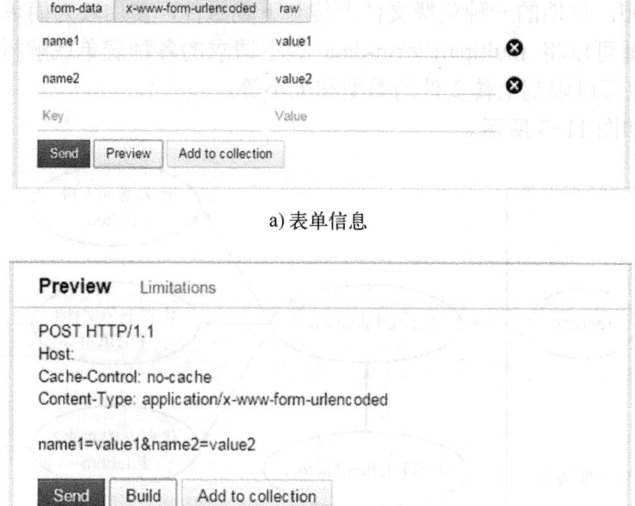

a) 表单信息

b) 请求头信息

图 11-4 表单提交参数示例

2．multipart/form-data

multipart/form-data 编码方式的表单会以二进制流的方式来处理表单数据，把文件域指定文件的内容也封装到请求参数里，组成一个完整的整体。表单数据依然是使用 key-value 的方式，文件数据会用 content-type 表示文件类型，content-disposition 说明字段的信息，使用 boundary 隔离。

例如，有以下表单，包含两个表单元素 stuname 和 stuno，以及两个文件上传域<input type="file">，name 分别为 f1 和 f2，代码如下。

```
<form name="frm" action="save_stu.jsp">
    姓名：<input type="text" name="stuname"><br>
    学号：<input type="text" name="stuno"><br>
    报名表：<input type="file" name="f1"><br>
    附件：<input type="file" name="f2"><br>
    <input type="submit" value="提交">
</form>
```

单击“提交”按钮后提交，服务器端可获取表单信息与请求头信息，如图 11-5 所示。

a) 表单信息

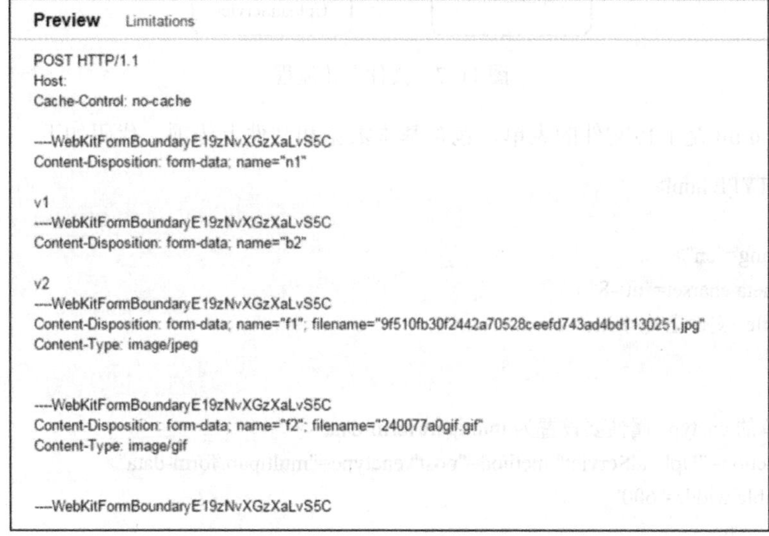

Preview　Limitations

POST HTTP/1.1
Host:
Cache-Control: no-cache

----WebKitFormBoundaryE19zNvXGzXaLvS5C
Content-Disposition: form-data; name="n1"

v1
----WebKitFormBoundaryE19zNvXGzXaLvS5C
Content-Disposition: form-data; name="b2"

v2
----WebKitFormBoundaryE19zNvXGzXaLvS5C
Content-Disposition: form-data; name="f1"; filename="9f510fb30f2442a70528ceefd743ad4bd1130251.jpg"
Content-Type: image/jpeg

----WebKitFormBoundaryE19zNvXGzXaLvS5C
Content-Disposition: form-data; name="f2"; filename="240077a0gif.gif"
Content-Type: image/gif

----WebKitFormBoundaryE19zNvXGzXaLvS5C

b) 请求头信息

图 11-5　使用 multipart 表单数据示例

从图中可以清楚地看到，form-data 被分隔成了多个部分。

3. text/plain

text/plain 方式适用于直接通过表单发送文本数据，例如 Text、JSON、XML、HTML 等，如图 11-6 所示。

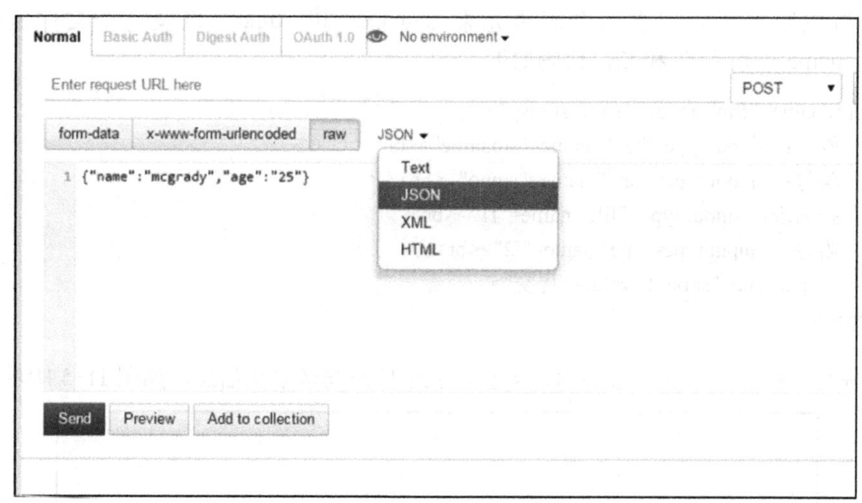

图 11-6　使用 text/plain 表单数据示例

11.2.3　使用示例

本小节主要介绍 Web 应用中文件上传与下载的示例。

1. 文件上传

典型的文件上传由两个文件组成，一个是上传的页面 upload.html，另一个是接收文件内容的 UploadServlet，流程如图 11-7 所示。

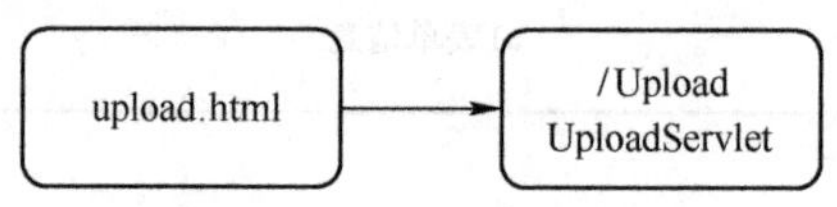

图 11-7　文件上传流程

其中 upload.html 是上传文件的表单，包含基本数据和文件上传项，代码如下。

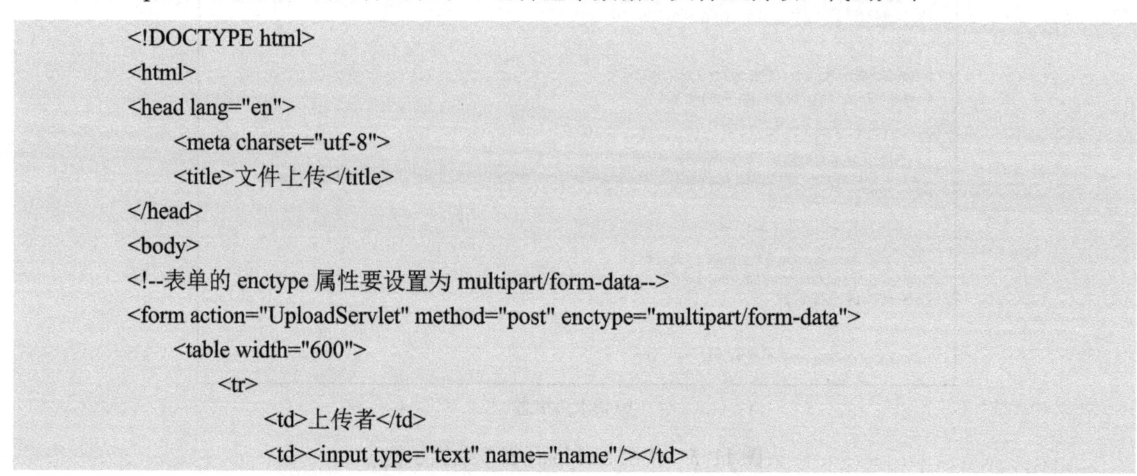

```
<!DOCTYPE html>
<html>
<head lang="en">
    <meta charset="utf-8">
    <title>文件上传</title>
</head>
<body>
<!--表单的 enctype 属性要设置为 multipart/form-data-->
<form action="UploadServlet" method="post" enctype="multipart/form-data">
    <table width="600">
        <tr>
            <td>上传者</td>
            <td><input type="text" name="name"/></td>
```

```
            </tr>
            <tr>
                <td>上传文件</td>
                <td><input type="file" name="myfile"/></td>
            </tr>
            <tr>
                <!--设置单元格可横跨的列数-->
                <td colspan="2"><input type="submit" value="上传"/></td>
            </tr>
        </table>

    </form>
    </body>
    </html>
```

UploadServlet 主要代码如下。

```
    @WebServlet(name = "UploadServlet",urlPatterns = "/UploadServlet")
    public class UploadSevlet extends HttpServlet {
        protected void doPost(HttpServletRequest request, HttpServletResponse response) throws ServletException,
IOException {
            doGet(request,response);
        }

        protected void doGet(HttpServletRequest request, HttpServletResponse response) throws ServletException,
IOException {
            try{
                response.setContentType("text/html;charset=utf-8");
                //创建 DiskFileItemFactory 工厂对象
                DiskFileItemFactory factory=new DiskFileItemFactory();
                //设置文件缓存目录，如果该文件夹不存在则创建一个
                File f=new File("D:\\Temp");
                if (!f.exists()){
                    f.mkdirs();
                }
                factory.setRepository(f);
                //创建 ServletFileUpload 对象
                ServletFileUpload fileUpload=new ServletFileUpload (factory);
                //设置字符编码
                fileUpload.setHeaderEncoding("utf-8");
                //解析 request，将 form 表单的各个字段封装为 FileItem 对象
                List<FileItem> fileItems = fileUpload.parseRequest (request);
                //获取字符流
                PrintWriter writer=response.getWriter();
                //遍历 List 集合
                for (FileItem fileItem:fileItems) {
                    //判断是否为普通字段
                    if (fileItem.isFormField()){
```

```
                    //获取字段名称
                    String name = fileItem.getFieldName();
                    if(name.equals("name")){
                    //如果字段值不为空
                        if (!fileItem.getString().equals("")){
                            String value=fileItem.getString("utf-8");
                            writer.print("上传者："+value+"<br />");
                        }
                    }
                }
                else {
                    //获取上传的文件名
                    String filename=fileItem.getName();
                    //处理上传文件
                    if(filename!=null&&filename!=""){
                        writer.print("上传的文件名称是："+filename+"<br />");
                        //保持文件名唯一
                        filename= UUID.randomUUID().toString() +"_"+filename;
                        String webpath="/upload/";
                        //创建文件路径
                        String filepath = getServletContext()
                                    .getRealPath(webpath+filename);
                        //创建 File 对象
                        File file=new File(filepath);
                        //创建文件夹
                        file.getParentFile().mkdirs();
                        //创建文件
                        file.createNewFile();
                        //获取上传文件流
                        InputStream in=fileItem.getInputStream();
                        //使用 FileOutputStream 打开服务器端的上传文件
                        FileOutputStream out=new FileOutputStream(file);
                        //流的复制
                        byte[] bytes=new byte[1024];//每次读取一个字节
                        int len;
                        //开始读取上传文件的字节，并将其输出到服务器端的上传文件输出流中
                        while ((len=in.read(bytes))>0)
                            out.write(bytes,0,len);
                        in.close();
                        out.close();
                        fileItem.delete();
                        writer.print("文件上传成功！");
                    }
                }
            }
        }catch (Exception e){
            throw new RuntimeException(e);
```

```
            }
        }
    }
```

解析上传的 UploadServlet 代码中，几个关键的步骤说明如下。

1）通过 DiskFileItemFactory 创建了一个文件项工厂对象，用于创建 ServletFileUpload 对象。

2）通过 fileUpload 对象的 parseRequest 方法解析表单的各个字段项，得到字段项集合 fileItems。

3）逐个判断 fileItems 中的对象是表单项还是文件项，分别进行处理。

4）如果是文件项，则先保存至服务器端的某个文件夹下，可以重新命名，以确保不会覆盖之前的文件。

通过 UploadServlet 的解析，客户端上传的文件和表单项的数据流被相应解析，文件保存至 D:\temp 文件夹中，表单项被解析成字符串，均显示在页面上。

虽然通过第三方组件上传文件的方式并不复杂，但在实际使用过程中，还应注意以下细节。

1）为保证服务器安全，上传文件应该放在外界无法直接访问的目录下，例如放在 WEB-INF 目录下，通过专门的下载通道进行下载（在下文介绍的文件下载中会给出示例）。

2）第三方下载组件所需的 jar 包应放在当前应用的 WEB-INF\lib 目录下，否则会出错。

3）为防止文件覆盖的现象出现，要为上传文件生成一个唯一的文件名，可以使用 UUID 或者时间戳。

4）为防止一个目录下面出现太多文件，可以使用 hash、日期或类别的组织方式打散存储。

5）要限制上传文件的类型，在收到上传文件名时，判断扩展名是否合法。

6）应限制上传文件的最大值，且要考虑不同网络条件下的超时时长。

2. 文件下载

文件下载是文件上传的对应过程，允许用户访问之前上传的文件。

通常，保存在服务器上的文件资源，除了 WEB-INF 目录下的文件外，均能被客户端访问，通过“应用名称+路径名称+文件名”即可访问。例如，在应用 myweb 的 upload 目录下，存在一个名为“image0391984.png”的文件，则可通过 http://IP:port/myweb/upload/image0391984.png 进行访问。其中，IP 和 port 是实际设置的 Web 服务器 IP 地址和端口。

然而，这通常容易造成安全隐患。这些目录对外公开可见，远程计算机均可直接访问而无须经过服务器的授权，服务器端也无法控制哪些终端能访问，而哪些不能访问。为此，必须通过一种有效的方式来控制访问授权。

Java Web 应用规范中规定 WEB-INF 目录是外界无法访问的，只能由 Java Web 程序自身发起访问。利用这一特性，可将上传的文件夹放置在 WEB-INF 目录下，客户端请求下载时，首先请求专门的下载程序进行访问，下载程序访问该文件后，转发至客户端，即可访问到该文件。

专门下载的 DownloadServlet 程序主要代码如下。

```
@WebServlet(name = "DownloadServlet",urlPatterns = "/Download")
public class DownloadServlet extends HttpServlet {
    protected void doPost(HttpServletRequest request, HttpServletResponse response) throws ServletException,
                        IOException {
        doGet(request,response);
    }

    protected void doGet(HttpServletRequest request, HttpServletResponse response) throws ServletException,
                        IOException {
```

```
                response.setContentType("text/html;charset=utf-8");
                //获取文件名
                String filename = request.getParameter("filename");
                //文件所在的文件夹
                String folder="/upload";
                //通知浏览器以下载的方式打开
                response.addHeader("Content-Type","application/octet-stream");
                response.addHeader("Content-Disposition","attachment;filename="+filename);
                //通过文件输入流读取文件
                InputStream in=getServletContext().getResourceAsStream (folder+filename);
                OutputStream out=response.getOutputStream();
                byte[] bytes=new byte[1024];
                int len=0;
                while ((len=in.read(bytes))!=-1){
                    out.write(bytes,0,len);
                }
        }
    }
```

其中关键代码说明如下。

1）通过 filename 参数获取客户端想访问的文件名称（此处假设文件名称唯一，如果不唯一，可通过文件 ID 或“名称+其他条件”组合查询）。

2）response 的 header 应设置 content-type 和 content-disposition 两个属性，声明此次 Web 请求的响应是二进制文件流，而不是普通的 HTML 文本。

3）通过 outputstream 将文件转换成文件流的方式，转发至客户端浏览器，从而客户端能访问该文件。

下载时，只需通过提供以下链接，即可实现对文件的下载请求。

```
<a href="/myweb/Download? image0391984.png ">文件下载</a>
```

上述代码还可进一步从以下两个方面完善。

1）判断要访问的文件是否存在，如果存在则继续提供下载；如果不存在，则返回相应的提示信息。

2）增加访问权限的控制，例如必须是已登录的用户才能下载，可在下载前对用户会话进行验证；也可以按照系统的某种授权规则对用户进行访问控制。

11.3 EL

11.3.1 EL 简介

JSP 表达式语言（Expression Language，EL）是一种用于 JSP 页面语法简化的语言，大大简化 JSP 中 Java 代码的编写过程，可以方便、快捷地访问 JavaBean、request、session 等内置对象中的参数或变量。

EL 既可以用来创建算术表达式，也可以用来创建逻辑表达式。在 EL 表达式内可以使用整型数、浮点数、字符串、常量 true/false 以及 null。需要注意的是，EL 中字符串常量可以使用单引号或双引号。

EL 是从 JSP2.0 开始引入的，无需引入额外的声明或包即可使用，使用“$”开头并用大括号“{}”包围表达式${expr}，即可访问表达式中的内容。

在 JSP 页面的任何静态部分均可通过${expression}来获取指定表达式的值。

例如，传统 JSP 页面中需要获取 request 传递而来的 str 数据，使用 EL 的代码如下。

```
<!-- JSP 中代码片段 -->
传统取值方式为：<%=request.getAttribute("str")%>
使用 EL 访问为：${str}
```

在某些情况下，使用传统的 Java 代码需要做类型强制转换，而采用 EL 无需转换，代码会自动判别，代码如下。

```
<!-- JSP 中代码片段 -->
传统取值方式为：<%=((User)request.getAttribute("user")).getName()%>
使用 EL 访问为：${user.name}
```

11.3.2　EL 获取数据

EL 获取数据的来源是 EL 中内置的隐含对象，默认会从内置对象中逐个访问，直到找到某个对象中存在符合条件的变量或表达式。EL 中的隐含对象共有 11 个，见表 11-2。

表 11-2　EL 中的隐含对象

隐含对象	类型	说明
pageContext	javax.servlet.ServletContext	获取当前 JSP 的 pageContext
pageScope	java.util.Map	获取 page 范围内的属性名称与值
requestScope	java.util.Map	获取 request 范围内的属性名称与值
sessionScope	java.util.Map	获取 session 范围内的属性名称与值
applicationScope	java.util.Map	获取 application 范围内的属性名称与值
param	java.util.Map	类似 request.getParameter(String name)，返回 String 类型
paramValues	java.util.Map	类似 request.getParameterValues(String name)，返回 String[]类型
header	java.util.Map	类似 request.getHeader(String name)，返回 String 类型
headerValues	java.util.Map	类似 request.getHeaders(String name)，返回 String[]类型
cookie	java.util.Map	类似 request.getCookies()，返回 Map 类型
initParam	java.util.Map	类似 servletContext.getInitParameter (String name)，返回 String 类型

当使用 EL 进行数据获取时，如果未指定从哪个作用域内获取，则按照作用域由小到大逐个访问，即按以下顺序尝试访问：

pageScope→requestScope→sessionScope→applicationScope

如果以上几个对象访问均未找到表达式，则返回空字符串（不会抛出异常，以免造成访问体验不佳）。

因此，也可以指定作用域进行数据获取，具体如下。

- ${pageScope.name}：指明获取 pageContext 作用域中名称为“name”的数据。
- ${requestScope.name}：指明获取 request 作用域中名称为“name”的数据。
- ${sessionScope.name}：指明获取 session 作用域中名称为“name”的数据。
- ${applicationScope.name}：指明获取 application 作用域中名称为“name”的数据。

为了更进一步说明 EL 的内置隐含对象含义，将对其中的重点对象逐一说明。

（1）pageContext 对象

pageContext 对象是 JSP 中 pageContext 对象的引用。通过 pageContext 对象，可以访问 JSP 中的各个内置对象，如 request、session、application 等对象。在 EL 中通过${pageContext.request}可获取 request 对象，其底层调用的是 pageContext.getRequest()方法。同理，也可以通过类似方法获取其他对象。

其中最常用的属性是${pageContext.request.contextPath}，代表当前 Web 应用下的根目录，通常用于页面上指定服务器端的路径，例如：

```
<form name="form1" action="${ pageContext.request.contextPath } /Upload">
```

这样做的好处是，action 是一个绝对地址，不会随着当前页面的变化而变化，即使当前应用的名称发生了变化也不会产生影响，便于整个系统的部署与维护。

（2）Scope 对象

Scope 对象是一个统称，具体包含 pageScope、requestScope、sessionScope 和 applicationScope 四个对象，用来访问存储在各个作用域层次的变量，访问时使用具体的对象以及“.”运算符或“[]”进行访问。例如，要访问 request 对象中的表单参数，代码如下。

```
<!-- JSP 代码片段 -->
学号：${requestScope.stuno}
姓名：${requestScope.stuname}
<!-- 或者以下方式 -->
学号：${requestScope["stuno"]}
姓名：${requestScope["stuname"]}
```

（3）param 和 paramValues 对象

param 和 paramValues 对象用来访问参数值，本质上是通过使用 request.getParameter 方法和 request.getParameterValues 方法来访问。

例如，要访问参数名称为 stuname 和 courses 的数据，代码如下。

```
<!-- JSP 代码片段 -->
姓名：${param.stuname}
选修课程：${param.courses[0]}
<!-- 或者以下方式 -->
姓名：${param["stuname"]}
选修课程：${param["courses"][0]}
```

param 对象返回的是单一值，而 paramValues 对象则返回一个字符串数组。

（4）header 和 headerValues 对象

header 和 headerValues 对象用来访问信息头，本质上是通过使用 request.getHeader 方法和 request.getHeaders 方法来访问。

例如，可以通过${header.user-agent}或${header["user-agent"]}来访问请求头中的 user-agent 信息。

header 对象返回的是单一值，而 headerValues 对象则返回一个字符串数组。

11.3.3 EL 计算表达式

EL 中支持直接进行算术运算和逻辑运算。

EL 中支持的算术运算符和逻辑运算符见表 11-3。

表 11-3　EL 中支持的算术运算符和逻辑运算符

运算符	描述	使用示例
.	访问一个 Bean 属性或者一个映射条目	${user.name}
[]	访问一个数组或者链表的元素	${user.grades[0]}
()	组织一个子表达式以改变优先级	${(user.age-20)*Bsalary}
+	加	${user.Bsalary+user.Bonus}
-	减或负	${user.Tsalary-baseTax}
*	乘	${user.Tsalary*rate}
/ 或 div	除	${user.Tsalary/month}
== 或 eq	测试是否等于	${user.level == 5}
!= 或 ne	测试是否不等于	${user.gender!="男"}
< 或 lt	测试是否小于	${user.age lt 30}
> 或 gt	测试是否大于	${user.age gt 30}
<= 或 le	测试是否小于或等于	${user.Bsalary le 3000}
>= 或 ge	测试是否大于或等于	${user.Bsalary ge 3000}
&& 或 and	测试逻辑与	${user.gender == "男" and user.age gt 60}
|| 或 or	测试逻辑或	${user.isManager or user.level >= 5}
! 或 not	测试取反	${!user.isManager}
empty	测试是否空值	${empty user.title}
<条件>? val1:val2	如果条件为 true，返回 val1，否则返回 val2	${user.isManager? "管理员": "非管理员"}

EL 支持上述表格中的各个运算符，也支持这些运算符的组合。需要注意的是，EL 不支持++和--运算符。

11.3.4　EL 访问数据容器

EL 除了可以访问 EL 内置对象中的数据外，还可以访问存储在典型容器中的数据，主要有数组（Array）、列表（List）和映射表（Map）。

1．EL 访问 Array 中的数据

可以通过下标访问数组中的数据，代码如下。

```
<!-- 代码片段 -->
  <%
      String[] names={"wangf","liq","luw"};
      pageContext.setAttribute("names", names);
  %>
  name[1]=${names[1] }<br>
  <!-- 若访问的数组元素下标超出了上限,EL 不会抛出越界异常，只是不显示 -->
  names[5]=${names[5] }<br>
```

2．EL 访问 List 中的数据

List 中通常存放类的多个实例，即对象，EL 访问时通过 List 名称与对象的属性名进行访问，代码如下。

```
<!-- 代码片段 -->
<%
```

```
        Stu[] stus=new Stu[3];
        stus[0]=new Stu("xlj","A");
        stus[1]=new Stu("lucy","B");
        stus[2]=new Stu("kingA","C");
        pageContext.setAttribute("stus",stus);
%>
stus[1].Sname=${stus[1].sname }
```

3．EL 访问 Map 中的数据

EL 访问 Map 中的数据时，主要是根据 key 读取对应的值，代码如下。

```
<!-- 代码片段 -->
<%
        Map<String,Object> map=new HashMap<String,Object>();
        map.put("age", 20);
        map.put("name", "xlj");
        pageContext.setAttribute("map", map);
%>
name=${map.name }<br>
age=${map.age }<br>
```

11.4 JSTL 标签库

11.4.1 JSTL 简介

JSP 标准标签库（JavaServer Pages Standard Tag Library，JSTL）是一个 JSP 标签集合，封装了 JSP 应用的通用核心功能，主要用于替换页面中的 Java 代码，处理相应的表示逻辑。

JSTL 支持通用的、结构化的任务，例如迭代、条件判断、XML 文档操作、国际化标签、SQL 标签。除此之外，它还提供了一个框架来使用集成 JSTL 的自定义标签。

通过一个简单的示例来初步认识 JSTL 标签，代码如下。

```
<!-- 代码片段 -->
<%
    String role = "";
    if (request.getParameter("role") != null) {
        role = request.getParameter("role");
    }
    if (role.equals("user")) {
%>
    <div>欢迎用户</div>
<%
    } else if (role.equals("admin")) {
%>
    <div>欢迎管理员</div>
<%
    }
%>
```

使用 JSTL 改写后，代码如下。

```
<!-- 代码片段 -->
<c:if test="${param.role='user'}" var="adminvar">
    <div><c:out value="欢迎用户" /></div>
</c:if>
<c:if test="${param.role='admin'}" var="adminvar">
    <div><c:out value="欢迎管理员" /></div>
</c:if>
```

可以看到，JSTL 能替换绝大多数的 JSP 页面中 Java 代码，使页面变得简洁明了，更易于维护，开发人员可以更专注于业务逻辑的处理。

需要注意的是，JSTL 标签库在使用时与 EL 区别在于，JSTL 标签库需要在页面头部引入声明，并在 WEB-INF\lib 中添加相应的 jar 文件才能使用，否则编码会出错。Tomcat 8 开始，可在 Tomcat 的\webapps\examples\WEB-INF\lib 目录下找到 taglibs-standard-impl-1.2.5.jar 和 taglibs-standard-spec-1.2.5.jar 文件，然后复制到 Web 工程的 WEB-INF\lib 目录下。

11.4.2　JSTL 核心标签与使用

JSTL 核心标签是指 JSTL 标签库经常使用的标签，即 jstl-core。使用时，需要在 JSP 头部引入核心标签库，语法格式如下。

```
<%@ taglib prefix="c" uri="http://java.sun.com/jsp/jstl/core" %>
```

JSTL 中的核心标签主要可分为四种。

1）表达式控制标签：<c:out>、<c:set>、<c:remove>、<c:catch>，主要实现表达式的显示、变量设置、异常处理等功能。

2）流程控制标签：<c:if>、<c:choose>、<c:when>、<c:otherwise>，主要实现程序流程的控制，单条件与多条件选择。

3）循环标签：<c:forEach>、<c:forTokens>，主要实现程序结构中的循环处理，对列表、数组等的循环遍历。

4）URL 操作标签：<c:import>、<c:url>、<c:redirect>，主要实现引入、转向等 URL 相关操作。

需要注意的是，在使用 JSTL 标签时，必须严格遵循 JSP 标签的规定，要有对应的开始标签和结束标签，或者使用自结束标签，否则会编译出错，代码如下。

```
<c:out value="${param.code}"></c:out>
<!--或者-->
<c:out value="${param.code}"/>
```

接下来，对这些核心标签的使用进行详细的介绍。

（1）<c:out>标签

<c:out>标签是显示表达式的结果，类似于<%=%>的效果，与其不同的是<c:out>标签可以使用简单的“.”操作符来访问属性。使用的语法格式如下。

```
<c:out value="值" default="默认值" escapeXml="是否跳过 XML 字符"/>
```

<c:out>标签的属性见表 11-4。

表 11-4　<c:out>标签的属性

属性	描述	必需	默认值
value	输出的信息	是	None
default	value 不存在时显示的默认值	否	body
escapeXml	标识是否转义特殊的 XML 字符	否	true

<c:out>的使用示例代码如下。

```
<!-- 代码片段 -->
<!--直接输出常量 -->
<c:out value="Hello Jsp"/>
<!--输出变量 -->
<%
    session.setAttribute("name", "MyName");
%>
<c:out value="${name}" />
<!--当变量不存在时，通过 default 设置默认值 -->
<c:out value="${nickname}" default="noname"/>
<!--输出转义后的字符，需要将 escapeXml 属性设置为 false -->
<c:out value="<div>显示 HTML 原文</div>" escapeXml="false"/>
```

（2）<c:set>标签

<c:set>标签用于为变量、对象或参数设置值，使用的语法格式如下。

```
<c:set value="值" target="对象" property="属性" var="变量" scope ="作用范围"/>
```

<c:set>标签的属性见表 11-5。

表 11-5　<c:set>标签属性

属性	描述	必需	默认值
value	保存信息	否	body
target	目标对象的名称	否	None
property	要修改的属性名称	否	None
var	要修改的变量名称	否	None
scope	变量的使用范围	否	page

如果指定了 target，则必须指定 property。

scope 的范围默认为 page，还可以设置为 session 或 application，对应于 JSP 中相应的内置对象。

假设订单实体类 Order 有 ID、total（总金额）、count（数量）等属性，JSP 页面对其访问的示例代码如下。

```
<!-- 代码片段 -->

<!-- 存储到 scope 中 -->
<!-- 方式一 -->
<c:set value="7.18" var="price" scope="session" />
<c:out value="${price}" /><br/>
```

```
<!-- 方式二 -->
<c:set var="rate" scope="application" >0.028</c:set>
<c:out value="${rate}" /><br/>

<!-- 通过 set 标签向 order 中的属性赋值 -->
<c:set target="${order}" property="total" value="177.19"/>
<c:out value="${ order.total}" /><br/>
<c:set target="${ order }" property="count" >3</c:set>
<c:out value="${ order.count}" /><br/>
```

（3）<c:remove>标签

<c:remove>标签用于移除某个变量，即从 scope 中删除该变量，相当于清除变量，后续无法再访问，使用的语法格式如下。

```
<c:remove var="变量" scope ="作用范围"/>
```

<c:remove>标签的属性见表 11-6。

表 11-6　<c:remove>标签属性

属性	描述	必需	默认值
var	要删除的变量名称	是	None
scope	要删除的变量所在范围	否	All scopes

<c:remove>标签示例代码如下。

```
<!-- 代码片段 -->
<c:set var="username" value="Admin"/>
用户名：<c:out value="${username}"/>
<c:remove var="username" />
用户名：<c:out value="${username}"/> <!-- 显示空字符串，因为已经删除了-->
```

（4）<c:catch>标签

<c:catch>标签用于选择性捕获代码执行过程中发生的异常信息，可以帮助开发人员更好地处理异常信息，使用的语法格式如下。

```
<c: catch var="变量" >
    ......要捕获异常的代码片段
</c:catch>
```

<c:catch>标签的属性见表 11-7。

表 11-7　<c:catch>标签属性

属性	描述	必需	默认值
var	用于保存捕获的异常信息	否	None

<c:catch>标签示例代码如下。

```
<!-- 代码片段 -->
<c:catch var="errorInfo">
    <c:set target="${order}" property="tax" value="1.0"/>
</c:catch>
```

```
异常信息为：<c:out value="${errorInfo}"/>
```

（5）<c:if>标签

<c:if>标签与程序设计语言中的 if 作用相同，用来实现分支条件控制，使用的语法格式如下。

```
<c:if test="条件" var="变量" scope ="作用范围">
    ......如果条件为真，要执行的代码片段
</c:if>
```

<c:if >标签的属性见表 11-8。

表 11-8　<c:if>标签属性

属性	描述	必需	默认值
test	用于条件计算，一般用 EL 编写	是	None
var	用于存储条件计算结果的变量	否	None
scope	定义存储条件计算结果的变量作用范围	否	page

<c:if >标签示例代码如下。

```
<!-- 代码片段 -->
<c:if test="${param.usertype != 1 and param.usertype != 2}" value="res">
    <c:out value="对不起，用户类型选择不正确！" />
</c:if>
<c:out value="${res}" /><br>
```

（6）条件组合标签

条件组合标签包括<c:choose>、<c:when>、<c:otherwise>三个标签，这三个标签经常组合在一起，实现 if-else、多条件 if-else 及 switch-case 流程，使用的语法格式如下。

```
<c:choose>
    <c:when test="条件 1" >
        ......满足条件 1
    </c:when>
    <c:when test="条件 2" >
        ......满足条件 2
    </c:when>
    ......
    <c:otherwise>
        ......以上条件都不满足
    </c:otherwise>
</c:choose>
```

其中，<c:choose>、<c:otherwise>没有任何属性，<c:when>有一个属性，具体见表 11-9，代码如下。

表 11-9　<c:when>标签属性

属性	描述	必需	默认值
test	用于条件计算，一般用 EL 编写	是	None

```
<!-- 代码片段 -->
```

```
<c:when test="${param.usertype == 1}" >
    <c:out value="欢迎你业务人员" />
</c:when>
<c:when test="${param.usertype == 2}">
    <c:out value="欢迎你管理员" />
</c:when
<c:otherwise>
    <c:out value="对不起，用户类型不正确！"/>
</c:otherwise>
```

（7）<c:forEach>标签

<c:forEach>标签类似于 Java 中的 for 标签，用于循环遍历集合中的元素，也可以指定条件进行循环，使用的语法格式如下。

```
<c:forEach items="元素集合" begin="开始下标" end="结束下标" step="步长" var="循环变量" varStatus
="循环状态">
    ......对于每个元素，要进行的业务逻辑
</c:forEach>
```

<c:forEach>标签的属性见表 11-10。

表 11-10　<c:forEach>标签属性

属性	描述	必需	默认值
items	要循环遍历的集合	否	None
begin	设置的循环起始元素下标	否	0
end	设置的循环结束元素下标	否	最后一个元素
step	步长	否	1
var	当前遍历的元素	否	None
varStatus	循环的状态对象，有 index、count、first 和 last 几个属性，分别表示当前下标、计数数量、是否第一个、是否最后一个	否	None

<c:forEach>标签示例代码如下。

```
<!-- 代码片段 -->
<!-- 产生集合元素 -->
<%
    List<String> courses = new ArrayList<String>();
    courses.add("程序设计基础");
    courses.add("离散数学");
    courses.add("面向对象程序设计");
    courses.add("软件工程");
    courses.add("操作系统");
    courses.add("数据库原理");
    request.setAttribute("courses", courses);
%>

<!-- 用法 1 全部遍历 -->
<c:forEach var="course" items="${courses}" >
    <c:out value="${course}" />
```

```
</c: forEach >

<!-- 用法 2 部分遍历 -->
<c:forEach var="course" items="${courses}" begin="1" end="4" >
    <c:out value="${course}" />
</c: forEach >

<!-- 用法 3 遍历时输出状态 -->
<c:forEach var="course" items="${courses}" varStatus="status" >
    <c:out value="${course}" />
    <c:out value="index 属性：${status.index}"/><br>
    <c:out value="count 属性：${status.count}"/><br>
    <c:out value="first 属性：${status.first}"/><br>
    <c:out value="last 属性：${status.last}"/><br>
</c: forEach >
```

（8）<c:forTokens>标签

<c:forTokens>是将字符串按给定的分隔符分隔成多个单词的数组，并按需进行遍历，使用的语法格式如下。

```
    <c:forTokens items="字符串" delims="给定分隔符" begin="开始下标" end="结束下标" step="步长" var="循环变量" varStatus ="循环状态">
        ......对于每个元素，要进行的业务逻辑
    </c: forTokens >
```

<c:forTokens>标签的属性见表 11-11。

表 11-11 <c:forTokens>标签属性

属性	描述	必需	默认值
items	要分割并循环遍历的字符串	否	None
delims	指定使用的分隔符	是	None
begin	设置的循环起始元素下标	否	0
end	设置的循环结束元素下标	否	最后一个元素
step	步长	否	1
var	当前遍历的元素	否	None
varStatus	循环的状态对象，有 index、count、first 和 last 几个属性，分别表示当前下标、计数数量、是否第一个、是否最后一个	否	None

<c:forTokens>标签示例代码如下。

```
<!-- 代码片段 -->
<c:forTokens items="Jr. Charles Chery Toad" delims=" "var="name" >
    <c:out value="${name}" />
</c:forTokens>
```

（9）<c:import>标签

<c:import>标签包含<jsp:include>动作标签的所有动作，但与<jsp:include>只能使用 Web 应用内部文件不同的是，<c:import>允许使用 Web 应用以外的文件绝对地址 URL，甚至可以使用互联网中的资源，使用的语法格式如下。

```
<c:import url="URL" context="导入应用名称" charEncoding="导入资源字符集" var="文本变量" scope="文本变量的作用域" varReader ="文本变量读取器" />
```

<c:import>标签的属性见表 11-12。

表 11-12　<c:import>标签属性

属性	描述	必需	默认值
url	要导入资源的 URL	是	None
context	要导入资源的应用名称	是	当前应用名称
charEncoding	要导入资源使用的字符集	否	ISO-8859-1
var	存储导入资源内容的变量名称	否	None
scope	存储导入资源内容变量的作用范围	否	page
varReader	文本变量的读取器，即以 Reader 类型存储的导入资源	否	None

<c:import>标签示例代码如下。

```
<!-- 代码片段 -->
<!-- 导入网络上的绝对路径 -->
<c:import url="https://www.nchu.edu.cn" charEncoding="utf-8"  />
<!-- 导入相对路径文件 -->
<c:catch var="errorInfo">
    <c:import url="test.txt" charEncoding="utf-8" />
</c:catch>
<!-- context 属性的用法 -->
<c:import url="/date.jsp" context="/MyWebApp" charEncoding="utf-8" />
```

（10）<c:redirect>和<c:param>标签

<c:redirect>标签将浏览器重定向到一个备用 URL 提供自动 URL 重写，支持上下文相关的 URL 和<c:param>标签。<c:param>标签允许在重定向指定 URL 的时候赋上相关的参数与值，使用的语法格式如下。

```
<c:redirect url="URL" context="URL 应用名称" >
    <c:param name="参数名称" value="参数值"/>
    <c:param name="参数名称" value="参数值"/>
</c:redirect>
```

<c:redirect>标签的属性见表 11-13。

表 11-13　<c:redirect>标签属性

属性	描述	必需	默认值
url	要重定向资源的 URL	是	None
context	要重定向资源的应用名称	否	当前应用名称

<c:param>标签的属性见表 11-14。

表 11-14　<c:param>标签属性

属性	描述	必需	默认值
name	向 URL 中设置的参数名称	是	None
value	向 URL 中设置参数的值	否	body

<c:param>标签示例代码如下。

```
<!-- 代码片段 -->
<c:redirect url="show_error.jsp" />
    <c:param name="error_code">1002</c:param>
    <c:param name="location">cur_user_list.jsp</c:param>
    <c:param name="error_msg">${message}</c:param>
</c:redirect>
```

（11）<c:url>标签

<c:url>标签将组装一个格式化字符串的 URL，并将其存储到变量中。<c:url>标签会在必要时（其中引用变量的值发生变化时）自动执行 URL 重写。事实上，<c:url>标签是 response.encodeURL 方法的一个替代方法，使用的语法格式如下。

```
<c:url value="URL" context="URL 应用名称" var="var" scope="scope" >
</c:redirect>
```

<c:url>标签的属性见表 11-15。

表 11-15 <c:url>标签属性

属性	描述	必需	默认值
value	要组装的 URL 基础值	是	None
context	要引用的应用名称	否	当前应用名称
var	要保存 URL 的变量名称	否	None
scope	要保存 URL 变量的作用范围	否	page

<c:url>标签示例代码如下。

```
<!-- 代码片段 -->
<c:if test="${value<0}">
    <c:set var="keyPath"value="negative">
</c:if>
<c:url value="/check/${keyPath}" var="newurl" />
</c:url>
<a href="${newurl}">重定向地址</a>
```

11.4.3 其他 JSTL 标签类别

JSTL 标签库可分为五个类别：核心标签、格式化标签、SQL 标签、XML 标签、JSTL 函数标签，本小节会介绍除核心标签以外的其他标签。

1．格式化标签

使用 JSTL 格式化标签可以格式化和显示文本、日期、时间和数字的网站。使用 JSP 的语法引入格式化标签的语法格式如下。

```
<%@ taglib prefix="fmt" uri="http://java.sun.com/jsp/jstl/fmt" %>
```

格式化标签列表见表 11-16。

表 11-16　格式化标签

标签	描述
<fmt:formatNumber>	使用指定的格式或精度格式化数字
<fmt:parseNumber>	解析一个代表数字、货币或百分比的字符串
<fmt:formatDate>	使用指定的风格或模式格式化日期和时间
<fmt:parseDate>	解析一个代表日期或时间的字符串
<fmt:bundle>	绑定资源
<fmt:setLocale>	指定地区
<fmt:setBundle>	指定资源
<fmt:timeZone>	指定时区
<fmt:setTimeZone>	设置默认时区
<fmt:message>	显示资源配置文件信息
<fmt:requestEncoding>	设置 request 的字符编码

2．SQL 标签

JSTL SQL 标签库提供了与关系型数据库（Oracle、MySQL、SQL Server 等）进行交互的标签。引入 SQL 标签的语法格式如下。

```
<%@ taglib prefix="sql" uri="http://java.sun.com/jsp/jstl/sql" %>
```

SQL 标签列表见表 11-17。

表 11-17　SQL 标签

标签	描述
<sql:setDataSource>	指定数据源
<sql:query>	运行 SQL 查询语句
<sql:update>	运行 SQL 更新语句
<sql:param>	将 SQL 语句中的参数设为指定值
<sql:dateParam>	将 SQL 语句中的日期参数设为指定的 java.util.Date 对象值
<sql:transaction>	在共享数据库连接中提供嵌套的数据库行为元素，将所有语句以一个事务的形式来运行

3．XML 标签

JSTL XML 标签库提供了创建和操作 XML 文档的标签。引用 XML 标签库的语法格式如下。

```
<%@ taglib prefix="x" uri="http://java.sun.com/jsp/jstl/x" %>
```

在使用 XML 标签前，必须将 XML 和 XPath 相关包复制至 classpath 中。

XML 标签列表见表 11-18。

表 11-18　XML 标签

标签	描述
<x:out>	与<%= ... >类似，不过只用于 XPath 表达式
<x:parse>	解析 XML 数据
<x:set>	设置 XPath 表达式
<x:if>	判断 XPath 表达式，若为真，则执行本体中的内容，否则跳过本体
<x:forEach>	迭代 XML 文档中的节点

（续）

标签	描述
<x:choose>	<x:when>和<x:otherwise>的父标签
<x:when>	<x:choose>的子标签，用来进行条件判断
<x:otherwise>	<x:choose>的子标签，当<x:when>判断为 false 时被执行
<x:transform>	将 XSL 转换应用在 XML 文档中
<x:param>	与<x:transform>共同使用，用于设置 XSL 样式表

4．JSTL 函数标签

JSTL 包含一系列标准函数，大部分是通用的字符串处理函数。引用 JSTL 函数库的语法格式如下。

```
<%@ taglib prefix="fn" uri="http://java.sun.com/jsp/jstl/functions" %>
```

JSTL 函数标签列表见表 11-19。

表 11-19　JSTL 函数标签

标签	描述
fn:contains()	测试输入的字符串是否包含指定的子串
fn:containsIgnoreCase()	测试输入的字符串是否包含指定的子串，大小写不敏感
fn:endsWith()	测试输入的字符串是否以指定的扩展名结尾
fn:escapeXml()	跳过可以作为 XML 标记的字符
fn:indexOf()	返回指定字符串在输入字符串中出现的位置
fn:join()	将数组中的元素合成一个字符串然后输出
fn:length()	返回字符串长度
fn:replace()	将输入字符串中指定的位置替换为指定的字符串然后返回
fn:split()	将字符串用指定的分隔符分隔，然后组成一个子字符串数组并返回
fn:startsWith()	测试输入字符串是否以指定的前缀开始
fn:substring()	返回字符串的子集
fn:substringAfter()	返回字符串在指定子串之后的子集
fn:substringBefore()	返回字符串在指定子串之前的子集
fn:toLowerCase()	将字符串中的字符转为小写
fn:toUpperCase()	将字符串中的字符转为大写
fn:trim()	移除首尾的空白符

11.5　JSTL/EL 综合案例——图书查询展示

本节将 JSTL 与 EL 标签用于查询图书案例上，在图书信息列表页面（book_list.jsp）中，用户根据书名查询图书结果，若无图书则显示空。

1）BookVO.java，实体类，代码如下。

```
package cn.nchu.ss.book;

public class BookVO {
```

```
/* 自增长 ID */
private int id;
/* 图书名称 */
private String bookName = null;
/* 条形码 */
private String barCode = null;
/* 出版社*/
private String publish = null;
/* 图书价格 */
private float price;

/* 构造方法 */
public BookVO(int id,String bookName,String barCode,String publish,float price) {
    this.id = id;
    this.bookName = bookName;
    this.barCode = barCode;
    this.publish = publish;
    this.price = price;
}
 /* 各属性的 setter 和 getter 方法 */
 ......
```

2）BookListServlet.java，控制层，将用户查询结果返回到图书信息列表页面，代码如下。

```
package cn.nchu.ss.book;

import cn.nchu.ss.util.StringUtil;

......
@WebServlet("/booklist")
public class BookListServlet extends HttpServlet {
    private static final long serialVersionUID = 1L;

    protected void doPost(HttpServletRequest request, HttpServletResponse response)
                        throws ServletException, IOException {
        // 获取查询参数
        String bookName = StringUtil.ToCN(request.getParameter("pName"));

        // 调用模型，查询数据
        BookDAO dao = new BookDAO();
            List<BookVO> bookList = dao.listBook(pName);
            ......

            // 将数据放到 request 中，并转发至页面
            request.setAttribute("list", bookList);
            request.setAttribute("pName", bookName);
            request.getRequestDispatcher("book_list.jsp").forward(request, response);
    }
```

```
}
```

3）book_list.jsp，图书信息列表页面，代码如下。

```
<%@ page language="java" contentType="text/html; charset=utf-8"
    pageEncoding="utf-8" import="java.util.*, cn.nchu.ss.book.*"%>
<%@ taglib prefix="c" uri="http://java.sun.com/jsp/jstl/core" %>
......
<%
    String pName = (String) request.getAttribute("pName");
%>
<div id="container">
<div id="location">
    当前位置：图书模块》查询图书信息
</div>

<div id="queryArea">
<form name="frmMain" action="/booklist" method="post">
    <span>图书名称：<input type="text" name="pName" value="<%= (pName==null?"":pName)%>">
</span>
    <span><input type="submit" value=" 查 询 "><input type="reset" value=" 清 空 "></span>
</form>
</div>
<%
    List<BookVO> list = (List<BookVO>) request.getAttribute("list");
%>
<div>
<table width="100%" border="1" cellspacing="0" cellpadding="3">
    <caption><h2>图书信息列表</h2></caption>
    <tr>
        <th>图书编号</th>
        <th>图书名称</th>
        <th>条形码</th>
        <th>出版社</th>
        <th>图书价格</th>
    </tr>
    <c:if test="${empty list}">
    <tr>
        <td colspan="5">空</td>
    </tr>
    </c:if>
    <c:if test="${not empty list}">
    <c:forEach items="${list}" var="p">
    <tr>
        <td>${p.id}</td>
        <td>${p.bookName}</td>
        <td>${p.barCode}</td>
        <td>${p.publish}</td>
```

```
                <td>${p.price}</td>
            </tr>
            </c:forEach>
            </c:if>
        </table>
        </div>
        </div>
        </body>
        </html>
```

思考题

（1）Ajax 是什么？有什么特点？
（2）Ajax 是如何实现页面局部刷新的？
（3）JSP 实现文件上传的核心思想是什么？
（4）enctype 属性的作用是什么？主要有几种设置？
（5）EL 为 JSP 页面带来的好处是什么？

附录　HTTP 状态码及其含义

HTTP 状态码用于表示客户端 HTTP 请求的返回结果、标记服务器端的处理是否正常以及出现的错误，我们能够根据返回的状态码判断请求是否得到正确的处理。

各类别常见状态码如下。

1. 2xx（3 种）

1）200 OK： 表示从客户端发送给服务器的请求被正常处理并返回。

2）204 No Content： 表示客户端发送给服务器的请求得到了成功处理，但在返回的响应报文中不含实体的主体部分（没有资源可以返回）。

3）206 Patial Content： 表示客户端进行了范围请求，并且服务器成功执行了这部分的 get 请求，响应报文中包含由 Content-Range 指定范围的实体内容。

2. 3xx（5 种）

1）301 Moved Permanently： 永久性重定向，表示请求的资源被分配了新的 URL，之后应使用更改的 URL。

2）302 Found： 临时性重定向，表示请求的资源被分配了新的 URL，希望本次访问使用新的 URL。

301 与 302 的区别：前者是永久移动，后者是临时移动（之后可能还会更改 URL）。

3）303 See Other： 表示请求的资源被分配了新的 URL，应使用 get 方法定向获取请求的资源。

302 与 303 的区别：后者明确表示客户端应当采用 get 方式获取资源。

4）304 Not Modified： 表示客户端发送附带条件（是指采用 get 方法的请求报文中包含 If-Match、If-Modified-Since、If-None-Match、If-Range、If-Unmodified-Since 中任一首部）的请求时，所请求的资源自上次请求以来没有发生过更改，因此服务器返回此状态码，告诉客户端可以继续使用本地缓存的版本，而不需要重新下载。

5）307 Temporary Redirect： 临时重定向，与 303 有相同的含义，307 遵照浏览器标准不会从 post 变成 get（不同浏览器可能会出现不同的情况）。

3. 4xx（4 种）

1）400 Bad Request： 表示请求报文中存在语法错误。

2）401 Unauthorized： 未经许可，需要通过 HTTP 认证。

3）403 Forbidden： 服务器拒绝该次访问（访问权限出现问题）。

4）404 Not Found： 表示服务器上无法找到请求的资源，除此之外，也可以在服务器拒绝请求但不想给拒绝原因时使用。

4. 5xx（2 种）

1）500 Inter Server Error： 表示服务器在执行请求时发生了错误，也有可能是 Web 应用存在漏洞或发生某些临时的错误。

2）503 Server Unavailable： 表示服务器暂时处于超负载或正在进行停机维护，无法处理请求。

参 考 文 献

[1] 孙鑫. Servlet/JSP 深入详解：基于 Tomcat 的 Web 开发[M]. 北京：电子工业出版社，2019.

[2] 梁永先，李树强，朱林，等. Java Web 程序设计：慕课版[M]. 北京：人民邮电出版社，2016.

[3] 陈沛强，谷灵康，金京犬. Java Web 程序设计教程[M]. 北京：人民邮电出版社，2016.

[4] 黑马程序员. Java Web 程序设计任务教程[M]. 北京：人民邮电出版社，2021.

[5] 丁毓峰，毛雪涛. Java Web 开发教程：基于 Struts2+Hibernate+Spring[M]. 北京：人民邮电出版社，2017.

[6] 肖睿，喻晓路，朱微，等. Java Web 应用设计及实战[M]. 北京：人民邮电出版社，2018.

[7] 冯志林. Java EE 程序设计与开发实践教程[M]. 北京：机械工业出版社，2021.

[8] 郭克华. Java Web 程序设计：Eclipse 版 微课视频版[M]. 4 版. 北京：清华大学出版社，2024.

[9] 郭煦. Java Web 程序设计与项目案例：微课视频版[M]. 北京：清华大学出版社，2023.

[10] 程细柱，戴经国. Java Web 程序设计基础：微课视频版[M]. 北京：清华大学出版社，2024.

[11] 张珈珣，范立锋. HTML5+CSS3 基础开发教程[M]. 2 版. 北京：人民邮电出版社，2017.

[12] 吕云翔，刘猛猛，欧阳植昊，等. HTML5 基础与实践教程[M]. 北京：机械工业出版社，2020.

[13] 明日科技. 零基础 HTML+CSS+JavaScript 学习笔记[M]. 北京：电子工业出版社，2021.

[14] 邓春晖，秦映波，付春英，等. Web 前端开发简明教程：HTML+CSS+JavaScript+jQuery[M]. 北京：人民邮电出版社，2017.

[15] 李国红. Web 数据库技术与 MySQL 应用教程[M]. 北京：机械工业出版社，2020.